中国电子教育学会高教分会推荐
普通高等教育新工科电子信息类专业系列教材

嵌入式系统原理与设计

姚英彪　孔小冲　冯维　许晓荣　徐欣　编著

西安电子科技大学出版社

内 容 简 介

本书以基于 ARM 和 Linux 的嵌入式系统为例,介绍了嵌入式系统原理与设计相关知识。主要内容包括嵌入式系统设计基础、CPU 组成与流水线设计、存储系统组成与设计、总线与接口、基于 ARM 处理器的嵌入式硬件系统设计、ARM 指令集及汇编程序设计、Linux 操作系统、Linux 下 Shell 命令与编程、Linux 下程序设计工具,共 9 章。

本书在内容编写上遵循从理论到实践的过程,围绕嵌入式系统的软硬件基本原理,联系实际嵌入式系统,探讨理论如何应用于实践或如何用理论来解释实践。本书具有系统全面、层次清晰、重点突出、案例丰富等特点。

本书可以作为通信工程、信息工程、网络工程、测控技术及仪器等专业高年级本科生、研究生嵌入式系统相关课程的教材,也可以作为相关专业技术人员的参考用书。

图书在版编目(CIP)数据

嵌入式系统原理与设计/姚英彪等编著. —西安:西安电子科技大学出版社,2020.12
ISBN 978 - 7 - 5606 - 5755 - 4

Ⅰ. ①嵌⋯ Ⅱ. ①姚⋯ Ⅲ. ①微型计算机－系统设计 Ⅳ. ①TP360.21

中国版本图书馆 CIP 数据核字(2020)第 135048 号

策划编辑　陈婷
责任编辑　宁晓蓉
出版发行　西安电子科技大学出版社(西安市太白南路 2 号)
电　　话　(029)88242885　88201467　邮　编　710071
网　　址　www.xduph.com　　电子邮箱　xdupfxb001@163.com
经　　销　新华书店
印刷单位　咸阳华盛印务有限责任公司
版　　次　2020 年 12 月第 1 版　2020 年 12 月第 1 次印刷
开　　本　787 毫米×1092 毫米　1/16　印张 21
字　　数　497 千字
印　　数　1～2000 册
定　　价　49.00 元
ISBN 978 - 7 - 5606 - 5755 - 4/TP

XDUP 6057001 - 1

如有印装问题可调换

前　言

随着集成电路设计、计算机软硬件以及电子与通信相关技术的飞速发展，嵌入式系统已经开始全面进入各行各业，如消费类电子、智能家电、工业控制、通信网络、仪器仪表、汽车电子等。现阶段社会对嵌入式系统设计人才的需求愈发强烈，各高等院校计算机类、电子信息类等专业也纷纷将嵌入式系统设计师列入培养计划。

编写本书的目的是试图系统地介绍嵌入式系统的基本原理以及相关的设计技术。一方面，本书介绍了计算机组成、性能量化及 CPU 设计的相关基础知识，试图让学生具备一定的嵌入式硬件设计能力；另一方面，本书介绍了 Linux 操作系统及其软件开发工具，试图让学生具备一定的嵌入式软件设计能力。

考虑到不同层次读者的需要，编写本书时力图做到以下三点：

（1）内容紧凑。每章先给出基本概念或基本理论，然后联系工程实际举出实例，叙述尽量简明扼要，由浅入深。

（2）覆盖面广。本书对计算机组成原理、性能量化、CPU 设计、存储系统设计、ARM 体系结构、Linux 操作系统、Shell 编程、开发工具都有所涉及。

（3）实践性强。与同类教材相比，本书给出了更多的实际案例，对引导学生入门具有较好的参考意义和实用价值。

全书共分 9 章。第 1 章介绍嵌入式系统设计基础知识，主要包括嵌入式系统的定义与特点、计算机系统的组成与性能量化指标、计算机系统中的数据表示等。第 2 章介绍 CPU 组成与流水线设计，主要包括 CPU 组成、CPU 性能量化方法、流水线技术等。第 3 章介绍存储系统组成与设计，主要包括常用存储器的特点和应用范围、存储系统设计和扩展方法、分层存储系统的缓存设计技术等。第 4 章介绍总线与接口的原理以及常用总线与接口标准。第 5 章介绍基于 ARM 处理器的嵌入式硬件系统设计，主要包括 ARM 处理器、硬件系统设计基础、S3C2410 及其硬件电路设计等。第 6 章介绍 ARM 指令集及汇编程序设计，主要包括 ARM 指令体系结构、ARM/Thumb 指令集及 ARM 汇编程序设计等。第 7 章介绍 Linux 操作系统，主要包括 Linux 操作系统特点、Linux 内核组成、各内核模块原理等。第 8 章介绍 Linux 下 Shell 命令与编程，主要包括常用 Shell 命令与 Shell 编程。第 9 章介绍 Linux 下程序设计工具，主要包括 Vi 编辑器、GCC 编译器、GDB 调试器和 Make 项目管理器的用法等。

本书由姚英彪、孔小冲、冯维、许晓荣、徐欣编写。具体安排如下：姚英彪编写第 7、8 章，孔小冲编写第 2、3 和 4 章，冯维编写第 5、6 章，许晓荣编写第 1、9 章，由姚英彪、徐欣统稿全书。

在本书编写过程中，研究生范金龙、姚遥、侯笠力参与了部分章节的文字输入及绘图工作；居建林讲师、姜显扬副教授、杨国伟副教授等同仁参与了讨论，在此一并表示感谢。

书中参考了大量的文献和资料，在此也对所有参考文献和资料的作者深表谢意。

本书得到了浙江省公益技术研究计划项目(LGG19F020014)、国家博士后基金面上项目(2017M621796)和浙江省高等教育课堂教学改革项目(kg20160130)的资助。

由于编者水平有限，书中难免有不妥之处，殷切希望各位读者批评指正。如有疑问，可发邮件至 *yaoyb@hdu.edu.cn*。

编著者

于杭州电子科技大学

2020 年 7 月

目　　录

第 1 章　嵌入式系统设计基础

嵌入式系统(Embedded System)是将先进的计算机技术、通信技术、电子技术和各个行业的具体应用相结合后的产物,从 20 世纪 70 年代开始出现,到今天为止,嵌入式系统无处不在。本章主要讲述嵌入式系统设计基础知识,重点需要掌握以下 4 个方面的内容:

◇　嵌入式系统的定义和特点
◇　计算机系统的组成
◇　数据在计算机系统中的表示
◇　计算机系统的性能衡量

1.1　嵌入式系统概述

1.1.1　嵌入式系统的定义

通常,计算机连同一些常规外设(键盘、鼠标)是作为独立系统而存在的,如个人电脑、工作站等都是一个完整的计算机系统,其功能是为人们提供一台可编程、会计算、能处理数据的机器,因而这类计算机系统可以被应用到各行各业,也被称为通用计算机系统。但有些系统却不是这样,如工业上的数控机床也是一个系统,系统中也有计算机(或处理器),也可以编程、计算和处理数据,但这种计算机是作为某个专用系统中的一个部件而存在的,它不能应用到其他的系统中。这类嵌入到专用系统中的计算机系统被称为嵌入式计算机系统。

嵌入式系统是嵌入式计算机系统的简称,是一种“完全嵌入受控器件内部,为特定应用而设计的专用计算机系统”。根据 IEEE(国际电气和电子工程师协会)的定义:嵌入式系统是“用于控制、监视或者辅助操作机器和设备的装置”。广义来说,嵌入式系统是指以应用为中心,以计算机技术为基础,软硬件可裁剪,对功能、可靠性、成本、体积、功耗有严格要求的专用计算机系统。可见,嵌入式系统本质上仍然是一个计算机系统,只不过这个计算机系统是针对某个具体设备或应用而开发的。嵌入式系统是将先进的计算机软硬件技术、通信技术和电子技术与具体应用相结合的产物。

1.1.2　嵌入式系统的特点

1. 嵌入性

由于嵌入式系统是嵌入到对象体系中的,因此必须满足对象系统的环境要求,如物理环境集成度高、体积小、电气环境可靠性高、成本低、功耗低等,另外还要求它能满足温度、湿度、压力等自然环境的要求。例如,军用嵌入式系统与民用嵌入式系统对自然环境的要求区别很大,军用嵌入式系统要求在极端自然环境下仍然能可靠工作。

2. 专用性

嵌入式系统的软、硬件均是面向特定应用对象和任务设计的,具有很强的专用性和多样性。嵌入式系统提供的功能以及面对的应用和过程都是预知的、相对固定的,与通用计算的通用性形成了鲜明的对比。此外,由于其面向的应用固定,为减小系统成本和增强系统可靠性,一般都会将嵌入式系统的软、硬件面向具体应用进行裁剪,使之在满足对象要求的前提下具有性价比最高的软、硬件配置。

3. 计算机系统

嵌入式系统必须是能满足对象系统控制要求的计算机系统。这就要求,一方面它也是一个计算机系统,能够编程、计算和处理数据;另一方面,它必须配置有与对象系统相适应的接口电路,如 A/D 接口、D/A 接口、PWM 接口、LCD 接口、SPI 等。

4. 生命周期长

嵌入式系统和实际应用有机地结合在一起,它的更新、换代也和实际产品一同进行。因此,基于嵌入式系统的产品一旦进入市场,一般具有较长的生命周期,特别在工业品市场更是如此。

5. 软件固化

嵌入式系统的软件一般都固化在 EPROM、E^2PROM 或 Flash 等非易失性存储器中,不需要用户安装维护,在整个生命周期内基本不修改。作为对比,通用计算机系统的软件一般都是用户后来自行安装的,需要用户不时地对软件系统进行升级、维护等。

6. 有实时性要求

许多嵌入式系统都有实时性要求,需要在规定的时限内对事件做出正确的反应,如汽车刹车系统。近年来,无实时性要求的嵌入式系统应用开始变多,典型代表就是智能手机。智能手机的许多应用(Application,APP)就不具有实时性要求,智能手机也越来越像一个通用计算机系统。

1.1.3　嵌入式系统的发展趋势

1. 智能化

一方面,得益于芯片加工技术与计算机软硬件设计技术的进步,嵌入式系统的 CPU 也开始拥有强大的计算能力;另一方面,人工智能算法的突破,特别是 AlphaGo 战胜人类围棋高手,使机器智能再次成为各行各业关注的焦点。在这两方面的作用下,最近几年,各种具有智能处理能力的嵌入式系统如雨后春笋纷纷出现,如智慧家居、智能手机、智能机床、智能扫地机器人等,智能化已经成为嵌入式系统新的发展趋势。

2. 网络化

随着网络技术特别是物联网技术的快速发展,我们正在迈入一个人与物、物与物的万物互联时代。在这样的时代背景下,嵌入式系统与互联网连接已经成为其必然的发展趋势。例如,通过可穿戴的嵌入式系统和设备,能够远程监测病人、老人的体征等。为此,嵌入式系统必须配备标准网络通信接口,提供 TCP/IP 协议族的支持。此外,新兴的物联网技术如蓝牙 5.0、NB－IoT、ZigBee 等，也被越来越多的嵌入式系统所支持。

3. 系统化

随着嵌入式系统的应用变得越来越广泛，其系统化趋势也变得越来越明显。所谓系统化，就是将从前期的硬件设计到应用系统开发，直至后期的软硬件维护逐渐变成一个产业链，使得嵌入式产品的开发成为一项系统工程。这就要求嵌入式系统的生产商不但能够为用户提供嵌入式软硬件系统本身，还要提供功能齐全的软硬件开发工具和后期软件包的支持。

4. 精简化

系统的精简化是嵌入式系统永恒的设计目标，其追求的是用最少的软硬件完成系统所需要的功能。特别在今天，智能化、网络化与系统化使得嵌入式系统的结构变得越来越复杂，软件变得越来越臃肿。因此，这就要求在不影响功能的前提下，尽最大可能地精炼、简化嵌入式系统的硬件电路、操作系统内核和应用程序的核心算法，使得软硬件更加匹配，最终降低软硬件的能量消耗与成本，提高产品的核心竞争力。

5. 人性化

只有得到用户认可的产品才是好产品。特别是对面向消费类的嵌入式产品来说，如智能手机、智能音箱等，用户对产品的使用体验是产品成功的关键。因此，人性化也逐渐成为嵌入式系统的发展趋势，其目标是要提升用户体验。在这种趋势下，友好的人机界面、易于操作的输入/输出方式越来越成为许多嵌入式系统的标配。

1.2　计算机系统的组成

嵌入式系统是嵌入到专用对象中的计算机系统，而计算机系统包括硬件和软件两大部分，嵌入式系统也不例外。本节介绍计算机系统的组成，以便更好地理解嵌入式系统的原理。

1.2.1　硬件系统

硬件系统是指计算机系统中那些看得见摸得着的物理实体，是计算机系统的物质基础。冯·诺依曼将计算机的硬件系统划分为 5 个组成模块，即运算器、控制器、存储器、输入设备和输出设备，其相互关系如图 1－1 所示。

1. 控制器

控制器是整个计算机的控制机构，其功能就是按照事先确定的步骤，控制运算器、存储器和输入设备、输出设备完成所需要的操作。它是整个计算机的指挥中心，也是计

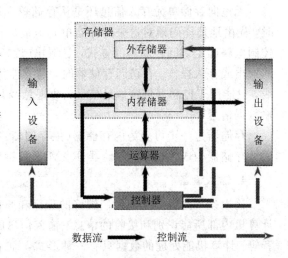

图 1－1　冯·诺依曼型计算机组成框图

算机中最复杂的部件。要正确有序地完成人们事先确定好的工作，控制器必须在统一的时钟控制下，从存储器中一条一条地取出指令进行分析，根据指令的具体要求安排操作顺序，并向各个部件发送相应的控制信号，有条不紊地控制各个部件执行指令规定的任务。

2. 运算器

运算器是一个用于信息处理和运算的部件，它对数据进行算术运算和逻辑运算。运算器通常由算术逻辑部件（ALU）和一系列寄存器组成。ALU 是具体完成算术运算与逻辑运算的部件，寄存器用于存放运算的操作数。

运算器一次能够运算的二进制数的位数称为处理器字长。常用的处理器字长有 8 比特、16 比特、32 比特和 64 比特。寄存器的长度一般与 ALU 的字长相等。

3. 存储器

存储器是计算机中用于存放程序和数据的部件。所有程序和数据在存储器中都是以二进制形式存放的，并统称为信息。计算机执行程序前，这些信息必须预先存放在存储器中。存储器由许多存储单元组成，每个存储单元存放一个数据或一条指令。存储单元按某种顺序编号，每个存储单元对应一个编号，称为单元地址，用二进制编码表示，如图 1-2 所示。每个存储单元的地址只有一个，且固定不变，但存储在其中的信息是不固定的，可以变化。

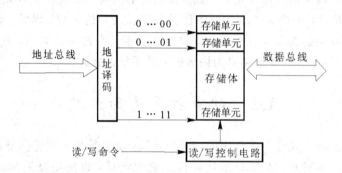

图 1-2　存储器组成原理图

无论向存储单元存入信息还是从存储单元取出信息，都称为访问存储器。访问存储器时，先由地址译码器对送来的存储单元地址进行译码，找到要访问的存储单元；再由读/写控制电路确定访问存储器的方式，是取出（读）还是存入（写）；最后，按规定方式完成具体的取出或存入操作。在访问存储器时，需要使用地址总线和数据总线。地址总线是单向总线，只能用于控制器传输地址信号；数据总线是双向总线，控制器和存储器都能在上面传输数据信号。

存储器进一步可分为内存储器（主存储器）和外存储器（辅存储器）。内存储器一般由易失性存储器构成，如随机存储器（RAM）；外存储器一般由非易失性存储器构成，如硬盘。

4. 输入设备

输入设备的任务是把人们编好的程序和原始数据输送到计算机中去，并且把其转换成计算机内部所能识别和接收的信息。输入信息的形式有数字、字母、文字、图形、图像、声音等。计算机能处理的数据只有一种形式，即二进制数据。常用的输入设备有键盘、鼠标、扫描仪、摄像头等。

输入设备与主机之间通过接口连接起来。设置接口主要有以下几个方面的原因：一是输入设备大多数是机电设备，传输数据的速度远远低于主机，因而需要接口作数据缓冲；二是输入设备表示的信息格式与主机的不同，需用接口进行信息格式的变换；三是接口还可以向主机报告设备运行的状态，传达主机的命令等。

5. 输出设备

输出设备的任务是将计算机的处理结果以人或其他设备所能理解或接收的形式输出，输出信息的形式同样有字符、文字、图形、图像、声音等。输出设备与输入设备一样，需要通过接口与主机相连。常用的输出设备有打印机、显示器、绘图仪等。

1.2.2 软件系统

对于计算机而言，只有上面提到的硬件系统是不能工作的，还必须搭配软件系统。软件系统是计算机系统的灵魂，没有配备任何软件的"裸机"无法投入使用；没有配备足够的软件，计算机的功能也不能很好地发挥。一个性能优良的计算机硬件系统能否发挥应有的功能，很大程度上取决于软件系统的完善与丰富程度。

计算机软件通常是指计算机上所安装的各类程序和文件。它们是存放在内存或外存中的二进制编码信息，是不能够直接触摸的，而且修改相对容易。在计算机系统中，各种软件相互配合，很好地支持计算机有条不紊地工作，这一系列软件就构成了计算机的软件系统。

软件系统按其功能分为系统软件和应用软件两大类。系统软件用于实现计算机系统的管理、调度、监视和服务等功能，其目的是方便用户，提高计算机的使用率，扩大系统的功能。应用软件是为满足用户不同领域、不同问题的应用需求而开发的，其目的是拓宽计算机系统的应用领域，放大硬件的功能。

系统软件主要包括以下几类。

1. 操作系统

操作系统是控制和管理计算机各种资源、自动调度用户作业程序、处理各种中断的软件，是用户和计算机之间的界面。通常，操作系统包括五大功能：处理器管理、存储管理、文件管理、设备管理和作业管理。目前比较流行的操作系统有 Windows、Linux、Android 等。

2. 语言处理程序

计算机能识别的语言与机器能直接执行的语言并不一致。按抽象层次，计算机语言可分为三类：高级语言、汇编语言和机器语言，如图 1-3 所示。

用二进制代码表示的语言称为机器语言，用机器语言编写的程序计算机可以直接执行。用汇编语言和高级语言编写的程序称为源程序，必须通过某种语言处理程序翻译成目标程序(机器语言程序)后才能执行。不同语言的源程序对应不同的语言处理程序。非机器语言编写的程序要在计算机上执行，涉及编译、解释、汇编三种语言处理程序。高级语言的处理程序按其翻译方法的不同，可分为解释程序和编译程序两大类。解释程序对源程序的翻译采用边解释边执行的方法，并不生成目标程序；而编译程序必须先将源程序翻译成目标程序后，才能开始执行。

功能：将一个数组的第k个数与第$k+1$个数进行交换

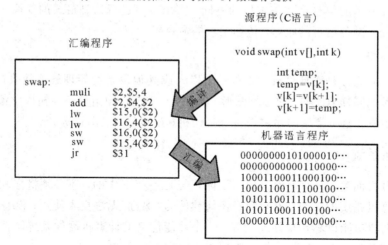

图 1－3　计算机程序设计语言

3. 标准库程序

为方便用户编制程序，通常将一些常用的程序段按照标准的格式先编制好，构成一个标准的程序库，存入计算机系统中。需要时，由用户选择合适的程序段嵌入自己的程序中即可，方便用户程序设计。

4. 服务性程序

服务性程序(也称工具软件)扩展了机器的功能，一般包括诊断程序、调试程序、编辑程序、链接程序等。

1.2.3 软硬件系统的关系

硬件是计算机系统的物质基础，软件是在硬件的基础上为有效地使用计算机而配置的。没有硬件对软件的支持，软件的功能就无从谈起；同样，没有软件计算机将无法正常运行，也就不能发挥其作用。因此，硬件和软件是相辅相成、不可分割的整体。

随着大规模集成电路技术的发展，计算机的硬件和软件正朝着互相渗透、互相融合的方向发展。因为任何功能既可以由软件来实现，也可以由硬件来实现，因而很难从功能上明确划分哪些属于计算机软件，哪些属于计算机硬件。在嵌入式计算机系统的设计过程中，原来一些由硬件实现的功能改由软件模拟实现，这种做法称为硬件软化，它可以增强系统的功能和适应性；同样，原来由软件实现的功能也可以改由硬件实现，称为软件硬化，它可以显著降低软件在时间上的开销。某个功能采用硬件方案还是软件方案实现，取决于价格、速度、可靠性、存储容量、变更周期等诸多因素。

除了硬件和软件以外，还有一个概念需要注意，这就是固件(Firmware)。固件一词是1967 年由美国人 A. Opler 首先提出来的。固件是指那些存储在非易失性存储器件(如ROM)中的程序，担任着一个系统最基础、最底层的工作，用于管理或驱动硬件，一般不用更改。在计算机系统中，计算机主板上的基本输入/输出系统（Basic Input/Output

System，BIOS)就是固件的代表。

1.3　计算机系统中的数据表示

人们使用计算机处理信息时，无论被处理信息的实质形态如何千差万别，计算机内部只能处理离散化的编码后的数据。目前，计算机系统内部的所有数据均采用二进制编码。这样做的原因主要有两点：

第一，二进制只有"0"和"1"两个数，其编码、计数和运算规则都很简单，特别是其中的符号"0"和"1"恰好可以与逻辑命题的"假"和"真"两个值相对应，因而能通过逻辑电路方便地实现算术运算。

第二，二进制只有两种基本状态，使用有两个稳定状态的物理器件就能表示二进制数的每一位，例如电平的"高/低"、磁极的"N/S"、电子的"有/无"等可以表示"0"和"1"，而制造有两个稳定状态的物理器件要比制造有多个稳定状态的物理器件容易得多。

1.3.1　数的 r 进制表示

在表示数量大小时，仅用一位数往往会不够用，这时就需要用多位数来表示。在多位数码中，每一位的构成及从低位向高位进位的规则称为进位数制，简称记数制。通常，一个 r 进制整数至多有 r 个不同数码 $\{S_0, S_1, \cdots, S_{r-1}\}$，从右到左第 i 位的权为 r^i，总和等于各位数码与对应权乘积的和。

十进制数是人们日常使用最多的，十进制数中共有 0~9 十个数码，其记数特点及进位原则为"逢十进一"。十进制的基数为 10，从右到左第 i 位的权为 10^i。十进制数常用字母 D 标记或者缺省。

计算机中常用的记数制有二进制、八进制、十六进制等。

二进制数中只有 0 和 1 两个数码，其记数特点及进位原则为"逢二进一"。二进制的基数为 2，从右到左第 i 位的权为 2^i。二进制数常用字母 B 标记，如 $(1010)_B$。

八进制数中共有 0~7 八个数码，其记数特点及进位原则为"逢八进一"。八进制的基数为 8，从右到左第 i 位的权为 8^i。八进制数常用字母 O 标记，如 $(756)_O$。

十六进制数中共有 0~9、A、B、C、D、E、F 十六个数码，其记数特点及进位原则为"逢十六进一"。十六进制的基数为 16，从右到左第 i 位的权为 16^i。十六进制数常用字母 H 标记，如 $(F2EB6)_H$，也有用"0x"作为前缀标记 16 进制数的表示方法，如 0xF2EB6。

任何一种进位记数制表示的数都可以写成按权展开的多项式之和，即任意一个 $r(r$ 为正整数)进制数 N_r 对应的十进制数为

$$
\begin{aligned}
N_r &= a_n a_{n-1} \cdots a_1 a_0 \cdot a_{-1} a_{-2} \cdots a_{-m+1} a_{-m} \\
&= a_n \times r^n + a_{n-1} \times r^{n-1} + \cdots + a_1 \times r^1 + a_0 \times r^0 + a_{-1} \times r^{-1} + a_{-2} \times \\
&\quad r^{-2} + \cdots + a_{-m+1} \times r^{-m+1} + a_{-m} \times r^{-m} \\
&= \left(\sum_{i=-m}^{n} a_i \times r^i \right)_D
\end{aligned}
$$

其中 m、n 为正整数，a_i 为该数制采用的数码，r^i 是权，r 是基数或进制。

1.3.2 原码、反码、补码和移码

实践中，为便于二进制计算，二进制数实际计算和存储时涉及四种编码方式：原码、反码、补码和移码。

1. 原码

原码是机器数中最简单的一种表示形式，采用 1 位符号位＋n 位数值位的形式。符号位为 0 表示正数，为 1 表示负数，数值位即真值的绝对值。

若整数 X 用 $n+1$ 位二进制表示，可以表示为

$$[X]_{原} = \begin{cases} X, & X\text{ 为正} \\ 2^n + |X|, & X\text{ 为负} \end{cases} \tag{1-1}$$

【例 1-1】 当 $X = +35$ 时，若用 8 位二进制编码的原码表示，则

$$[X]_{原} = 00100011$$

若 $X = -35$，同样用 8 位二进制编码表示，则

$$[X]_{原} = 10100011$$

从上面编码中可以看到，符号位总是放在最高位。原码表示又称带符号的绝对值表示，即在符号的后面跟着的是该数的绝对值。

对于纯小数 X（值在 -1 到 $+1$ 之间的小数），用 $n+1$ 位二进制表示的原码为

$$[X]_{原} = \begin{cases} 0.X_1 X_2 \cdots X_{n-1}, & X\text{ 为正} \\ 1.X_1 X_2 \cdots X_{n-1}, & X\text{ 为负} \end{cases}$$

总结下来，非整数与整数的表示方式类似，一样是"符号位＋绝对值"的形式，只不过在纯小数表示时，小数点是隐含的，一般规定在符号位后面。

【例 1-2】 若纯小数 $X = 0.46875$，用包括符号位的 8 位原码表示，则可表示为

$$[X]_{原} = 0.0111100$$

若纯小数 $X = -0.46875$，用包括符号位的 8 位原码表示，则可表示为

$$[X]_{原} = 1.0111100$$

数值原码表示法简单直观，但加减运算却很麻烦。同时，对于数值 0，用原码表示则不是唯一的，有两种表示形式，以 8 位原码表示的整数 0 为例：

$$[+0]_{原} = 00000000, \quad [-0]_{原} = 10000000$$

可见 $[+0]_{原}$ 不等于 $[-0]_{原}$，即原码中的"零"有两种表示形式。

利用上述定义，原码 n 位（包括 1 位符号位）整数及纯小数所能表示的数值范围分别为 $-(2^{n-1}-1) \sim +(2^{n-1}-1)$ 和 $-(1-2^{-(n-1)}) \sim +(1-2^{-(n-1)})$。

2. 反码

反码通常用来作为由原码求补码或者由补码求原码的中间过渡。二进制整数反码的定义为

$$[X]_{反} = \begin{cases} X, & X\text{ 为正} \\ 2^{n+1} - 1 - |X|, & X\text{ 为负} \end{cases} \tag{1-2}$$

由上式可以看到，正整数的反码表示与原码表示是相同的。负整数的反码表示可直接

利用上式来获得，也可以通过对该负数绝对值的原码各位（包括符号位）取反得到，还可以通过将该负数用原码表示，保持符号位不变，其余各位取反得到。这也就是反码的由来。

【例 1-3】 若 $X = 35$，其 8 位反码表示为

$$[X]_{反} = 00100011$$

若 $X = -35$，其反码表示为

$$[X]_{反} = 11011100$$

反码表示中，0 也有正负 0 的区分。以 4 位表示为例，$[+0]_{反} = 0000$，$[-0]_{反} = 1111$。此外，$n+1$ 位反码表示整数数值范围为 $-2^n \sim +2^n$，实际整数个数为 $2^{n+1} - 1$。

3. 补码

在日常生活中，常会遇到"补数"的概念。如时钟指示 6 点，欲使它指示 3 点，既可按顺时针方向将分针转 9 圈，也可按逆时针方向将分针转 3 圈，结果是一致的。假设顺时针方向转为正，逆时针方向转为负，则有

$$6 - 3 = 3, \quad 6 + 9 = 15$$

由于时钟的时针转一圈能指示 12 个小时，"12"在时钟里是不被显示而自动丢失的，即 $15 - 12 = 3$，故 15 点和 3 点均显示 3 点。这样 -3 和 +9 对时钟而言其作用是一致的。在数学上称对 12 取模，记作 $X \bmod 12$，而称 +9 是 -3 以 12 为模的补数。

将上述概念用到计算机数字表示中，便出现了补码这种机器数。若整数用二进制 n 位表示，则整数补码的定义为

$$[X]_{补} = \begin{cases} X, & X \text{ 为正} \\ 2^n - |X|, & X \text{ 为负} \end{cases} \tag{1-3}$$

可以看到，对正整数来说，补码、反码与原码都是一样的，但负数的原码、反码和补码各不相同。

【例 1-4】 若 $X = 35$，其 8 位补码表示为

$$[X]_{补} = 00100011$$

若 $X = -35$，其 8 位补码表示为

$$[X]_{补} = 11011101$$

上面负数的补码可以采用下面两种方式求得。

方式一：根据式（1-3）的补码定义式求得。

$$[-35]_{补} = 2^8 - [35]_{原} = 100000000 - 00100011 = 11011101$$

方式二：对负数的绝对值的原码取反加 1。

$$[35]_{原} = 00100011$$

取反后为 11011100，加 1 后为

$$[-35]_{补} = 11011100 + 1 = 11011101$$

根据上面的补码表示方法，可以得到 n 位补码表示的整数数值范围为 $-2^{n-1} \sim +(2^{n-1} - 1)$。此外，正负 0 的补码相同，即"0"只有一种表示形式。

补码编码方式最大的好处是方便了两个数的加减运算的实现。

补码加法的运算法则为

$$[X + Y]_{补} = [X]_{补} + [Y]_{补}$$

补码减法的运算法则为

$$[X-Y]_{补}=[X]_{补}+[-Y]_{补}$$

由上述规则可以看出，两个数进行运算，无论是做加法，还是做减法，两数运算后结果的补码就等于两数补码之和。这样简化了处理器的运算部件的设计。这也是所有处理器中只有加法器，没有减法器的原因。

【例 1-5】 求 $68-35=?$

解 可以将上式写作 $68+(-35)=Z$。以 8 位计算为例，则

$$[Z]_{补}=[68]_{补}+[-35]_{补}=01000100+11011101=00100001=[+33]_{补}$$

所获得的结果为 $+33$。

4. 移码

有符号数在计算机中除了用原码、反码和补码表示外，还用另一种数——移码表示，它有一些突出的优点，目前已被广泛采用。

当真值用补码表示时，由于符号位和数值部分一起编码，与习惯上的表示法不同，因此人们很难从补码的形式上直接判断其真值的大小，例如：

十进制数 $X=+31$，对应的二进制数为 $+11111$，若用 8 位表示，则 $[X]_{补}=00011111$；

十进制数 $X=-31$，对应的二进制数为 -11111，若用 8 位表示，则 $[X]_{补}=11100001$。

上述补码表示中，从代码形式看，符号位也是一位二进制数。按这 8 位二进制代码比较其大小的话，会得出 $11100001>00011111$，其实恰恰相反。

如果对每个真值加上一个 2^n（n 为位数，此处可为 7，即 $8-1$），情况就发生了变化，如：

$X=00011111$ 加上 2^7 可得 10011111；

$X=11100001$ 加上 2^7 可得 01100001。

比较它们的结果可见 $10011111>01100001$。这样一来，从 8 位代码本身就可以看出真值的实际大小。

从上面的例子中可以看出，移码实际上是在原来补码表示的编码上加上一个偏移量。上例中，编码的长度为 8 位，使用的偏移量为 2^7。

由于移码多用于浮点数中表示阶码，均为整数，故只介绍定点整数的移码表示。当用包括符号位在内的 $n+1$ 位字长时，整数移码的定义为

$$[X]_{移}=2^n+X,\ -2^n\leqslant X<2^n(\bmod\ 2^{n+1}) \tag{1-4}$$

要获得整数的移码表示，可以用定义来实现，也可以先求出该数的补码表示，再将符号位取反。移码与补码的关系如图 1-4 所示。

$$[X]_{补} \xleftrightarrow{\text{符号位取反}} [X]_{移}$$

图 1-4　补码与移码的关系

移码就是在真值上加一个常数 2^n。在数轴上移码所表示的范围恰好对应于真值在数轴上的范围向正方向移动 2^n 个单元，如图 1-5 所示。

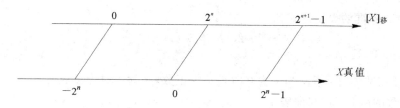

图 1-5　移码在数轴上的表示

1.3.3　浮点数的表示

由于整数能够表示的数据的动态范围有时满足不了实际应用的需要，比如电子的质量为 9×10^{-28} g，太阳的质量为 2×10^{33} g，它们都不能直接用定点小数或定点整数表示，但均可用浮点数表示。浮点数即小数点的位置可以浮动的数，如：

$$352.47 = 3.5247 \times 10^2 = 3524.7 \times 10^{-1} = 0.352\,47 \times 10^3$$

显然，这里小数点的位置是变化的，但因为分别乘上了不同的 10 的方幂，故其值不变。浮点数的一般表示形式为

$$F = M \times r^E \tag{1-5}$$

式中 M 为尾数(可正可负)，E 为阶码(可正可负)，r 是基数(或基值)。在计算机中，基数可取 2、4、8 或 16 等。

例如，当基数 $r = 2$ 时，数 $F = 11.0101$ 可写成下列不同形式：

$$F = 11.0101 = 0.110101 \times 2^{10} = 1.10101 \times 2^1 = 1101.01 \times 2^{-10} = 0.0110101 \times 2^{100} = \cdots$$

1985 年，IEEE 发表了一份关于单精度和双精度浮点数的浮点表示标准，这个标准官方称为 IEEE 754-1985，以后又不断加以发展。SUN 公司于 2005 年推出《数值计算指南》(中译本名)对该标准进行了更加详细和深入的讨论，给出了多种格式及程序。IEEE 754 标准已获得了广泛的认可，并已用于当前各类处理器和浮点协处理器中。

IEEE 754 规定了单精度和双精度两种基本的浮点格式，以及双精度扩展等多种浮点格式。常用的 IEEE 754 格式参数如表 1-1 所示。需要说明的是，在 IEEE 754 标准的具体规定中还有多种形式，本小节只对该标准做最简单的介绍，读者欲了解细节可查阅相关文献资料。

表 1-1　常用的 IEEE 754 格式参数

参　数	单精度浮点数	双精度浮点数	双精度扩展浮点数
浮点数长度/bit	32	64	80
尾数长度/bit	23	52	64
符号位 s	1	1	1
指数 E 的长度/bit	8	11	15
最大指数 E_{max}	+127	+1023	+16 383
最小指数 E_{min}	-126	-1022	-16 382
指数偏移量	+127	+1023	+16 383
可表示的实数范围	$10^{-38} \sim 10^{+38}$	$10^{-308} \sim 10^{+308}$	$10^{-4932} \sim 10^{+4932}$

IEEE 754 标准的表示形式如下：

$$(-1)^s 2^E (b_0.b_1 b_2 b_3 \cdots b_{p-1})$$

其中：

s 为该浮点数的符号位，当 s 为 0 时表示为正数，s 为 1 时为负数。

E 为指数的阶码，用移码表示。

$b_0.b_1 b_2 b_3 \cdots b_{p-1}$ 为尾数，共 p 位，用原码表示。

在 IEEE 754 标准中，尾数需要进行规格化处理。在规格化的过程中必须使 b_0 为 1，而且小数点应当在 b_0 和 b_1 之间，是隐含的。规格化时由于 b_0 始终为 1，故将 b_0 去掉，即被隐含了。这种处理相当于使尾数增加了一位，扩大了可以表示的数的精度。

最基本的 IEEE 754 标准指定的单精度浮点数格式如图 1-6 所示。

31	30		23	22		0
s	$E(30{:}23)$			$f(22{:}0)$		

图 1-6　IEEE 754 单精度浮点数格式

由图 1-6 可以看到，IEEE 754 所定义的浮点数由三个字段构成：数符 s 为 1 位，尾数 f 为 23 位，阶码 E 为 8 位（含 1 位阶符）。

需要强调的是，IEEE 754 中阶码采用移码，正如表 1-2 所示，对单精度浮点数来说，移码的偏移量不是 2^7（+128）而是 2^7-1 即 +127。同时，规定尾数用原码表示，规格化时 b_0 必须为 1 而且应隐去。有关 IEEE 754 标准的单精度格式的详细规定见表 1-2。

表 1-2　IEEE 754 标准的单精度格式

单精度格式位模式	IEEE 浮点数的值
$0 < E < 255$	$(-1)^s \times 2^{E-127} \times 1.f$（正规数）
$E=0$；$f \neq 0$（f 中至少有一位不为零）	$(-1)^s \times 2^{E-126} \times 0.f$（次正规数）
$E=0$；$f=0$（f 的所有位均为零）	$(-1)^s \times 0.0$（有符号的零）
$s=0$；$E=255$；$f=0$（f 的所有位均为零）	+INF（正无穷大）
$s=1$；$E=255$；$f=0$（f 的所有位均为零）	-INF（负无穷大）
$s=u$；$E=255$；$f \neq 0$（f 中至少有一位不为零）	NaN（非数值）

由表 1-2 可以看到，正规数尾数有效数字的前导位（小数点左侧的位 b_0）为 1，与 23 位尾数一起提供了 24 位的精度。次正规数有效数字的前导位为 0。在 IEEE 754 标准中，单精度格式次正规数也称为单精度格式非规格化数。

根据上述描述，可以得到 IEEE 754 标准的单精度浮点数的结论如下：

(1) 阶码 E 的正常值应为其真值 -126～+127 加上偏移量 127，即为 +1～+254。

(2) 规格化数为

$$N = (-1)^s \times 2^{E-127} \times (1.f)$$

其能表示的正数范围为

$$N = +2^{+127} \times (1+1-2^{-23}) \sim +2^{-126} \times (1+0)$$

所能表示的负数范围为

$$N = -2^{+127} \times (1+1-2^{-23}) \sim -2^{-126} \times (1+0)$$

（3）当 $E=0$ 或 $E=255$ 时，在 IEEE 754 标准中表示特殊的数。

【例 1-6】　利用 IEEE 754 标准将数 176.0625 表示为单精度浮点数。

首先，将该十进制数转换成二进制数：

$$(176.0625)_D = (10110000.0001)_B$$

其次，对该二进制数规格化：

$$10110000.0001 = 1.01100000001 \times 2^7$$

这就保证了使 b_0 为 1，而且小数点也在规定位置。将 b_0 去掉并扩展为单精度浮点数所规定的 23 位尾数：01100000001000000000000。

接着求取阶码。现真实指数（阶码）为 7。而单精度浮点数规定指数的偏移量为 127。即在指数 7 上加 127，也就是 $E=7+127=134$。即在 00000111 上加 01111111，从而得到指数的移码表示为 10000110。

最后，将 $(176.0625)_D$ 表示为 IEEE 754 标准的单精度浮点数，应为

$$0 \quad 10000110 \quad 01100000001000000000000$$

1.3.4　非数值数据的编码

1. ASCII 码

现代计算机不仅需处理数值领域的问题，而且还要大量处理非数值领域的问题。这样一来，必然要引入文字、字母以及某些专用符号，以便表示文字语言、逻辑语言等信息。例如人机交换信息时使用英文字母、标点符号、十进制数以及诸如 $、%、+ 等符号。然而，计算机只能处理二进制数据，上述信息应用到计算机中时，都必须编写成二进制格式的代码，也就是字符信息用数据表示，称为符号数据。

目前国际上普遍采用的信息交换标准码是 ASCII 码（美国国家信息交换标准码），它包括 10 个十进制数码、26 个英文字母的大小写和一定数量的专用符号、控制命令等总共 128 个，用二进制编码表示需要 7 位，但由于计算机基本存储单位为字节（8 位），因此在存储时用 8 位表示，最高位补 0，在传输时此位可用作奇偶校验位。

ASCII 编码和 128 个字符的对应关系如表 1-3 所示。表中编码符号的排列次序为 $d_6 d_5 d_4 d_3 d_2 d_1 d_0$，其中 d_7 恒为 0，表中未给出。$d_6 d_5 d_4$ 为高位部分，用作列编码；$d_3 d_2 d_1 d_0$ 为低位部分，用作行编码。ASCII 码规定 8 个二进制位的最高一位为 0，余下的 7 位可以给出 128 个编码，表示 128 个不同的字符。其中 95 个编码对应着计算机终端能敲入并且可以显示的 95 个字符，打印设备也能打印这 95 个字符，如大小写各 26 个英文字母，0～9 这 10 个数字符，通用的运算符和标点符号等。另外的 33 个字符其编码值为 0～31（0000000～0011111）和 127（1111111），则不对应任何一个可以显示或打印的实际字符，它们被用作控制码，控制计算机某些外围设备的工作特性和某些计算机软件的运行情况。

表 1 - 3　ASCII 编码表

$d_3 d_2 d_1 d_0$	$d_6 d_5 d_4$							
	000	001	010	011	100	101	110	111
0000	NUL	DLE	SP	0	@	P	、	p
0001	SOH	DC1	!	1	A	Q	a	q
0010	STX	DC2	"	2	B	R	b	r
0011	ETX	DC3	#	3	C	S	c	s
0100	EOT	DC4	$	4	D	T	d	t
0101	ENQ	NAK	%	5	E	U	e	u
0110	ACK	SYN	&	6	F	V	f	v
0111	BEL	ETB	'	7	G	W	g	w
1000	BS	CAN	(	8	H	X	h	x
1001	HT	EM	)	9	I	Y	i	y
1010	LF	SUB	*	:	J	Z	j	z
1011	VT	ESC	+	;	K	[	k	{
1100	FF	FS	,	<	L	\	l		
1101	CR	GS	-	=	M	]	m	}
1110	SO	RS	.	>	N	ˆ	n	~
1111	SI	US	/	?	O	—	o	DEL

2. 汉字编码

为了使汉字信息交换有一个通用的标准,1981 年我国制定推行了 GB2312—1980《信息交换用汉字编码字符集(基本集)》,简称国标码。在该国家标准中,挑选常用的汉字 3755 个,次常用汉字 3008 个,共 6763 个汉字,以及俄文字母、日语片假名、拉丁字母、希腊字母、汉语拼音、一般符号、数字等共 682 个非汉字符号。这些常用汉字和非汉字字符加在一起共 7445 个字符,国标码规定了它们的标准编码。

GB2312—1980 国标字符集构成一个二维平面,分成 94 行和 94 列,并将行号称为区号,将列号称为位号。此字符集中的每一个汉字或符号对应唯一的一个区号和位号。区位号最大是 94,故区号和位号均用 7 位二进制编码来表示(区号编码在前,位号编码在后),这 14 位二进制编码就称为汉字的区位码。区位码常用于汉字输入。

区位码并不是国标码,但由区位码可以构成国标码(又称国标交换码)。在汉字区位码上分别各加上 20H,则区位码就变成国标码。例如,汉字"大"的区位号分别是 20 和 83,其区位码可表示为 1453H(14 位二进制编码)。在区号及位号上分别加 20H,则汉字"大"的国标码为 3473H。但请注意,34H 和 73H 均为 7 位二进制编码,即 0110100 和 1110011。

在计算机内部,为了存储和处理上的方便,上述每个 7 位二进制编码均用一个字节来表示。汉字"大"的国标码在计算机中表示为 00110100 01110011。这样做又带来了新的问题:汉字国标码的每一个字节都有可能与 ASCII 码重到一起,以至于会产生混淆而无法识别。于是，就规定国标码的每个 7 位二进制编码的前面必须再加一位 1，构成一个字节，这就解决了上述矛盾。故汉字"大"的编码就变成了 10110100 11110011。这时一个汉字字符就用 2 个字节（16 位）来表示，且每个字节的最高位必须为 1。汉字的这种编码就叫作汉字的机内码，简称汉字内码。汉字内码是汉字在计算机处理系统内部最基本的表达形式，是主要用于汉字存储、检索、交换的信息代码。

综上所述，可以根据每字节的最高位区分是汉字编码还是 ASCII 码。最高位是 0，是 ASCII 码；最高位是 1，则是汉字内码。

1.4　计算机系统的性能

1.4.1　性能量化指标

计算机的一个重要指标是性能。直观来说，人们在衡量计算机的性能时，更多考虑的是计算机运行速度的快与慢。因此，计算机的性能与完成一个任务所需要的时间直接相关。在比较两个计算机的性能高低时，完成相同的任务需要时间短的机器的性能好，时间长的机器的性能差。也就是说，计算机的性能与其完成任务的时间成反比。计算机的性能一般用下面公式来衡量：

$$计算机的性能 = \frac{1}{完成任务所需要的时间} \tag{1-6}$$

上述定义需要用实际任务进行测试，比较繁琐。为方便对计算机的性能进行评价，有时也用计算机每秒能执行的百万条指令（Million Instructions Per Second，MIPS）数量来衡量。一般而言，MIPS 指标越高，意味着每秒钟可以处理的指令数越多，即计算机的速度越快，因而完成任务所需要的时间也就越短，计算机的性能越好。但是，MIPS 指标只能用来衡量具有相同指令集、不同实现方式的计算机的性能。对于指令集不同的计算机，由于每条指令能干的事情不清楚，通过比较计算机的 MIPS 指标来衡量性能是没有意义的。这是因为指令集的功能不同，完成相同任务需要的指令条数也不一样，所以此时 MIPS 指标不能反映两个计算机实际完成相同任务所需的时间长短。

1.4.2　性能预测的摩尔定律

1965 年 4 月，美国《电子学》杂志刊登了戈登·摩尔（Gordon Moore）撰写的一篇文章。戈登·摩尔当时是飞兆半导体公司研发部门的主管。文章主要讲述将 50 个晶体管集成到一个晶元上的技术，论文最后预言，到 1975 年，就可能将 6.5 万个晶体管集成到一个晶元上，制成高度复杂的集成电路。

当时，集成电路问世才 6 年，摩尔的预测听起来不可思议。但那篇文章的预测——集成电路芯片内可集成的晶体管的数量差不多每年可增加一倍，在后来的技术发展过程中被证明是正确的。现在人们根据几十年走过的技术历程将"摩尔定律"描述为：集成电路芯片的集成度每 18 个月翻一番，即集成电路单位面积的晶元上可容纳的晶体管的数量约每隔 18 个月便会增加一倍，芯片的性能也将提升一倍。换言之，每一美元所能买到的电脑性能，将每隔 18 个月翻一倍。

摩尔定律并不是一个物理定律，而是一种预言，其意义在于鞭策学术界、工业界不断地研究与改进芯片设计技术，努力去实现这个预言。摩尔定律自出现以后，国际知名半导体器件公司如英特尔、摩托罗拉、台积电、德州仪器等，一直在不断地努力去实现摩尔定律，不断地推出集成度更高的产品。例如，20 世纪 90 年代中期，英特尔利用 350 nm 技术制造出集成度达 120 万的 80486，但很快线宽就相继实现了 250 nm、180 nm、130 nm、90 nm、65 nm、45 nm。至 2020 年，已经可以用 5 nm 的线宽制造处理器等器件，其晶体管集成度已超过 10 亿。

总之，50 多年来的半导体工业的实践证明，摩尔定律对预测产品发展趋势仍然是有效的，直至今日存储器仍然是按每 18 个月，微处理器是按每 24 个月集成度翻倍的规律发展着。当然，摩尔定律现在遇到了许多挑战，能否继续有效需要拭目以待。

1.4.3　性能改进的 Amdahl 定律

Amdahl 定律是 20 世纪 60 年代由 Amdahl 提出的，其内容为：系统中对某一部件采用更快执行方式所能获得的系统性能改进程度，取决于这种执行方式被使用的频率，或所占总执行时间的比例。Amdahl 定律实际上定义了采取增强某部分功能处理的措施后可获得的性能改进或执行时间的加速比。

系统性能加速比计算式如下：

$$加速比 = \frac{系统性能_{改进后}}{系统性能_{改进前}} = \frac{总执行时间_{改进前}}{总执行时间_{改进后}} \qquad (1-7)$$

加速比依赖于两个因素：

(1) 可改进比例：在改进前的系统中，可改进部分的执行时间在总的执行时间中所占的比例称为可改进比例，它总是小于等于 1。

例如：一个需运行 60 s 的程序中有 30 s 的运算可以加速，那么这个比例就是 0.5。

(2) 部件加速比：可改进部分改进以后性能提高的倍数称为部件加速比。它是改进前所需的执行时间与改进后执行时间的比值，部件加速比总是大于 1。

例如：若系统改进后，可改进部分的执行时间是 2 s，而改进前其执行时间为 5 s，则部件加速比为 2.5。

在知道可改进比例和部件加速比后，改进后系统的总执行时间可以表示为不可改进部分的执行时间与可改进部分改进后的执行时间的和。进一步，改进后系统的总执行时间可以表示为

$$总执行时间_{改进后} = (1-可改进比例) \times 总执行时间_{改进前} + \frac{可改进比例 \times 总执行时间_{改进前}}{部件加速比}$$

$$= \left[(1-可改进比例) + \frac{可改进比例}{部件加速比} \right] \times 总执行时间_{改进前}$$

$$(1-8)$$

根据上式，可以得到系统的性能加速比为

$$加速比 = \frac{1}{(1-可改进比例) + \dfrac{可改进比例}{部件加速比}} \qquad (1-9)$$

由上式可以看出，随着可改进部分的比例增大和部件加速比的提高，系统的性能加速

比也会增加。

　　Amdahl 定律揭示了计算机系统性能改进的两种局限。第一，部分性能改进的递减局限，即如果仅仅对计算机系统的一部分做性能改进，则改进得越多，所得到的总体性能的提升就越有限。第二，对计算机系统进行部分性能改进，系统加速比存在极限，极限为 $1/(1-$ 可改进比例)。由此可见，系统性能改进是受系统中不可改进部分的比例所限制的。

　　【例 1-7】　将计算机系统中某一功能的处理速度提高到原来的 20 倍，但该功能的处理时间仅占整个系统运行时间的 40%，则采用此提高性能的方法后，能使整个系统的性能提高多少？

　　由题可知，可改进比例为 40%(0.4)，部件加速比为 20，根据 Amdahl 定律可知

$$总加速比 = \frac{1}{0.6 + \dfrac{0.4}{20}} = 1.613$$

　　由计算可见，即使某一功能的处理速度提高到原来的 20 倍，但是该部件仅影响到总执行时间的小部分，对整个计算机系统的贡献是有限的。所以采用这种方案提高系统性能，只能使整个系统的性能提高到原来的 1.613 倍左右。

　　【例 1-8】　若计算机系统有三个部件 a、b、c 可改进，它们的部件加速比分别为 $r_{ea}=30$、$r_{eb}=30$、$r_{ec}=20$。它们在总执行时间中所占的比例分别是 30%、30%、20%。试计算这三个部件同时改进后的系统加速比。

　　多个部件同时可改进的情况下，Amdahl 定律可表示为

$$S_p = \frac{1}{(1 - \sum f_e) + \sum \dfrac{f_e}{r_e}}$$

其中 f_e 代表可改进比例，r_e 代表可改进部分的部件加速比。将已知的可改进比例和部件加速比代入上式，可得

$$S_p = \frac{1}{(1 - 0.3 - 0.3 - 0.2) + \left(\dfrac{0.3}{30} + \dfrac{0.3}{30} + \dfrac{0.2}{20}\right)} = 4.35$$

1.5　嵌入式处理器

1.5.1　单片机

　　单片机(Single Chip Microcomputer，SCM)，顾名思义，就是将整个计算机系统集成到一块芯片中的单片计算机。SCM 的数据计算能力较弱，一般用于系统的控制，故又称微控制器(Micro Control Unit，MCU)，它一般以某一种处理器内核为核心，并集成各种存储器(如 ROM、EPROM、Flash、RAM 等)、外设(如定时/计数器、WatchDog、ADC、DAC 等)、I/O 接口(如串行口、脉宽调制输出、通用 I/O 口等)。为适应不同的应用需求，一般一个系列的单片机具有多种衍生产品，每种衍生产品的处理器内核都一样，不同的是存储器、I/O 和外设的配置及封装。这样可以使单片机最大限度地和应用需求相匹配，功能不多不少，从而减小功耗和成本。

SCM 诞生于 20 世纪 70 年代中期，经过近 50 年的发展，其成本越来越低，性能越来越强，这使得其应用遍及各个领域。SCM 主要定位于系统控制和简单的数据处理，其计算速度慢，处理能力不强，一般在几个 MIPS 左右。由于 SCM 很难处理计算能力要求高的复杂应用，运行操作系统就更难，因此一般适用于运算速度要求不高的控制端，这也是其被称为 MCU 的原因。

按照数据处理的宽度，MCU 可以分为 4 位、8 位、16 位甚至 32 位。一般数据处理宽度越低，其数据处理能力越弱，越只能进行简单的系统控制。如 4 位 MCU 大部分应用于儿童玩具、充电器、温湿度计、计算器、车用防盗装置、呼叫器、无线电话、遥控器等；8 位 MCU 可以用于变频空调、电话/传真机、电表、键盘等；16 位或 32 位 MCU 则可以应用于数码相机、移动电话及摄录放映机等。

MCU 的典型代表是 51 单片机、MSP430 单片机、STM32 单片机、AVR 单片机等。以上单片机各有优点，如 51 单片机是初学者最容易上手学习的单片机，MSP430 是超低功耗单片机的领头羊，STM32 胜在性价比高。

1.5.2　微处理器

微处理器(Micro Processor Unit，MPU)最早由通用计算机中的 CPU 演变而来，但与通用计算机处理器不同的是，在实际嵌入式应用中，只保留和嵌入式应用紧密相关的功能硬件，去除其他的冗余功能部分，这样就可以最低的功耗和资源满足嵌入式应用的特殊要求。

MPU 的结构主要包括运算器、控制器、寄存器三部分。运算器的主要功能是进行算术运算和逻辑运算；控制器是整个微处理器的指挥中心，其主要作用是控制程序的执行，包括从存储器中取指令、对指令进行译码、安排运算器完成指令规定的操作即指令执行；寄存器用来存放操作数据、中间数据及结果数据，加快指令的执行。

MPU 在功能上和通用 CPU 基本一致，但有体积小、成本低、可靠性高的优点，但是在电路板上必须配置 ROM、RAM、总线接口和各种外设等器件。与基于 SCM 的嵌入式系统相比，基于 MPU 的嵌入式系统的可靠性、技术保密性变差，但 MPU 的数据处理能力远高于 SCM。

MPU 一般具备以下 4 个特点：

(1) 可扩展的处理器结构。MPU 能根据应用的需求对处理器结构进行快速裁剪，能满足具体应用的需求，性价比更高。

(2) 操作系统支持。MPU 一般应用于需要多任务处理的环境中，为方便编程，一般都需要运行操作系统，因而 MPU 必须有良好的操作系统支持能力，保证操作系统能在其上流畅运行。

(3) 实时任务支持。MPU 的许多应用为实时应用，即任务完成不仅要计算(或控制)结果正确，还必须在规定的时限内完成。这就要求 MPU 有较短的中断响应时间，即系统实现任务切换和响应的时间开销要尽可能小。

(4) 功耗控制严格。MPU 一般都有复杂的功耗管理策略，使得其在满足应用需求的条件下系统功耗较低，这对靠电池供电的嵌入式系统尤为重要。

MPU 的典型代表是 ARM、MIPS 系列微处理器。目前，ARM 系列微处理器已经占了

MPU 75％以上的市场份额。

1.5.3　数字信号处理器

数字信号处理器(Digital Signal Processor, DSP)是专门用于信号处理方面的处理器，其在系统结构和指令集方面进行了特殊设计，主要应用在数字滤波、FFT、频谱分析、生物信息识别、实时语音压解、图像处理、网络通信等高速数据处理领域。为了追求高执行效率，DSP 不适合运行操作系统，核心代码使用汇编编程。

DSP 芯片一般具有以下主要特点：

(1) 可以并行执行多个操作；

(2) 程序和数据空间分开，可以同时访问指令和数据；

(3) 具有在单周期内操作的多个硬件地址产生器；

(4) 片内具有快速 RAM，通常可通过独立的数据总线在两块中同时访问；

(5) 具有低开销或无开销循环及跳转的硬件支持；

(6) 一般采用流水线操作，使多种操作能重叠执行。

数字信号处理是模拟电子时代向数字电子时代前进的理论基础，而 DSP 是针对数字信号处理专门设计的可编程处理器，是现代电子技术、计算机技术和信号处理技术结合的产物。随着信息处理技术的飞速发展，DSP 在电子信息、通信、软件无线电、自动控制、仪器仪表、信息家电等高科技领域得到了越来越广的应用。DSP 不仅快速实现了各种数字信号处理算法，而且拓宽了数字信号处理的应用范围。

DSP 的典型代表是美国德州仪器(TI)和模拟半导体(ADI)推出的系列数字信号处理器，如 TI 的 C2××/C5××/C6×× 系列处理器、ADI 的 Blackfin 和 SHARC 系列处理器。

1.5.4　嵌入式片上系统

随着电子设计自动化(EDA)的推广、超大规模集成电路(VLSI)设计的进步及半导体工艺的迅速发展，将整个嵌入式系统或其大部分集成到一块或几块芯片中成为现实，即片上系统(System-on-Chip, SoC)。

片上系统指的是在单个芯片上集成一个完整的系统，一般包括中央处理器、存储器以及外围电路等，并将集成完整系统的芯片称为系统级芯片。系统级芯片通常由控制逻辑模块、MCU/MPU 模块、DSP 模块、存储器模块和与外部进行通信的接口模块、电源提供和功耗管理模块等组成，一些无线 SoC 还有射频前端模块。

SoC 是集成电路(Integrated Circuit, IC)设计的发展趋势。采用 SoC 设计技术，可以大幅度提高系统的可靠性，减小系统的面积和功耗，降低系统成本，极大地提高系统的性能价格比。SoC 芯片已经成为提高移动通信、网络、信息家电、高速计算、多媒体应用及军用电子系统性能的核心器件。

随着技术的发展，对 SoC 芯片的扩展性需求逐渐上升，一块 SoC 芯片通过编程可实现不同的功能，扩展 SoC 芯片的应用范围。例如，用可编程逻辑技术把整个系统放到一块硅片上称作可编程片上系统(System On Programmable Chip, SOPC)。SOPC 作为可编程系统芯片，具有更加灵活的设计方式，软件和硬件都可裁减、可扩充、可升级和可编程。现场可编程门阵列(Field Programmable Gate Array，FPGA)是具有代表性的 SOPC 系统芯片，以硬件描述语言(Verilog 或 VHDL)完成的电路设计，可以经过简单的综合与布局，快速地烧录至 FPGA 上进行测试，是现代 IC 设计验证技术的主流。

习　　题

1. 什么是嵌入式系统？嵌入式系统和通用的 PC 有什么区别？

2. 嵌入式系统有哪些特点？

3. 冯·诺依曼体系结构计算机由哪些部分构成？其主要功能是什么？

4. 计算机系统中的编程语言可分为哪几类？各类又有什么特点？

5. 什么是 Amdahl 定律？对计算机系统设计有何指示作用？

6. 已知：$a=+2, b=-2$，根据定义求 a 和 b 的原码、反码和补码(8 位二进制数)。

7. 将下列用原码表示的二进制数转化为八进制数、十进制数和十六进制数。

(1) 10011100　　　　　　　　(2) 11101001

8. 将下列十进制小数转化为二进制小数。

(1) 0.375　　　　　　　　　(2) 0.8125

9. 利用 IEEE 754 标准将数 1.5×10^8 表示为单精度浮点数。

10. 对下列 ASCII 码进行译码：

1001001，0100001，1100001，1110111，1000101，1010000，1010111，0100100

11. 某系统架构师想改进某系统的性能。该系统由 A、B、C 三部分组成，改进前这三者需要的时间分别为 10 s、40 s、8 s。现有两种改进方案，方案一：改进部件 A 和 B，部件加速比分别为 4 和 2。方案二：改进部件 B 和 C，部件加速比分别为 2.5 和 1.5。利用 Amdahl 定律分析两种方案的优劣。

12. 嵌入式处理器有哪些类型？主要的应用范围是什么？

第 2 章 CPU 组成与流水线设计

由于集成电路制造工艺的不断进步和计算机设计技术的不断发展，计算机组成模块中的控制器、运算器和存储器逐渐被集成在一块芯片上，形成中央处理单元（Central Processing Unit，CPU），也被称为处理器。由于集控制、计算、存储于一体，CPU 自然而然成为嵌入式系统的运算和控制核心，其性能直接决定整个嵌入式系统的性能。本章介绍 CPU 组成原理与流水线设计，需要掌握下面几个方面的内容：

◇ CPU 组成原理与性能量化方法
◇ 流水线设计原理
◇ 流水线相关及其解决方案

2.1 CPU 组成

2.1.1 CPU 的基本结构

现代 CPU 集运算器、控制器和存储器于一体，如图 2-1 所示。

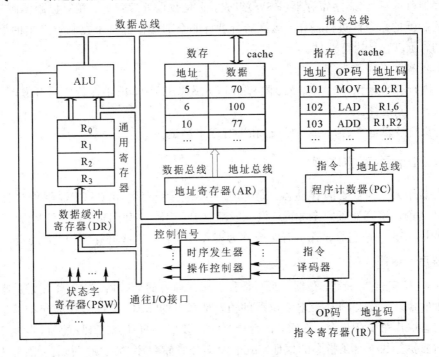

图 2-1 CPU 模型

图 2-1 中，存储器进一步可以分为寄存器和高速缓存两类。实际 CPU 硬件中，寄存

器嵌入控制器、运算器之中，用于中间结果的存储，因而是必备部件；高速缓存用于指令、数据的存储，是可选部件，主要用于提高 CPU 的性能。CPU 的硬件组成实际上根据指令的执行需要进行设计，在冯·诺依曼体系结构之下，指令执行一般包括指令取指、指令译码、指令执行、数据访问和结果回写五个操作。上述五个操作中，控制器都要参与，运算器虽然只参与指令执行，但运算才是指令执行的实质，存储器（这里仅指高速缓存）在指令取指和数据访问时都会牵涉到，它被动接受控制器的控制。

1. 控制器

控制器由程序计数器（PC）、指令寄存器（IR）、指令译码器、时序产生器和操作控制器组成。控制器是命令发布的决策机构和源头，协调和指挥整个计算机系统的操作。控制器的主要功能有：

（1）根据程序计数器的值从指令缓存中取出指令，并计算下一条待取指的指令地址，存入程序计数器。

（2）对取出的指令进行译码，根据译码结果产生相应的操作控制信号，控制运算器执行相应的操作。比如一次数据缓存的读写操作、一次算术逻辑运算操作、一次输入输出操作等。

（3）指挥并控制 CPU 内部的数据流动方向，以确保指令处理的数据是期望的数据和将处理结果存储到指定位置。

2. 运算器

运算器由算术逻辑单元（ALU）、多个通用寄存器（GR）、数据地址寄存器（AR）、数据缓冲寄存器（DR）和状态字寄存器（PSW）组成，它是数据处理部件。相对控制器而言，运算器接受控制器的命令而进行操作，运算器所进行的全部操作都是由控制器发出的控制信号来指挥的，所以它是执行部件。

运算器有两个主要功能：

（1）执行算术运算（加、减、乘、除）。在嵌入式 CPU 中，出于性价比的考虑，有些运算器不支持乘、除运算。

（2）执行逻辑运算（与、或、异或）和进行逻辑测试。

2.1.2　CPU 的主要寄存器

寄存器作为一种重要的存储器，是 CPU 中的重要硬件。由于 CPU 硬件设计的多样性，CPU 内部的寄存器不完全相同，但一般都有 PC、IR、AR、DR、GR 和 PSW 这 6 种寄存器。其中，GR 一般包含多个，有时统称为寄存器文件。这些寄存器的功能如下。

1. 程序计数器（PC）

首先，PC 实质是一个寄存器，而不是我们通常理解的计数器，它的作用是用来存储下一条指令的地址。其次，PC 上电复位后的值，是真正的 CPU 执行程序的起始地址，CPU 从这个位置取出第 1 条指令。再次，执行指令时，CPU 将自动修改 PC 的值，使得 PC 的值始终指向要执行的下一条指令的地址。由于大部分时间程序都是顺序执行，因此 PC 的值一般都是加 1 个指令字长得到下一条指令的地址，这也是其被称为计数器的原因。最后，程序执行过程中，当遇到需要改变程序顺序执行的分支跳转指令后，PC 的值不再是加 1

个指令字长，要根据分支跳转指令的结果来决定。

2. 指令寄存器(IR)

IR 用来保存当前正在执行的指令编码。当执行一条指令时，先把它从存储器中读出，然后再传送至 IR。指令编码由操作码和地址码组成，表现形式都是二进制编码，因此，为了执行给定的指令，必须对操作码进行译码，以便识别所要求的操作。指令译码器部件负责完成这项工作，IR 中操作码字段就是指令译码器部件的输入。操作码译码完成后，操作控制器部件就可以根据译码结果给出具体操作的特定信号。

3. 数据缓冲寄存器(DR)

DR 用来暂时存放运算器的运算结果，或由数据存储器读出的数据，或来自外部接口的数据。DR 有两个主要用途：第一，作为运算器和通用寄存器之间数据传送的缓冲；第二，解决 CPU 和内存、外围设备之间操作速度存在差别的问题。

4. 数据地址寄存器(AR)

AR 用来保存当前 CPU 所访问的数据存储器单元的地址。本质上，AR 与 PC 一样，其内容都是一个存储器地址。需要使用 AR 的原因在于，对存储器进行访问时，由于地址译码需要一定时间，在这个时间内地址不能发生改变，因此必须用一个寄存器来保存地址信息，直到一次存储器读/写操作完成为止。

5. 通用寄存器(GR)

在现代 CPU 中，GR 是一组寄存器，因而有时也称为寄存器文件。在图 2-1 中，通用寄存器有 4 个($R_0 \sim R_3$)。一般而言，GR 的功能是暂存运算器需要的源操作数和结果操作数。被称为通用的原因在于，从硬件的角度来看，这里面每个寄存器的功能都一样，既可存放源操作数，也可存放结果操作数。此外，由于有多个 GR，因此需要在指令编码中对寄存器号进行编码，这样才知道使用的是哪个 GR。从软件设计的角度来讲，GR 可以进一步划分为地址寄存器、变址寄存器、堆栈指针寄存器等。

6. 程序状态字(PSW)寄存器

PSW 寄存器用来保存处理器的运行状态，是一个由各种状态条件标志组合而成的寄存器。例如，在 ARM 处理器中，可以用 PSW 寄存器保存运算结果进位标志(C)、运算结果溢出标志(V)、运算结果为零标志(Z)、运算结果为负标志(N)等。这些标志位通常分别由一位触发器保存。除此之外，PSW 寄存器还保存中断和系统工作状态等信息，以便使 CPU 能及时了解机器运行状态和程序运行状态。

2.1.3　CPU 的基本功能

CPU 作为计算机系统的核心部件，需要协调各个部件按序执行指令，实现对数据的正确处理，在这个过程中涉及 4 个方面的基本功能。

1. 指令控制

指令控制是指指令执行的次序控制。现有串行编程模型的限制，造成程序指令的执行与完成次序不能任意颠倒，因此，CPU 要确保硬件严格按程序规定的顺序进行，才能保证程序执行结果符合预期。

2. 操作控制

操作控制是指确保执行部件按照指令的要求来执行。具体来说，每条指令进一步可以细分为多个操作，如取指令、指令译码、取操作数、执行等。CPU 要负责产生每条指令的操作信号，并把各种操作信号送往相应的部件，确保这些部件按指令的要求进行动作。

3. 时间控制

时间控制是指指令执行时确保指令各个操作及整个执行过程在规定时限内完成。在现代 CPU 中，一方面，各种指令的操作信号都有严格的时序要求；另一方面，每条指令的整个执行过程也有不同的时间要求，这就要求 CPU 进行严格的时间控制，以确保指令执行结果符合预期。只有这样，计算机才能有条不紊地自动工作。

4. 数据处理

数据处理是指 CPU 完成数据的算术或逻辑运算，有时也称为数据加工。在计算机系统中，程序功能是通过每条指令完成相应的算术或逻辑计算来实现的，因此，完成数据处理是 CPU 的根本任务。

2.2　CPU 性能量化

2.2.1　CPU 性能公式

前面已经说过，计算机系统的性能用完成任务的时间来衡量，它与任务的完成时间成反比。CPU 的任务就是执行程序，因而其性能可以用程序在其上的运行时间来衡量。程序的 CPU 时间可以表示为

$$CPU\ 时间 = 程序的\ CPU\ 时钟周期数 \times 时钟周期 = \frac{程序的\ CPU\ 时钟周期数}{时钟频率}$$

可见，程序的 CPU 时间由程序执行时需要的时钟周期数和时钟周期时间（Clock Cycle Time，CCT）决定。CPU 时钟周期数需要运行时才能统计，那么有没有不需要运行就可以估计程序运行需要的时钟周期数的方法呢？

基于这个目的，可以将程序运行时的时钟周期数表示为程序执行所需要的指令数（Instruction Count，IC）与执行每条指令需要的时钟周期数（CPI，Cycles Per Instruction）的积。一般而言，程序执行所需要的 IC 在程序编译完成后可以统计得到，而在 CPU 硬件设计完成后，CPI 是一个可以近似估计的值。基于以上分析，CPU 性能公式可以改写为

$$CPU\ 时间 = IC \times CPI \times CCT \qquad (2-1)$$

【例 2-1】比较下面两种 CPU 执行某程序时的性能优劣。

假设 CPU 1 执行该程序需要五百万条指令，指令的平均 CPI 为 1.2，时钟频率为 1 GHz；CPU 2 执行该程序需要三百万条指令，指令的平均 CPI 为 3.0，时钟频率为 0.5 GHz。

根据式（2-1），可以知道两种 CPU 的程序执行时间如下：

$$CPU\ 1\ 的时间\ T_1 = 5 \times 10^6 \times 1.2 \times 10^{-9} = 6\ ms$$

$$CPU\ 2\ 的时间\ T_2 = 3 \times 10^6 \times 3.0 \times 2 \times 10^{-9} = 18\ ms$$

因为 $T_2 > T_1$，故 CPU 1 的性能更好。

【例 2 - 2】　假设某 CPU 的浮点指令的使用频率为 0.2,浮点指令的平均 CPI 为 10;其他指令的使用频率为 0.8,其他指令的平均 CPI 为 1.2。比较下面两种浮动指令优化方案的性能优劣。

方案 1:把所有浮点指令的平均 CPI 降到 8。

方案 2:把浮点指令 FSQRT 的 CPI 降到 2,其中 FSQRT 占浮点指令使用频率的 0.2。

在知道每类指令的使用频率和 CPI 后,式(2-1)可以改写为

$$CPU\ 时间 = \sum_{i=1}^{n} IC_i \times CPI_i \times CCT \qquad (2-2)$$

根据题意,两种方案在改进过程中,指令集未发生变化,则完成任务所需要的指令数 IC 不会发生变化;同时,也没有提到时钟频率发生变化,即 CCT 也不会变化。因此,根据式(2-2),可以计算两种改进方案的 CPU 时间,如下:

方案 1 的时间 $T_1 = (0.2 \times IC \times 8 + 0.8 \times IC \times 1.2) \times CCT = 2.56 \times IC \times CCT$

方案 2 的时间 $T_2 = (0.2 \times 0.2 \times IC \times 2 + 0.8 \times 0.2 \times IC \times 10 + 0.8 \times IC \times 1.2) \times CCT$
$$= 2.64 \times IC \times CCT$$

因为 $T_2 > T_1$,故方案 1 的性能更好。

此外,在比较具有相同 ISA(指令集架构)和频率接近的 CPU 的性能时,有时直接用 CPI 或 IPC 来衡量。IPC 是 CPI 的倒数,它指的是每个时钟周期内所执行的指令数。一般而言,IPC 越高,CPU 的性能也越高。最初的 CPU 的 IPC 只有零点几,而现代 CPU(即便不是以高性能为目标的嵌入式 CPU)也很容易达到或者接近 1,采用多发射技术的超标量 CPU 的 IPC 能达到 2~3,最新的多核 CPU 能通过更高的并行性来进一步增加 IPC。

2.2.2　提高 CPU 性能

根据上节的 CPU 性能公式可以看到,要想提高 CPU 的性能,就要降低程序需要的 IC 或者程序执行时的 CPI,或者降低 CPU 的 CCT(也就是提高时钟频率)。在上述影响 CPU 性能的 3 个参数中,CCT 主要取决于芯片加工工艺及 CPU 硬件结构,CPI 主要取决于 CPU 硬件结构及指令集架构(ISA),IC 则主要取决于 ISA 和编译技术。实际处理器设计中,IC、CPI 和 CCT 互相影响,很难只改变一个参数而不会影响到其他两个参数。例如,现代 CPU 都会采用流水线技术来降低 CCT,但流水线技术也会使得 CPI 提高。在流水线深度不是很深时,采用流水线技术降低 CCT 带来的性能增益远高于 CPI 提高带来的性能下降,因而提升 CPU 的工作频率以前一直是提高 CPU 性能的主要手段之一。又比如,20世纪 80 年代开始的精简指令集计算机(RISC)和复杂指令集计算机(CISC)之争,也很好地展示了 ISA 对 CPU 性能的影响。

【例 2 - 3】　比较表 2 - 1 所示的基于 RISC 和 CISC 的 CPU 的性能优劣。

表 2 - 1　RISC 和 CISC 的运算速度

CPU 类型	性能参数		
	指令数(IC)	平均 CPI	时钟周期(CCT)
CISC	1	2~15	5~33 ns
RISC	1.3~1.4	1.1~1.4	2~10 ns

取表 2-1 数据的均值，根据式(2-1)，可以计算得到 RISC 和 CISC 的 CPU 性能如下（设完成相同任务 RISC CPU 和 CISC CPU 需要的指令数为 IC）：

$$CISC\ CPU\ 的性能 = IC \times 8.5 \times 19 = 161.5 \times IC\ (ns)$$

$$RISC\ CPU\ 的性能 = 1.35 \times IC \times 1.25 \times 6 = 10.125 \times IC\ (ns)$$

$$RISC\ 相对\ CISC\ 的性能加速比 = 161.5 \times \frac{IC}{(10.125 \times IC)} \approx 16$$

可见，RISC CPU 的性能远高于 CISC CPU。实际上，由表 2-1 数据可以看出，完成相同的任务，CISC 需要的 IC 少于 RISC，这是 CISC 的优势，但在 CPI 和 CCT 上，CISC 都处于劣势。尤其是平均 CPI，如果都取均值，CISC 的 CPI 为 8.5，RISC 的 CPI 为 1.25，RISC 领先 6.8 倍。这也最终造成了 20 世纪 80 年代开始的 RISC 和 CISC 之争，最终 RISC 获胜。

注：表 2-1 的数据是 20 世纪 90 年代前后的数据，不是现在 RISC 和 CISC 处理器的现状。现有的 CISC 处理器在微结构实现时都吸取了 RISC 的精华。因此，现有的 CISC 处理器与 20 世纪 80 年代的 CISC 处理器仅指令集上兼容，内部微结构实现已经完全不同。

2.3 流水线技术

CPU 作为计算机系统的核心，其运算速度很大程度上决定了整个系统的性能。为了提高 CPU 的运算速度，硬件实现时通常采用流水线技术，通过提高指令吞吐率来增强 CPU 性能。指令吞吐率指的是每秒执行的指令数目，用 MIPS(Million Instructions Per Second) 指标来衡量。

2.3.1 流水线的概念

流水线的概念最早出现在工业生产中，CPU 设计中的"流水线"概念也是来源于此。为了对 CPU 的流水线技术有明确的认识，下面通过工厂中的流水线来阐述其提高性能的原理。

【例 2-4】 假设某产品的生产需要 4 道工序，该产品生产车间以前只有 1 个工人，只有 1 套生产该产品的机器。该工人工作 8 小时，可以生产 120 件产品（即每 4 分钟生产 1 件）。现车间主任希望将该产品的日产量提高到 480 件，那么他如何能够实现其目标呢？

方案一：再聘请 3 名工人，同时再购买 3 套生产该产品的机器。让 4 名工人同时工作 8 小时，可以达到期望的日产量目标。可以看到，这种方案简单直接，但需要付出购买 3 套机器和聘请 3 名工人的成本。

方案二：车间主任提出了一套技术改造方案，产品生产采用流水线生产方式，将原来的机器按照 4 道工序重新进行改造组合，将 4 道生产工序分离开来，使得每道工序的生产时间一样，均为 1 分钟。同时车间再聘请 3 名工人，让每个工人负责该产品生产的一道工序，每完成一道工序，就将半成品传给下一道工序的工人，由他去完成他所负责的生产工序，直至生产出完整的产品。该方案的生产时序如图 2-2 所示，这种方案就是流水作业。采用此种方案后，不需要购买新设备，仅聘请 3 名工人，也能达到将日产量提高到 480 件的目标。可以看到，这种方案稍微复杂一点（需要对设备进行技术改造，以及实现工序之间的衔接），但只需要付出聘请 3 名工人的成本。

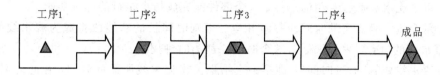

图 2-2　车间产品生产流水线示意图

CPU 实现时采用的流水线技术与上面工业生产中的流水线概念相似，它把一条指令的执行过程分成若干个阶段，每个阶段由相应的功能部件完成。指令执行过程中，在不影响系统计算过程的情况下使各个操作阶段重叠，实现几条指令的并行处理，从而提高指令执行的吞吐率。实质上，采用流水线后指令仍是一条一条顺序执行，但不需要等待上一条指令完全执行完成后才取下一条指令，它是在上一条指令完成第一个操作阶段后，就可以取下一条指令，然后上一条指令进入第二个阶段，新的指令进入第一个阶段。可以看到，如果不采用流水技术，必须一条指令执行完成后才能取下一条指令执行；采用流水线技术，只要指令完成第一个阶段的执行，就可以取一条指令执行。由于指令完成第一个阶段的时间肯定小于全部完成的时间，因而指令的吞吐率会明显提高，CPU 的处理能力也会大幅度提高。

【例 2-5】　假设指令流水执行时需要 3 个阶段，第 1 个阶段是取指令(IF)，第 2 个阶段是解析指令(ID)，第 3 个阶段是执行指令(EX)，这三个阶段需要的时间分别是 t_1、t_2 和 t_3；如果不采用流水线技术，则需要的时间是 $t_1+t_2+t_3$。求采用流水线技术和不采用流水线技术的指令吞吐率。

方案 1：不采用流水线技术。由于每执行一条指令需要 $t_1+t_2+t_3$，则指令吞吐率为 $1/(t_1+t_2+t_3)$。

方案 2：流水执行。如图 2-3 所示，在第 1 个时钟周期，可以取指令 I_1 放到 IF 部件执行；在第 2 个时钟周期，指令 I_1 放到 ID 部件执行，新取指令 I_2 放到 IF 部件执行；在第 3 个时钟周期，指令 I_1 放到 EX 部件执行，指令 I_2 放到 ID 部件执行，新取指令 I_3 放到 IF 部件执行；依此类推，从第 3 个时钟周期开始，每个周期可以新取一条指令，可以完成一条指令的执行。

功能部件	IF	ID	EX
第1个时钟周期	I_1		
第2个时钟周期	I_2	I_1	
第3个时钟周期	I_3	I_2	I_1
第4个时钟周期	I_4	I_3	I_2

图 2-3　指令执行的简化结构

在上述流水方案中，完成快的部件必须等完成慢的部件，因此，时钟周期应该为 t_1、t_2 和 t_3 中最大的一个。根据上面分析，则指令吞吐率为 $1/\max(t_1,t_2,t_3)$。考虑一种理想情况，这三个时间相等，此时的吞吐率为 $3/(t_1+t_2+t_3)$，为方案 1 的 3 倍。同时，也可以看到，任意一条指令的执行完成时间仍然是 $t_1+t_2+t_3$，与不采用流水线技术的方案一样。

由此可以看出，流水线技术具有以下特点：

(1) 流水过程由多个相联系的子阶段组成，每个子阶段称为流出线的"级"或"段"，流水线的级数也称为流水线的深度。

（2）每个流水级都有专用的部件，这个部件能完成指令执行的部分功能。

（3）每个流水级需要的时间应尽量相等，否则时间长的功能段将成为流水线的瓶颈，会造成流水线的"堵塞"和"断流"，这个时间一般为时钟周期。

（4）流水线要有"通过时间"，即第一个结果流出流水线所需的时间，在此之后流水过程才进入稳定工作状态，每个时钟周期能够流出一个结果。

（5）流水技术适合于大量重复的时序过程，当输入端能连续提供任务，流水线内部又不发生堵塞时，流水线的效率才能充分发挥。

2.3.2　流水线的分类

流水线可以从不同的角度进行分类，主要类型如下。

1. 单功能流水线和多功能流水线

按照流水线可完成功能的种类，可以将流水线划分为单功能流水线和多功能流水线。单功能流水线只能完成一种功能，即它的功能固定。当处理器需要完成多种功能时，就要采用多个单功能流水线来实现。多功能流水线的各段可以根据需要重新连接，从而使流水线能够完成不同的功能。图 2-4 所示的运算器就是多功能流水线，它有 8 个可并行工作的独立功能段。当要进行浮点加法、减法运算时，各段的连接情况如图 2-4(b)所示；当要进行定点乘法运算时，各段的连接如图 2-4(c)所示。

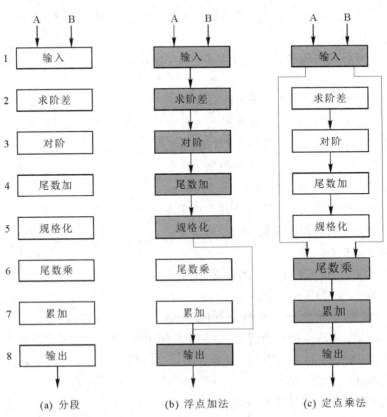

图 2-4　多功能流水线示意图

2. 静态流水线和动态流水线

在多功能流水线中，按照同一时间能否连接成多种方式与实现多种功能，可将流水线划分为静态流水线和动态流水线。

静态流水线是指在同一时间内，多功能流水线中的各段只能按照一种固定的方式连接，实现一种固定的功能。只有当按照这种连接方式工作的所有任务都流出流水线之后，多功能流水线才能重新进行连接，实现其他功能。以图 2-5 所示的多功能流水线为例，阿拉伯数字表示浮点加法指令，汉字数字表示定点乘法指令。如图 2-5(a)所示的静态流水线，某一时间内，流水线要么连接成浮点加法运算的形式，要么连接成定点乘法运算的形式。不能在同一时间里既进行浮点加法运算又进行定点的乘法运算。只有当所有的浮点加法执行完成后，才能切换流水部件的连接去执行定点乘法。因此静态流水线只有当连续输入一串相同功能的指令时，流水线才能发挥效益。图 2-5(a)中，如果输入的是浮点加、定点乘、浮点加、定点乘这样重复切换的指令，静态流水线将失去意义，其效率将下降到与不采用流水执行的情况一样。

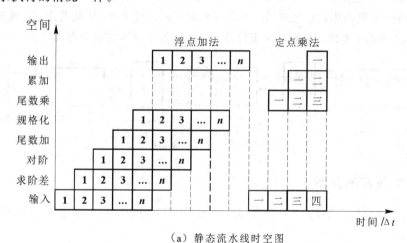

（a）静态流水线时空图

（b）动态流水线时空图

图 2-5　静态流水线和动态流水线

动态流水线是指在同一时间内，多功能流水线中的各段可以按照不同的方式连接，同时执行多种功能。如图 2-5(b)所示，在保证流水线不产生冲突的前提下，不必等到浮点加法执行结束就可以进行定点乘法的运算。显然，动态流水线具有更高的效率，但是实现起来比较麻烦，需要对流水线的连接实施更加复杂的控制。

3. 部件流水线、指令流水线和处理机流水线

按照级别可将流水线分为部件流水线、指令流水线和处理机流水线。

部件流水线一般特指运算部件流水线，如图 2-4 所示。具体来说，对于一些功能复杂的运算部件，为了提高运算处理的吞吐率，经常将它们设计成流水线的形式。例如前文所描述的浮点运算部件，就是将多个功能部件连在一起构成的部件流水线。

指令流水线是指把指令的执行过程分为多个阶段，各个阶段按照流水方式进行处理，如图 2-3 所示。通常，运算部件是指令执行过程分解后需要的执行部件，即指令流水线内部包含部件流水线。

处理机流水线又叫宏流水线，是指由多个处理机按流水的方式对同一数据进行处理，每个处理机完成一项处理任务。如图 2-6 所示，第一个处理机对输入的数据流完成任务 1 的处理，其结果存入存储器中，它又被第二个处理机取出进行任务 2，依此类推。处理机流水线一般应用于高性能数据处理，如天气预报计算，对提高各处理机的效率有很大的作用。

图 2-6　处理机流水线

2.3.3　流水线性能分析

衡量流水线性能主要通过三个指标：吞吐率(Throughput)、加速比(Speedup)和效率(Efficiency)。

1. 吞吐率

吞吐率(TP)是衡量流水线性能的重要指标，它是指单位时间内流水线所完成的任务数，即流水线单位时间内能输出的结果。

$$TP = \frac{n}{T_p} \tag{2-3}$$

式中，n 表示任务数，T_p 表示流水执行 n 个任务所用的时间。流水线在连续流动达到稳定以后所得到的吞吐率称为最大吞吐率。

图 2-7 中，假设流水线各功能段执行时间 Δt 都相等，总共有 k 个功能段(这里取 $k=4$)，且输入到流水线的任务是连续的理想状态。

流水执行 n 个任务所需要的时间 T_p 可以分解为：从流水线的输出端考虑，它用 k 个时钟周期来输出第一个任务，而对于其余的 $n-1$ 个任务，输出每一个任务只需要 1 个时钟周期 Δt，所以用 $n-1$ 个时钟周期来输出剩余的 $n-1$ 个任务，因此该流水线完成 n 个任务所需要的总时间为

$$T_p = k \times \Delta t + (n-1) \times \Delta t = (k+n-1)\Delta t \tag{2-4}$$

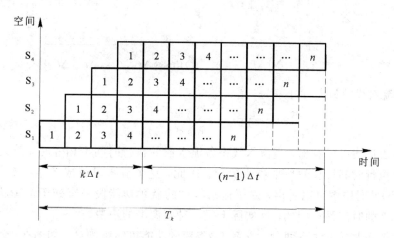

图 2-7　各段执行时间相等的流水线时空图

把上式带入式(2-3)中,得到图 2-7 所示流水线的实际吞吐率为

$$TP = \frac{n}{(k+n-1)\Delta t} \tag{2-5}$$

这种情况下的最大吞吐率为

$$TP_{max} = \lim_{n \to \infty} \frac{n}{(k+n-1)\Delta t} = \frac{1}{\Delta t} \tag{2-6}$$

即 1 个时钟周期完成 1 项任务,而不流水条件下需要 k 个时钟周期才能完成 1 项任务,因此流水后系统性能是流水前的 k 倍。

进一步,由式(2-5)和式(2-6)可以得到实际吞吐率与最大吞吐率的关系为

$$TP = \frac{n}{(k+n-1)}TP_{max} \tag{2-7}$$

只有当 $n \gg k$ 时,才能有 $TP \approx TP_{max}$。

若各段的执行时间不相等,则计算实际吞吐率与最大吞吐率时就要利用时空图。例如图 2-8(a)所示的 4 段流水线中,$\Delta t_2 = 3\Delta t_1 = 3\Delta t_3 = 3\Delta t_4 = 3\Delta t$,其时空图如图 2-8(b)所示。

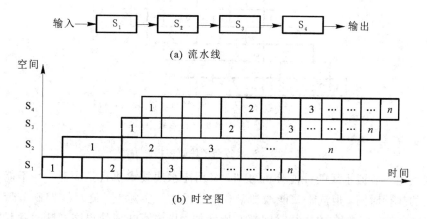

(a) 流水线

(b) 时空图

图 2-8　各段执行时间不相等的流水线及其时空图

实际的吞吐率为

$$TP = \frac{n}{\sum_{i=1}^{4}\Delta t_i + (n-1)\max(\Delta t_1,\Delta t_2,\Delta t_3,\Delta t_4)} \qquad (2-8)$$

这时，流水线的最大吞吐率为

$$TP_{max} = \frac{1}{\max(\Delta t_i)} = \frac{1}{3\Delta t} \qquad (2-9)$$

从上述表达式可以看出，当流水线中各流水段的执行时间不相等时，最大吞吐率与实际吞吐率由执行时间最长的那个流水决定。因此，这个流水段就成了整个流水线的瓶颈。从图 2-8(b) 的时空图可以看出，除了流水线中的瓶颈功能段一直处于忙碌状态外，其他功能段有 2/3 的时间是空闲的，这实际上是一种资源上的浪费。

解决这个问题的方法有两种。方案 1，将瓶颈功能段继续细分，如图 2-9(a) 所示，把功能段 S_2 再细分为 S_{2-1}、S_{2-2}、S_{2-3} 三个子功能段，每段的时间都为 Δt。方案 2，如果功能段 S_2 不能继续细分，则可以采用资源重复的方法，如图 2-9(b) 所示，采用三个功能相同的部件 S_{2-1}、S_{2-2}、S_{2-3}，使其并行工作，其时空图如图 2-9(c) 所示。这两种情况下流水线的最大吞吐率都为 $1/\Delta t$，但是在并行段之间的任务分配和同步都比较复杂。

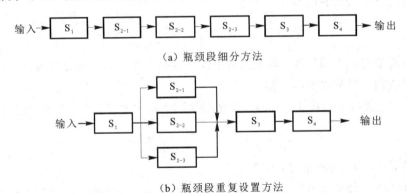

（a）瓶颈段细分方法

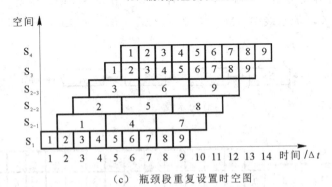

（b）瓶颈段重复设置方法

（c）瓶颈段重复设置时空图

图 2-9　流水线瓶颈段效率提高方法

根据上述一般流水线的性能分析可知，采用流水线技术执行指令时，并不能减少每条指令真正的执行时间，但流水线能增加指令的吞吐率。实际上，流水线控制等带来的额外开销，反而会使每条指令的执行时间都有所增加。指令吞吐率的提高意味着每秒能执行的指令数更多，这使得程序的总执行时间减少。此外，在实际的指令流水线中，由于存在多种原因，如指令前后之间的相关性、资源冲突等，使得流水线的实际吞吐率总是低于最大吞吐率。

2. 加速比

流水线的加速比是指完成一批任务，不使用流水线所用的时间与使用流水线的时间之比。若不使用流水线即顺序执行所用的时间为 T_s，使用流水线的执行时间为 T_p，则流水线的加速比为

$$S = \frac{T_s}{T_p} \tag{2-10}$$

如果流水线各段执行时间都相等，则一条 k 段流水线，连续完成 n 个任务所需的时间为 $T_p = (k+n-1) \times \Delta t$；等效的非流水线上所需的时间为 $T_s = k \times n \times \Delta t$，则加速比 S 为

$$S = \frac{T_s}{T_p} = \frac{k \times n \times \Delta t}{(k+n-1)\Delta t} = \frac{k \times n}{k+n-1} = \frac{k}{1+\frac{k-1}{n}} \tag{2-11}$$

可以看到，当 $n \gg k$ 时，$S \to k$，即当流水线的各功能段时间相等时，其最大加速比等于流水线的段数。从这个意义上来看，流水线的段数越多越好。但实际上，当流水线的段数很多时，流水线控制变得更为复杂；此外，为了使流水线能够充分发挥效率，也要求可以流水执行的任务数增多。这两点造成实际流水线的段数不是越多越好。

3. 效率

流水线效率是指流水线的各功能段部件的利用率。由于流水线有装入时间(指第一个任务输入后到其完成的时间)和排空时间(最后一个任务输入后到其完成时间)，所以，在连续完成 n 个任务的时间内，各个功能段并不都是满负荷工作。

如果各段执行时间相等，则各段的效率 η_i 是相等的，都等于 η，即

$$\eta = \eta_1 = \eta_2 = \cdots = \eta_k = \frac{n \times \Delta t}{T_p} = \frac{n \times \Delta t}{(k+n-1) \times \Delta t} = \frac{n}{(k+n-1)} \tag{2-12}$$

可以看到，当 $n \gg k$ 时，$\eta \to 1$，即流水线各功能部件均 100% 利用，所有功能部件均工作；反之，如果 $n=1$，就不能利用流水线提高任务执行的吞吐率，其流水线效率为 $1/k$，说明任意时刻只有一个流水功能部件在使用。流水线实质上是通过让功能部件并行工作来提高任务执行的吞吐率。

整个流水线的平均效率也可以按下式进行计算：

$$\eta = \frac{\eta_1 + \eta_2 + \cdots + \eta_k}{k} = \frac{k \times \eta}{k} = \frac{k \times n \times \Delta t}{k \times T_p} = \frac{T_s}{k \times T_p} \tag{2-13}$$

由式(2-13)可以看到，分母 $k \times T_p$ 是时空图段数 k 和流水执行总时间 T_p 所围成的总面积；分子 $k \times n \times \Delta t$ 是时空图中 n 个任务实际占用的面积。因此，从时空图的角度来看，所谓效率，就是 n 个任务占用的时空区和 k 个段总的时空区之比。

当线性流水线每段执行时间相等时，由式(2-5)和式(2-12)可得

$$\eta = \frac{n \times \Delta t}{T_p} = TP \times \Delta t \tag{2-14}$$

可以看到，当 Δt 不变时，流水线的效率和吞吐率成正比。也就是说，为提高效率所采取的措施，对于提高吞吐率也有好处。在非线性流水线或线性流水线中各段执行时间不等

的情况下，这种比例关系就不存在了，此时应该通过画出实际工作时的时空图才能分别求出吞吐率、加速比和效率。

【例 2 - 6】 一个单功能流水线，每段执行时间都相等为 Δt，输入任务不连续，用一条 4 段浮点加法器流水线计算 8 个浮点数的和 $\text{sum} = \sum_{i=1}^{8} A_i$，并计算流水线的吞吐率、加速比和效率。

解　由于存在数据相关（数据相关的介绍见 2.4.2 节），所以首先对式(2-15)进行数据转换，变为图 2-10 所示的形式。

$$\text{sum} = [(A_1 + A_2) + (A_3 + A_4)] + [(A_5 + A_6) + (A_7 + A_8)] \quad (2-15)$$

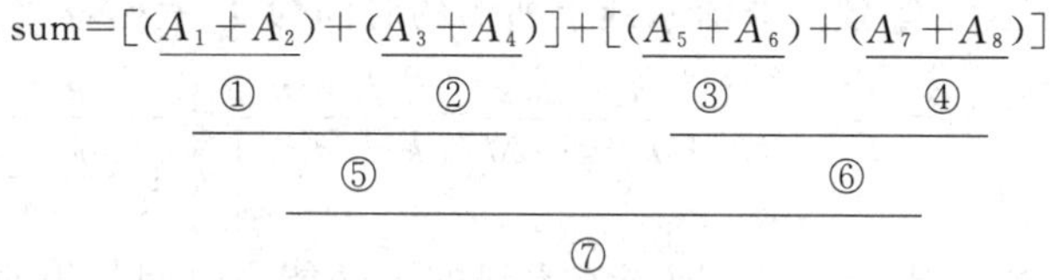

$$
\begin{array}{c}
\text{sum} = [\underline{(A_1 + A_2)} + \underline{(A_3 + A_4)}] + [\underline{(A_5 + A_6)} + \underline{(A_7 + A_8)}] \\
\quad\quad\quad ① \quad\quad\quad ② \quad\quad\quad\quad ③ \quad\quad\quad ④ \\
\underline{\quad\quad\quad\quad ⑤ \quad\quad\quad\quad\quad\quad\quad\quad ⑥ \quad\quad\quad\quad} \\
⑦
\end{array}
$$

图 2-10　8 个浮点数流水线相加结构图

小括号内的 4 个加法①②③④由于没有数据相关，所以可以连续先后输入到流水线中进行运算。在加法②的运算结果输出以后，就可以开始加法⑤的运算。同理，加法④完成后就可以开始加法⑥的运算。最后等到加法⑥完成后，再开始加法⑦的运算，整个过程共进行 7 次加法运算，其时空图如图 2-11 所示。

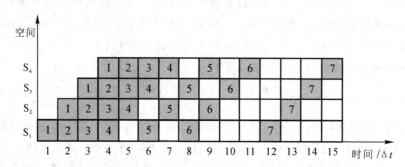

图 2-11　用一条 4 段浮点加法器流水线求 8 个数之和的流水线时空图

从流水线的时空图可以清楚地看到，整个计算过程进行 7 个浮点数加法共用了 15 个 Δt，则有 $T_p = 15 \times \Delta t$，$n = 7$。

流水线的吞吐率 TP 为

$$\text{TP} = \frac{n}{T_p} = \frac{7}{15 \times \Delta t}$$

流水线的加速比 S 为

$$S = \frac{T_s}{T_p} = \frac{4 \times 7 \times \Delta t}{15 \times \Delta t} = \frac{28}{15} = 1.67$$

流水线的效率 η 为

$$\eta = \frac{T_s}{k \times T_p} = \frac{4 \times 7 \times \Delta t}{4 \times 15 \times \Delta t} = 46.7\%$$

可以看到，在有数据相关的条件下，流水线的效率离理想的 100% 还有很大差距。由此也可以看出，流水线最适合于解决输入与输出之间无任何联系与相关的一串计算。

2.4 流水线相关及解决方案

流水线相关是限制流水线性能提高的一个重要因素。如果流水线中的指令相互独立，则可以充分发挥流水线的性能。但在实际中，由于串行编程模型，后面指令的执行都会依赖于前面指令的执行结果，因此就会产生流水线相关，从而降低流水线性能。

具体来说，流水线相关是指相邻或相近的两条指令存在某种关联，导致后一条指令如果在原来对应的流水线时钟周期开始执行会产生冲突。一般来说，流水线相关主要分为以下三种类型：

(1) 结构相关：当指令在同步重叠执行过程中，硬件资源满足不了指令重叠执行的要求，发生资源冲突时将产生结构相关。

(2) 数据相关：当一条指令需要用到前面指令的执行结果，而前面指令还在流水线中重叠执行，结果并未输出，就可能引起数据相关。

(3) 控制相关：当流水线遇到分支指令和其他能够改变程序计数器(PC)值的指令时就会发生控制相关。

一旦流水线中出现相关，必然会影响指令在流水线中顺利执行。如果不能很好地解决相关问题，轻则影响流水线的性能，重则导致错误的执行结果。下面详细介绍三种相关的产生原因和解决办法。

2.4.1 结构相关

如果某些指令组合在流水线中重叠执行时产生资源冲突，那么称该流水线有结构相关。为了能够在流水线中顺利执行指令的所有可能组合，且不发生结构相关，通常需要采用流水化功能单元的方法或资源重复的方法。

【例 2-7】 对于冯·诺依曼体系的计算机系统，数据和指令保存在同一存储器中。如果在某个时钟周期内，流水线既要完成某条指令对数据的存储器访问操作，又要完成取指令的操作，将会发生存储器访问冲突问题，产生结构相关，如图 2-12 所示。在图 2-12 中，采用 5 级指令流水线，IM、Reg、ALU 和 DM 分别表示流水阶段中的物理功能部件。其中 IM 是指令存储器，Reg 表示寄存器文件，ALU 表示逻辑运算单元，DM 表示数据存储器。图 2-12 中 IM、Reg、ALU、DM、Reg 五个部件还对应五级流水线的五个阶段：

(1) 取指(Instruction Fetch, IF)阶段，此阶段访问 IM，读取存储在 IM 中的指令；

(2) 译码(Instruction Decode, ID)阶段，此阶段对取得的指令进行译码，并根据译码结果读取 Reg 数据；

(3) 执行(Execute, EX)阶段，此阶段利用 ALU 执行指令或计算地址；

(4) 访存(Memory, MEM)阶段，此阶段访问 DM，读取存储在 DM 中的数据或将数据写入到 DM 中；

(5) 写回(Write Back, WB)阶段，此阶段将将计算结果写回 Reg。

可以看到，采用流水执行后，在图 2-12 中的第 4 个时钟周期(CC4)，由于 IF 阶段对指令存储器(IM)进行操作，MEM阶段对数据存储器(DM)进行操作，而在冯·诺依曼结构下，IM和DM是同一个存储器，这时就会产生结构冲突。事实上，不仅CC4会产生这种结构冲突，在CC5也同样存在同时访问IM和DM的结构冲突。

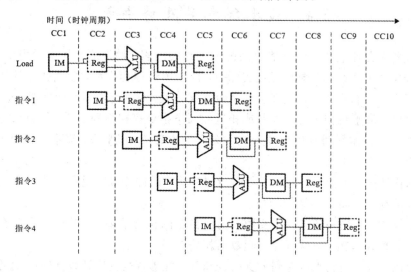

图2-12　由于存储器访问冲突而带来的流水线结构相关

解决结构相关可用如下几种方法。

1. 延迟(或暂停)流水线

流水线的结构相关可以通过延迟流水线的方法解决，让流水线完成前一条指令对数据的存储器访问，暂停后一条指令的读取操作。直到流水线中上一条指令进行到数据写回的阶段，再开始下一条指令的操作，如图2-13所示。暂停指令读取的周期被称为流水线的暂停周期，也被称为流水线气泡，或简称为气泡。从图2-13可以看出，需要在流水线中每隔三条指令插入三个暂停周期才可以消除IM和DM访问的结构相关，这对流水线效率的影响还是很大的。

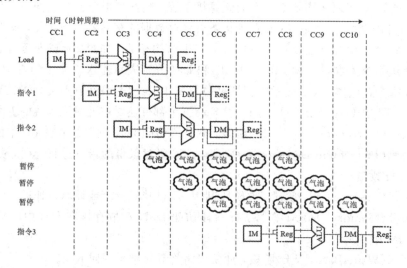

图2-13　为消除结构相关而插入的流水线气泡

2. 增加资源副本

由上文可知，为消除结构相关而引入的暂停将影响流水线的性能。为了避免结构相关，可以考虑采用资源重复的方法。比如，在流水线机器中设置相互独立的指令存储器和数据存储器，即哈佛结构，此时 IM 和 DM 是不同的存储器，并且可以并行访问。这样流水线的 IF 阶段与 MEM 阶段就可以通过两个独立的通路同时访问两个独立的存储器，从而不会发生结构相关。

假设不考虑流水线其他因素对流水线性能的影响，显然如果流水线机器没有结构相关，那么其流水线的效率必然会达到其最高值。然而，有时流水线设计者却允许结构相关的存在，主要有两个原因：减少硬件开销和减少功能单元的延迟。

如果为了避免结构相关，而将流水线中的所有功能单元完全流水化，或者设置足够的硬件资源，那么所带来的硬件开销必定很大。例如，对流水线机器而言，如果要在每个时钟周期内，能够支持取指令操作和数据访存操作同时进行，而又不发生结构相关，那么存储总线的带宽必须要加倍。同样，一个完全流水的浮点乘法器需要更多逻辑门。假如在流水线中结构相关并不是经常发生，就不值得为了避免结构相关而增加大量硬件开销，完全可以设计出比完全流水化功能单元具有更短延迟时间的非流水化和不完全流水化的功能单元。

2.4.2　数据相关

如果一条指令需要用到前面某条指令的结果，但是该指令尚在流水线中，还未将结果写入寄存器中，这样两条指令重叠执行时，会产生数据相关。本质上，指令在流水线中的重叠执行、乱序执行都有可能改变指令读/写操作数的顺序，使得读/写操作顺序不同于它们非流水线实现时的顺序，从而产生数据相关。

【例 2-8】　在图 2-14 所示的指令 5 级流水线中，阴影矩形表示流水界面缓冲寄存器，用来保存每个流水阶段的中间结果；假设各段时间均为 Δt，执行下面的指令：

```
SUB   R1, R2, R6    ;R1＝R2－R6
ADD   R4, R1, R3    ;R4＝R1＋R3
OR    R5, R7, R1    ;R5＝R1|R7
AND   R6, R1, R9    ;R6＝R1&R9
XOR   R7, R1, R8    ;R7＝R1⊕R8
```

上述 5 条指令中，SUB 指令产生 R1 的值，后面 4 条指令都要用到 SUB 指令的计算结果 R1 的值，如图 2-14 所示。因为 SUB 指令在 WB 段才将计算结果写入寄存器 R1 中，但是随后的 ADD 指令在其 ID 段就要从寄存器 R1 中读取该计算结果，这种情况就叫作数据相关。如果不采取措施，ADD 指令在其 ID 阶段读取的 R1 的值并不是 SUB 指令产生的 R1 值，这时 ADD 指令的执行结果也就跟着出错。所以，为了保证上述指令序列的正确执行，最简单的方法是检测到这种相关后，流水线暂停 SUB 指令之后的所有指令，直到 SUB 指令将计算结果写入寄存器 R1 之后，再启动 ADD 指令之后的指令继续执行。

从图 2-14 还可以看到，OR 指令同样也受到这种相关关系的影响。SUB 指令只有到第 5 个时钟周期末尾才能结束对寄存器 R1 的写操作，而 OR 指令在第 4 个时钟周期从寄存器 R1 中读出，因而此时读出的值也是错误的。而 XOR 指令则可以正常操作，因为它是在第 6 个时钟周期读寄存器 R1 的内容，而 SUB 指令在第 5 个时钟周期结束后，已经把新的结果写入到 R1 中，所以 XOR 在第 6 个时钟周期读出的值是最新的值。

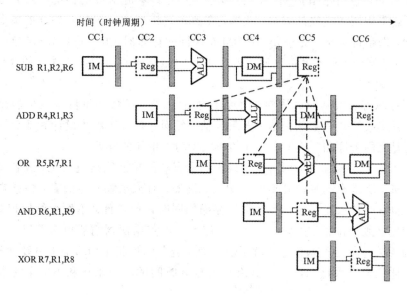

图 2 - 14　流水线的数据相关

1. 数据相关的分类

根据指令对寄存器的读写顺序，可以将数据相关分为写后读、写后写和读后写三种类型。具体来说，考虑流水线中的两条指令 i 和 j，且 i 在 j 之前进入流水线，由此可能带来的数据相关有：

（1）写后读（Read After Write，RAW）相关。j 的执行要用到 i 的计算结果，但是当其在流水线中重叠执行时，j 可能在 i 写其计算结果之前就先行对保存该结果的寄存器进行读操作，所以 j 会读到错误的值。这是最常见的一种数据相关，图 2 - 14 所描述的数据相关就属于这种类型。

（2）写后写（Write After Write，WAW）相关。j 和 i 的目的寄存器一样，但是当其在流水线中采用乱序执行时，j 可能在 i 写入其计算结果之前就先行对目的寄存器进行写操作，从而导致写入顺序错误，最终导致目的寄存器中留下的 i 写入的值不是 j 写入的值。在图 2 - 14 所示的流水线中，由于只在 WB 进行寄存器写，且指令是按序执行，所以不存在 WAW 相关。

（3）读后写（Write After Read，WAR）相关。j 可能在 i 读取某个寄存器的内容之前就对该寄存器进行写操作，导致 i 后来读取到的值是错误的。在图 2 - 14 所示的流水线中，在 ID 段完成所有的读操作，在 WB 段完成所有的写操作，不会产生这种类型的数据相关。实际上，WAR 相关与 WAW 相关一样，只会发生在采用乱序执行的流水线中。

2. 定向技术减少数据相关

RAW 相关可以通过定向技术来解决。定向技术是指在某些流水线段之间设置数据直接连接通路，也称为旁路；当相关检测硬件检测到 RAW 相关时（前面某条指令的结果操作数就是当前指令的源操作数），控制逻辑就会将前面那条指令的结果直接从其产生的地方旁路到当前指令所需要的位置，以此使得后续指令能够使用前面指令产生的正确结果，从而避免流水线停顿。可见，定向技术的核心是将某条指令的计算结果直接旁路到需要它的地方，其前提是前一条指令的结果已经正确产生，只是还未被写入到寄存器中。在图 2-15 所示的流水线中，可以产生的定向通路有：

（1）由流水界面寄存器 EX/MEM 旁路到 ALU 输入端；

（2）由流水界面寄存器 MEM/WB 旁路到 ALU 输入端。

可以看到，采用定向技术后，图 2-14 中的 RAW 数据相关可以通过图 2-15 虚线所示的旁路通道得到解决。此时，流水线不需要暂停，流水效率得到提高，流水线单位时间内能吞吐的指令数也变多了。

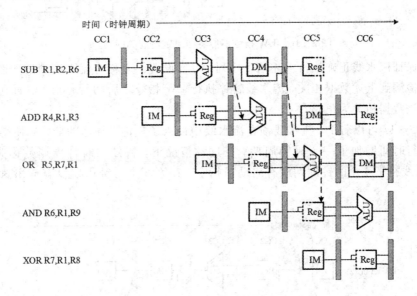

图 2-15　采用定向技术的流水线数据通路

上述定向技术可以推广到更一般的情况，可以将一个结果直接旁路到所有需要它的功能单元。也就是说，一个结果只要在流水线内部正确产生后，就可以通过定向技术将其旁路到任何需要它的功能单元，避免其他功能单元因待处理数据未准备好而停顿。

3. 暂停解决数据相关

前面讨论了如何利用定向技术消除由于数据相关带来的暂停。但是，并不是所有数据相关都可以通过定向技术消除。

【例 2-9】　考虑以下指令序列：

```
LW      R1, 0(R2)
ADD     R3, R1, R4
SUB     R5, R1, R6
```

图 2-16 中给出了该指令序列在流水线中执行所需要的定向路径。可以看出，LW 指令要到第 4 个时钟周期末才能够从存储器中读出数据，而 ADD 指令在第 4 个时钟周期需要这个数据进行运算。在这种情况下，虽然也可以把 LW 指令访问 DM 的结果旁路到 ADD 指令的 ALU。但是，ALU 执行需要时间，会造成本时钟周期结束时 ALU 的结果仍然不是正确的结果。对于这种数据相关，不能通过旁路技术进行解决，必须暂停后续指令

的执行。在本例中，必须暂停 ADD 指令的执行。

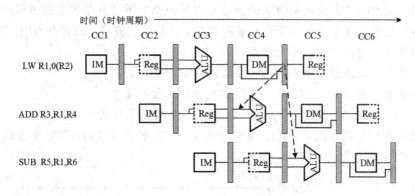

图 2-16　LW 指令不能将结果定向到 ADD 指令

　　为了保证流水线正确执行上述指令序列，可以设置一个称为流水线锁的功能部件。一旦流水线检测到上述数据相关，流水线暂停执行 LW 指令之后的所有指令，直到能够通过定向解决该数据相关为止。

　　从图 2-17 可以看出，流水线锁在流水线中插入了气泡。气泡的插入，使得上述指令序列的执行时间增加了一个时钟周期。在这种情况下，暂停的时钟周期数称为"载入延迟"。流水线在第 4 个时钟周期没有启动新指令，在第 6 个时钟周期没有流出执行完毕的指令。

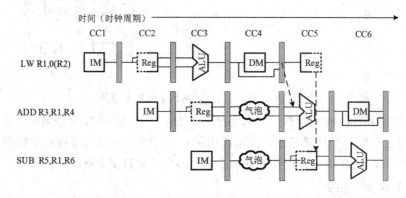

图 2-17　暂停解决数据相关

2.4.3　控制相关

　　控制相关指的是因某种原因造成指令不再顺序执行，使得已经进入流水线的指令不能继续执行。在现代处理器中，主要有两种情况会导致流水线的控制相关：转移类指令执行和中断响应。

　　使程序执行顺序发生改变的转移指令有两类：无条件转移指令（如无条件跳转、子程序或过程调用、返回指令等）和条件转移指令（如循环控制指令、IF 判断语句等）。在指令流水线中，在转移指令的跳转目标明确之前，一般流水线都已经又取了多条指令进入流水线。然而，如果转移指令跳转成功，必然导致后续进入流水线的指令不应该执行，即此时应该从转移目标处取指令进行执行。因此，转移指令的跳转成功必然会导致流水线断流或停顿。

　　中断处理与转移指令跳转成功类似。当中断发生后，无论处理器正在执行什么样的程序，都必须转移到对应的中断处理程序上去处理中断。此时，已经进入流水线中的指令必须进行适当的处置，以便保证处理器执行完中断处理程序后，能回到被中断的程序，接着中断前的状态继续执行原程序。

　　转移指令是引起流水线控制相关的主因，基本所有程序的执行都会碰到。对转移指令引起的控制相关的高效处理，对提高流水线效率的意义重大。下面重点介绍减少因转移指令执行带来的控制相关的处理方法。

1. 基于暂停的控制相关解决方案

　　处理转移指令最简单的方法是在流水线中检测到某条指令是转移指令后，就暂停执行该指令之后的所有指令，直到明确该转移指令的跳转目标。这种方法的优点是实现简单、不易出错，缺点是效率低。假设在 5 级流水下，在 ID 级可以知道指令功能，在 EX 级可以知道是否转移成功，以及转移成功后的目标指令的地址，则最简单的基于暂停流水线的控制相关处理的指令时空图如图 2-18 所示。

分支指令	IF	ID	EX	DM	WB			
分支后继指令		IF	Stall	Flush				
分支目标指令				IF	ID	EX	DM	WB

(a) 分支转移成功

分支指令	IF	ID	EX	DM	WB			
分支后继指令 1		IF	Stall	ID	EX	DM	WB	
分支后继指令 2				IF	ID	EX	DM	WB

(b) 分支转移失败

图 2-18　简单处理分支指令的方法及其流水线时空图

　　在图 2-18(a)中，分支指令转移成功，即分支指令执行后，需要从其分支目标处取指令。由于在 ID 级才能知道指令功能，所以在分支指令进入 ID 级进行译码的同时，其后继指令(顺序执行的下一条指令)进入到 IF 级。当分支指令的 ID 级结束后，流水线控制部件给出 Stall 信号，阻止分支指令的后继指令进入 ID 级执行。当分支指令的 EX 结束后，控制部件知道分支指令转移成功，需要从分支目标处取指。此时，控制部件需给出 Flush 信号，指示将已经取入的分支指令的后继指令清空，即将上个时钟周期阻塞在 IF 级的指令清空，然后在下一个时钟周期，即分支指令进入 DM 级时，开始从分支目标处取得正确指令。可以看到，在这种条件下，流水线执行引入 2 个时钟周期的浪费。在图 2-18(b)中，分支指令转移失败，即分支指令执行后，不会发生跳转，仍然从其后继指令处顺序取指。在这种条件下，根据上面的处理规则，可以知道在流水线中只带来 1 个时钟周期的损失。

　　【例 2-10】　假设分支指令在目标代码中出现的概率是 0.3，转移成功概率为 0.8，流水线执行其他指令的 CPI 为 1，按照图 2-18 给出的分支指令处理规则，求此时指令执行的平均 CPI。

解　　　　　指令的平均 CPI＝分支指令 CPI×分支指令比重＋

其他指令 CPI×(1－分支指令比重)

分支指令 CPI＝转移成功指令比重×(1＋转移成功的开销)＋

(1－转移成功指令比重)×(1＋转移失败的开销)

根据图 2-18 所示的规则，分支指令转移成功后的开销＝2，分支指令转移失败的开销＝1；根据题目给出的已知条件，分支指令比重＝0.3，其他指令 CPI＝1。

综上，此时指令执行的平均 CPI 应为

平均 CPI＝(1－0.3)×1＋0.3×0.8×3＋0.3×(1－0.8)×2＝1.54

可以看到，在上面这个例子中，因控制相关采用简单的暂停处理方式，导致流水线效率的极大降低。事实上，在流水线级数增多后，控制相关对流水效率的影响更加突出。因此，降低分支损失对充分发挥流水线的效率十分关键。减少流水线处理分支指令时的暂停时钟周期数有以下两种途径：

(1) 在流水线中尽早判断出分支转移是否成功。

(2) 尽早计算出分支转移成功时的 PC 值(即分支的目标地址)。

2. 基于预测失败的控制相关解决方案

如果流水线采用预测分支"失败"的方法处理分支指令，即预测分支指令不会发生跳转，则当流水线译码到一条分支指令时，流水线继续取指令，并允许该分支指令的后继指令继续在流水线中流动。当流水线确定分支转移成功与否以及分支的目标地址之后，如果分支转移成功，流水线清空分支指令之后的所有指令，即将在分支指令之后取出的所有指令转化为空操作，并在分支的目标地址处重新取出有效的指令；如果分支转移失败，那么可以将分支指令看作一条普通指令，流水线正常流动，无须将分支指令之后取出的所有指令转化为空操作。流水线采用"预测分支失败"方法处理分支指令的时空图如图 2-19 所示。可以看到，采用这种预测分支失败的处理方式，在分支指令不发生跳转时，无额外开销；在分支指令转移成功后，额外开销仍然为 2 个时钟周期。与图 2-18 相比，其好处在于减少了分支转移失败的开销。

分支指令 i	IF	ID	EX	DM	WB			
后继指令 i+1		IF	ID	EX	DM	WB		
后继指令 i+2			IF	ID	EX	DM	WB	

(a) 分支转移失败

分支指令 i	IF	ID	EX	DM	WB			
后继指令 i+1		IF	ID	Flush				
目标指令 j				IF	ID	EX	DM	WB

(b) 分支转移成功

图 2-19　"预测分支失败"方法的流水线时空图

3. 基于延迟分支的控制相关解决方案

可以看到，上述两种方式在分支指令转移成功后，额外的开销是必不可少的。为进一步降低控制相关带来的开销，有些流水线设计中，提出了基于延迟分支的控制相关解决方案，它由编译程序重排指令序列来实现。其核心思想是在发生"分支转移成功"时并不排空指令流水线，而是让紧跟在分支指令之后的少数几条指令（也就是所谓延迟槽指令）继续完成。在这种方案下，如果这些指令是与分支指令结果无关而又必须执行的有用指令，那么分支转移成功后的额外开销自然为 0。延迟长度为 n 的分支指令的执行顺序是：

   分支指令

   顺序后继指令 1

    ⋮

   顺序后继指令 n

   如果分支成功，分支目标处指令

  所有顺序后继指令都处于分支延迟槽中，无论分支成功与否，流水线都会执行这些指令。同样假设在 5 级流水下，只有在 EX 级才可以知道分支指令是否转移成功，以及转移成功后的目标指令的地址，则具有两个分支延迟槽的流水线的时空图如图 2-20 所示。

分支指令 i	IF	ID	EX	DM	WB			
后继指令 i+1		IF	ID	EX	DM	WB		
后继指令 i+2			IF	ID	EX	DM	WB	
后继指令 i+3				IF	ID	EX	DM	WB

(a) 分支指令转移失败

分支指令 i	IF	ID	EX	DM	WB			
后继指令 i+1		IF	ID	EX	DM	WB		
后继指令 i+2			IF	ID	EX	DM	WB	
目标指令 j				IF	ID	EX	DM	WB

(b) 分支指令转移成功

图 2-20　"延迟分支"方法的流水线时空图

  从图 2-20 可以看出，基于"延迟分支"方法的指令无论分支成功与否，其流水线时空图所描述的流水线的行为是类似的，流水线中均没有插入暂停周期，从而极大地降低了流水线分支损失。也可以看出，实际上是处于分支延迟槽中的指令"掩盖"了流水线原来所必须插入的暂停周期。

  虽然图 2-20 中采用延迟分支完全解决了控制相关带来的流水效率的降低。但在实际应用中，由于指令之间的相关性，编译程序很难找到足够的与分支指令结果无关而又必须执行的有用指令。如果找不到，编译程序就会在延迟槽中插入空指令（NOP），这样同样会降低流水线的效率。

4. 控制相关的动态解决技术

  前面讨论的控制相关处理方式是静态的，即这些方案的操作几乎不依赖于分支的实际动态行为。在实际应用中，上述方案简单、易实现，在一些低端处理器中常采用。但是，在现代高性能处理器的流水线中，特别是流水深度比较长的流水线中，为进一步解决上述控制相关对流水线性能的影响，一般采用基于动态预测的分支指令控制相关解决方案。

  分支预测的目的是尽可能早地知道分支指令的后继指令的位置，减少由控制相关导致的流水线停顿。分支预测的效果不仅取决于其准确性，而且与分支预测正确和不正确时的开销密切相关。所以，分支的最终延迟取决于流水线的结构、预测方法和预测错误后恢复所采取的策略。

　　动态分支预测是一种基于分支操作历史记录的预测技术，它包括两个方面：一是分支指令地址；二是分支指令的跳转目标。常用的动态分支预测技术是基于分支目标缓冲区（Branch-Target Buffer，BTB）的动态分支预测，原理如下：

　　要减少流水线的分支延迟，就需要在新 PC 值形成之前，即取指令阶段后期知道下一条指令的地址。这意味着在取指令阶段就必须知道当前指令是否是分支指令，如果是，还要知道其最有可能的分支目标的地址。如果上述两个问题的答案都很明确，则分支的开销可以降为零。在 BTB 方案中，为实现这个目标，将分支成功的分支指令的地址和它的分支目标地址都放到一个缓冲区中（此缓冲区被称为 BTB）保存起来，BTB 以分支指令的地址作为标识。取指令阶段，所有指令地址都与 BTB 中保存的标识作比较，一旦相同，就认为本指令是分支指令，且认为它转移成功，并且它的分支目标地址就是保存在 BTB 中的分支目标地址。

　　图 2-21 是 BTB 的结构和工作过程示意图。缓冲区第 1 列存储的是分支转移成功的指令地址，第 2 列是该分支转移指令的目标指令的地址。工作过程中，当前 PC 与第一栏中的地址标识集合相比较，如果当前 PC 与某一项匹配成功，则认为当前指令是成功的分支指令；并将 BTB 的第 2 列，即分支目标指令的 PC 作为下一待取指令的地址送往 PC 寄存器。如果当前 PC 未在 BTB 中匹配成功，则认为当前指令不影响指令的执行顺序，按普通指令来执行当前指令。

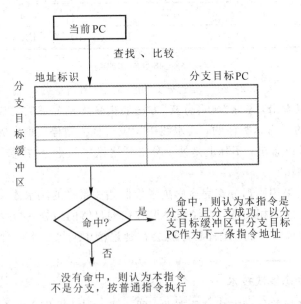

图 2-21　分支目标缓冲区的结构和工作过程

　　上述工作过程中，还未解决分支成功的指令如何加入 BTB 中。通常，如果分支指令第 1 次遇到，则由于其未被添加到 BTB 中，在取指令阶段会被当作普通指令执行。但是，在该指令的后续流水执行过程中，如果其是分支指令，且发生了分支跳转，会把这条指令的

PC 及其分支目标的 PC 加入 BTB 中。还有一种情况是，如果 BTB 匹配成功，而本指令后续实际执行结果是分支不成功，则应将此项从 BTB 中删去。基于 BTB 的完整处理步骤如图 2-22 所示。此外，当有新的分支成功的指令需要加入 BTB 中而 BTB 空间又不够时，就牵涉到 BTB 项的剔除，通常采用的剔除策略就是最近最少使用原则。

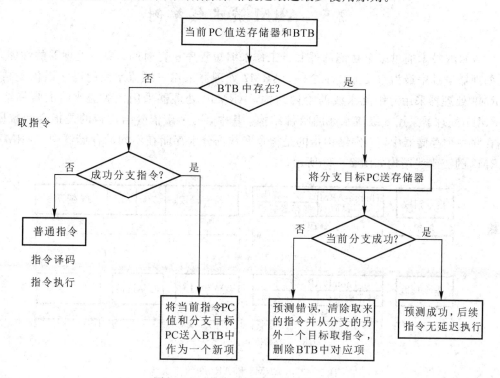

图 2-22　分支目标缓冲处理的步骤

可以看出，采用基于 BTB 的动态分支预测后，在当前指令为分支指令时，如果预测成功，则不会有任何流水线停顿；如果预测错误，或者未在 BTB 命中且又发生分支成功，则会带来流水线停顿，即流水线开销。实际实现中，相比不采用动态预测技术，采用动态预测技术后分支指令未在 BTB 命中或者预测错误时的开销会更大，具体开销大小取决于流水线深度与处理策略。此外，对一些一定会发生分支跳转的指令，如程序调用、返回、绝对跳转等，采用上述动态分支预测后，其控制相关的延迟能达到零。

【例 2-11】　设一个核心循环共循环 100 次，每次循环执行 10 条指令，除最后一条用于循环控制的分支指令外，其他指令的 CPI 为 1。方案 1 采用静态控制相关解决方案，始终预测分支指令不跳转，预测成功开销为零，预测不成功开销为 2 个时钟周期；方案 2 采用基于 BTB 的动态控制相关解决方案，预测成功开销为零，预测不成功或不命中的真分支的开销都为 4 个时钟周期。求两种方案下执行此核心循环需要的时钟周期数以及方案 2 相对方案 1 的性能加速比。

方案 1 执行时，由于仅最后 1 次分支指令能够预测成功，因此需要的时钟周期数为
$$99 \times (10+2) + 10 = 1198$$

方案 2 执行时，分支指令第 1 次执行时，由于分支指令不能在 BTB 中命中，但又真的会发生跳转；最后 1 次执行时，BTB 仍然会预测发生跳转，但此时分支指令不会发生跳转，

因此这两次的执行时钟周期数应该是 $10+4$；故总的时钟周期数应该是

$$98\times10+2\times(10+4)=1008$$

方案 2 相对方案 1 的性能加速比 $=1198/1008\approx1.19$。

2.5　ARM 流水线举例

流水线技术通过多个功能部件并行工作来缩短程序执行时间，提高处理器的性能，是微处理器设计中最为重要的技术之一。ARM7 处理器采用三级流水线的冯·诺依曼结构，ARM9 处理器采用五级流水线的哈佛结构，ARM10 处理器采用六级流水线的哈佛结构，ARM11 处理器采用 8 级流水线的哈佛结构。其中，冯·诺依曼结构指的是指令和数据存储在同一个存储器中，哈佛结构指的是指令和数据分别存储在不同的存储器中。ARM7 和 ARM9 的流水线结构如图 2-23 所示。

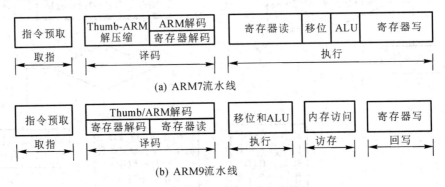

图 2-23　ARM7 和 ARM9 的流水线

ARM9 采用更为高效的五级流水线设计，增加了两个功能部件分别访问存储器并写回结果，且将读寄存器的操作转移到译码部件上，使流水线各部件在功能上更平衡，采用哈佛架构还能够避免数据访问和指令访问的总线冲突。

1. ARM7 流水线技术

如图 2-23(a)所示，ARM7 流水线分为取指、译码、执行三个阶段。取指部件从存储器装载一条指令，译码部件产生下一周期数据路径需要的控制信号，完成寄存器的解码，再送到执行单元完成寄存器的读取、ALU 运算及运算结果的写回，需要访问存储器的指令完成存储器的访问。在这三级流水中，执行部件由于有大量工作需要做，因而需要的时间比其他流水级时间长得多；同时，由于流水线周期取决于执行时间最长的流水阶段，因而执行阶段成为 ARM7 流水线的性能瓶颈。总体上，ARM7 三级流水线效率大致在 0.9 MIPS/MHz。

2. ARM9 流水线技术

如图 2-23(b)所示，ARM9 流水线分为取指、译码、执行、访存、回写五个阶段。取指阶段从指令存储器取出指令，译码阶段完成指令译码和读取寄存器操作数，执行阶段产生 ALU 运算结果或产生存储器地址，访存阶段访问数据存储器取出数据，回写阶段将执行结果写回寄存器。与 ARM7 的三级流水相比，ARM9 将读寄存器操作迁移到译码阶段，将数据存储器访问和结果回写独立为新的访存阶段和回写阶段。这样设计后，ARM9 每个流水级的处理时间大致差不多，一方面使得流水线周期缩短，另一方面，采用哈佛架构能够避免数据访问和指令访问的总线冲突，提高流水效率。

习　题

1. 简述 CPU 的组成及各个部件的功能。

2. 详细描述 CPU 内部寄存器的种类及其功能。

3. 总结 CPU 性能公式及其对 CPU 设计的指导作用。

4. 设机器 A 的 CPU 主频为 8 MHz，机器周期（即其流水线每阶段的时间）含 4 个时钟周期，且该机的平均指令执行速度为 0.4 MIPS，试求该机器的平均指令周期和机器周期，每条指令周期中含有几个机器周期？如果机器 B 的 CPU 主频为 12 MHz，且机器周期也含有 4 个时钟周期，试问机器 B 的平均指令执行速度为多少。

5. 简述流水线定义、分类及工作原理。

6. 一个流水线分为 4 段，完成一次操作所需时间为 $8t$。方法一：4 段流水线对应的时间分为 $2t$、$2t$、$2t$、$2t$。方法二：4 段流水线对应的时间分别为 $2t$、t、$4t$、t。分析两种流水线的吞吐率、加速比和效率。

7. 课本中例 2-6 给出 4 段流水线 8 个浮点数求和的例子，若对 6 个浮点数求和，画出对应的时空图，并求对应的吞吐率、加速比效率。

8. 图 T-1 所示的静态加、乘双功能流水线中，由段 S_1、S_2、S_3、S_4、S_6 组成乘法流水线，由段 S_1、S_5、S_6 组成加法流水线，每段时间相同。设向量 $a = (a_1, a_2, a_3, a_4)$，向量 $b = (b_1, b_2, b_3, b_4)$，计算 $a_1b_1 + a_2b_2 + a_3b_3 + a_4b_4$。画出该流水线时空图，求 TP 和 η 的值。

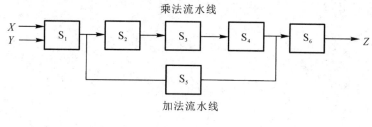

图 T-1

9. 有一条动态多功能流水线由 5 段组成，如图 T-2 所示。乘法用 S_1、S_3、S_4、S_5 段，加法用 S_1、S_2、S_5 段，第 4 段的时间为 $2\Delta t$，其余各段时间均为 Δt，而且流水线的输出可以直接返回输入端或暂存于相应的流水寄存器中。若在该流水线上计算 $f = A_1B_1 + A_2B_2 + A_3B_3 + A_4B_4$，试计算其吞吐率和效率。

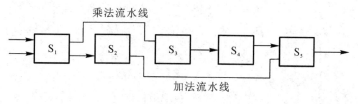

图 T-2

10. 简述流水线 PAW 数据相关产生的原因及解决办法。

11. 简述结构相关产生的原因以及冯·诺依曼结构和哈佛结构的不同。分析这两种结构哪种更适合流水线实现计算机体系，为什么均采用冯·诺依曼结构。

12. 简述流水线中控制相关产生的原因及解决办法。

13. ARM9 处理器采用几级流水设计？每个流水级的主要功能是什么？

14. 总结暂停在解决流水线相关中的作用，并分析其对性能的影响。

第 3 章　存储系统组成与设计

在现代嵌入式系统中，计算部件与存储部件之间存在性能差距，即计算部件快、存储部件慢，这导致了"存储墙"问题。因此，如何设计存储子系统，使其达到应用的性能和成本要求，已经成为嵌入式系统设计中的一个关键问题。本章系统讲述了常用存储器的原理、存储系统的设计方法，以及分层存储系统设计的关键技术，需要重点掌握以下 3 个方面的内容：

◇　常用存储器的特点和应用范围
◇　存储系统设计和存储器扩展方法
◇　分层存储系统的原理及缓存设计技术

3.1　存储器简介

存储器是计算机系统中的记忆设备，用来存放程序和数据。计算机中的全部信息，如输入的原始数据、计算机程序、中间运行结果和最终运行结果都需要保存在存储器中，它是计算机系统必不可少的部件。

3.1.1　存储原理

存储器利用存储介质的不同稳定状态来存储信息，如常用的二进制存储，就是利用介质的两种稳定状态来代表 1 或 0。存储介质是指存储数据的载体，常见的存储介质有半导体介质（如 ROM、RAM、Flash 芯片等）、磁介质（如机械硬盘、磁带等）和光介质（各种类型的光盘）等。这些介质都存在两种易于检测且稳定的物理状态，同时这两种稳定状态又容易相互转换（便于二进制信息的写入和读取）。此外，如果介质的一个存储元有多于两种稳定状态，则可以用来存储更多的信息，如 MLC、TLC 闪存，每个存储元可以分别存储 2 比特或 3 比特的信息。不同介质的存储器，表示 0 和 1 的方法是完全不同的。例如，机械硬盘通过磁化改变极小区域内磁性材料的极性来表示 0 和 1；光盘通过激光雕刻改变极小区域的反光特性来表示 0 和 1；闪存通过改变浮动栅门内电子数量来表示 0 和 1。

通常，存储元是存储器的最小单位，它不能再进行细分；存储单元是访问存储器的最小单位，它由若干存储元组成；存储器由若干个存储单元组成。在 RAM 类存储器中，一般每个存储单元由 8 个存储元组成，1 个存储元能存储 1 b 的信息，因此一个存储单元有 8 b，即 1 B。这里，b 代表比特，B 代表字节。此外，每个存储单元有一个编号，称为地址，用来表示存储单元的位置。一个存储器中所有存储单元可存放数据的总和称为它的存储容量。假设一个存储器的地址码由 20 位二进制数组成，则最大的存储单元数是 2^{20}，若每个存储单元存放 1 B，则该存储器的存储容量为 1 MB。

3.1.2　存储器分类

由于信息载体和电子元器件的不断发展，存储器的功能和结构都发生了很大的变化，并相继出现了各种类型的存储器，以适应计算机系统的需要。下面从不同的角度介绍存储器的分类情况。

1. 按照存储介质分类

按照存储介质的不同，可将存储器分为半导体存储器、磁表面存储器、光存储器三大类。

1) 半导体存储器

半导体存储器是一种以半导体电路作为存储介质的存储器。它具有体积小、存储速度快、存储密度高、与逻辑电路连接容易等优点。半导体存储器的存储原理是通过触发器（如SRAM）、电容（如 DRAM）或浮动栅门（如闪存）对电位的保持作用来存储二进制数据。半导体存储器中的 SRAM 一般用于片上存储或高速缓存，DRAM 一般用于主存，Flash 一般用于外存（辅存），这三种存储器的实物图如图 3-1 所示。

图 3-1　半导体存储器（SRAM、DRAM、Flash）

2) 磁表面存储器

磁表面存储器是利用涂覆在载体表面的磁性材料具有两种不同的磁化状态来表示"0"和"1"。磁性材料存储器简称磁存储器，可分为磁盘存储器和磁带存储器两大类，实物图如图 3-2 所示。将磁性材料均匀地涂覆在圆形的铝合金或塑料的载体上就成为磁盘，涂覆在聚酯塑料带上就成为磁带。磁存储器的优点为存储容量大、单位价格低、记录介质可以重复使用、记录信息可以长期保存而不丢失；可以脱机存档、支持非破坏性读出（读出时不会改变存储元的状态）。由于这些特点，磁存储器多在计算机系统中作为大容量的辅助存储器使用。磁存储器的缺点在于存取速度较慢，机械结构复杂，对工作环境要求较高。目前，最常见的磁表面存储器是机械硬盘，其内部就是多张磁盘。

图 3-2　磁盘和磁带

3）光存储器

光存储器是指用光学方法在光存储介质上读取和存储数据的一种设备，常见的光盘（如图 3 - 3 所示）就是光存储器的一种。在光存储器中，信息以刻痕的形式保存在盘面上，用激光束照射盘面，靠盘面的不同反射率来读出信息。光存储器具有存储密度高、存储寿命长、价格低等优点。

图 3 - 3　光盘

2. 按照存取方式分类

存取方式是指计算机访问存储单元的方法，"存"指的是向存储器写入数据，"取"指的是从存储器中读入数据。按照存取方式的不同，存储器可分为以下 3 类。

1）随机访问存储器（RAM）

RAM 是与 CPU 直接交换数据的内部存储器，它可以随时读写，而且速度很快，通常充当操作系统或其他正在运行的程序的指令或数据的临时存储媒介。RAM 存储单元的内容可按需随意取出或存入，且存取的速度与存储单元的位置无关。RAM 在断电时将丢失其存储内容，故主要用于临时性的存储，它可以进一步分为静态随机存储器（SRAM）和动态随机存储器（DRAM），具体的区别在后文中讲述。

2）只读存储器（ROM）

ROM 是存储固定信息的存储器，一般是事先写好的，在工作过程中只能读出，不能改写。由于 ROM 中所存数据不会发生改变，而且结构较简单，读出较方便，因而常用于存储各种固定程序和数据。例如计算机系统中控制启动和初始化的 BIOS 程序、系统监控程序等。

ROM 根据可写次数可以分为三类：只能读取不能写入的，例如 MROM；只能写入一次的，例如 PROM；可多次写入的，例如 EPROM、E^2PROM 等。

3）顺序存取存储器

顺序存取存储器在存取信息时，只能按存储单元的位置，顺序地一个接一个地进行数据的存取。顺序存取存储器中的信息以文件形式组织，一个文件包含若干个块，一个块包含若干个字节。存储时以数据块为单位存储，数据的存储时间与数据物理位置关系极大。顺序存取存储器速度慢，但是容量大且成本低，最典型的顺序存取存储器是磁带存储器。

3. 按照存储器信息的可保存性分类

根据断电后是否丢失数据，可将存储器分为易失性存储器和非易失性存储器。易失性存储器在断电后信息就会丢失，例如 SRAM。非易失性存储器也称为永久性存储器，它在断电后信息不丢失，例如硬盘。

根据读出后是否保持数据，可将存储器分为破坏性存储器和非破坏性存储器。破坏性存储器在数据读出时，原存信息会被破坏，需要重新写入，例如 DRAM。非破坏性存储器在数据读出时，原存信息不会被破坏，因而也不需要重新写入，大部分存储器都属于这个类型。

4. 按照在计算机系统中的作用分类

现代计算机系统一般都采用分层存储系统的设计，根据存储器在系统中所起的作用，可将其分为缓存、主存和辅存(也称外存)，具体如图 3-4 所示。总的说来，越靠近 CPU 的存储器，读写速度越快，单位容量的成本也越高；反之，离 CPU 越远，则读写速度越慢，单位容量成本也越低。所以，在现代计算机系统中，缓存、主存和辅存的容量逐渐增大。例如，嵌入式计算机系统中，一般而言，缓存在 KB 级，主存在 MB 级，辅存在 GB 级。

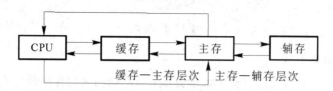

图 3-4　存储系统分级结构

1) 高速缓冲存储器(缓存)

高速缓冲存储器(Cache，简称缓存)是存在于主存与 CPU 之间的一级存储器，容量相对较小但速度比主存高得多，接近于 CPU 的速度。缓存一般与 CPU 集成在同一个芯片中，因此也称为片上存储，一般用 SRAM 构建。在高性能计算机系统设计中，CPU 一般都不直接从主存中取指令和数据，而是访问缓存。当访问的内容不在缓存中时，才会访问主存，并将其调入到缓存中，以提升系统性能。

2) 主存储器(主存)

计算机系统中的主要存储器又称内存，用来存储计算机运行期间较常用的大量的程序和数据。主存一般位于 CPU 主板上，常用 DRAM 构建。主存储器按地址存放信息，存取速度一般与地址无关。在现代计算机系统中，为降低 CPU 访问主存引起的性能下降，主存和缓存之间的数据传输一般由专门的硬件电路实现，比如直接内存访问(Direct Memory Access，DMA)部件。

3) 辅助存储器(辅存)

辅助存储器是指缓存和主存之外的存储器，它一般位于 CPU 主板之外，故又称为外存。辅存不直接向 CPU 提供指令和数据，它是主存的后备存储器，即当指令和数据不存在于主存时，就需要访问辅存以得到指令和数据。辅存一般断电后仍然能保存数据，常见的辅存有硬盘、软盘、光盘、U 盘等。辅存的存储容量大、价格低，在存储系统中起扩大总存储容量的作用。

3.1.3　存储器性能指标

1. 存储容量

存储容量是指存储器所能容纳的二进制数据总量。存储容量越大，能存储的信息就越多。存储容量一般以字节(Byte，B)为单位，1 B＝8 bit。其他常用单位还有 KB、MB、GB和 TB。其中 1 KB＝2^{10} B，1 MB＝2^{10} KB＝2^{20} B，1 GB＝2^{10} MB＝2^{30} B，1 TB＝2^{10} GB＝2^{40} B。

存储容量的计算公式为：容量＝存储单元数×单元比特数/8。

对于 SRAM 来说，若有 n 个地址输入 $A_{n-1} \sim A_0$、m 个数据输出 $D_{m-1} \sim D_0$，则该存储器有 2^n 个存储单元，每个存储单元有 m 位，存储容量为 $2^n \times m$ 比特，或 $2^{n-3} \times m$ 字节。

对于磁存储器来说，若一个磁盘组有 n 个盘面存储信息，每个面有 T 条磁道，每条磁道分成 S 个扇区，每扇区存放 m 个字节，则该磁存储器的存储容量为 $n \times T \times S \times m$ 字节。

2. 存取速度

存储器的存储速度可用存取时间和存储周期这两个时间参数来衡量。存取时间是指从处理器发出有效存储器地址，启动一次存储器读/写操作到该操作完成所经历的时间。存取时间越短，则存取速度越快，存储性能越高。目前，高速存储器的存取时间在纳秒级，而硬盘的存取时间在毫秒级。

存储周期是连续启动两次独立的存储器操作所需的最小时间间隔。由于存储器在完成读/写操作之后需要一段恢复时间，所以存储器的存储周期略大于存储器的存储时间。如果在小于存储周期的时间内连续启动两次或两次以上存储器访问，那么存取结果的正确性将不能得到保证。

3. 带宽

带宽是指存储器的数据传输率，即存储器单位时间所存取的二进制信息的位数。带宽＝存储器总线宽度×存取频率，其中存取频率一般为存取周期的倒数。

4. 价格

存储器的价格取决于存储器的容量和速度。一般来说，存储容量越大，存取速度越快，存储器的价格也就越高。

除上述指标外，影响存储器性能的还有功耗、可靠性等因素。

3.2　常用存储器

在嵌入式系统设计中，由于应用需求的多样性，会用到许多不同种类的存储器，本小节主要介绍常用存储器的结构与原理。

3.2.1　ROM

ROM(Read Only Memory)是只读存储器，即工作时只能读出数据，不能写入数据。因此，ROM 芯片中存储的数据必须提前写入。所有 ROM 都是非易失性存储器，也就是说，ROM 在电源关闭后，其上的信息不会丢失。ROM 由于工作可靠，保密性强，在嵌入式计算机系统中得到了广泛应用，一般用于存储程序代码或需要固化的数据。

如图 3-5 所示，对于 $2^n \times m$ 位的 ROM 芯片，它有 n 个地址输入 $A_{n-1} \sim A_0$，有 m 个数据输出 $D_{m-1} \sim D_0$。输入地址经过地址译码器通过字线访问存储矩阵，数据通过位线进行输出。

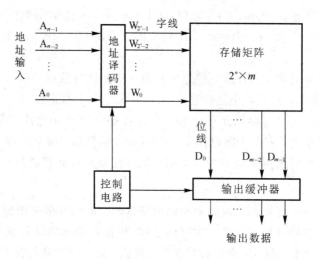

图 3 - 5 ROM 芯片的基本结构

按编程方式可将 ROM 芯片分为如下 4 种类型。

1. 掩膜式 ROM(MROM)

掩膜式 ROM 在制造过程中，将数据直接烧录于线路中，烧录完毕后，数据不能再被更改。这类 ROM 的存储单元可由半导体二极管、双极型晶体管和 MOS 电路构成。图 3-6 是掩模式 ROM 存储元件的结构示意图，它可以看作是一个单向导通的开关电路。当字线上加有选中信号时，如果电子开关 S 是断开的，位线 D 上将输出信息 1；如果 S 是接通的，则位线 S 经 T_1 接地，将输出信息 0。

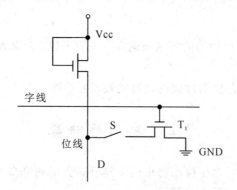

图 3-6 掩模式 ROM 存储元件

2. PROM

PROM 是一次性编程只读存储器。PROM 内部通过保险丝一样的结构进行内部连接，只能编程一次。存储位元的基本结构有两种：全"1"熔丝型、全"0"肖特基二极管型，基本位元结构如图 3-7 所示。常见的熔丝型 PROM 是以熔丝的接通和断开来表示所存的信息为 1 或 0。出厂时，所有的熔丝都是接通的；编程时，用户根据需要断开某些单元的熔丝用来代表存入 1；反之，未断开的熔丝则代表存入 0。由于断开后的熔丝不能再接通，因此它只能写入 1 次。PROM 断电后不会影响其所存储的内容。

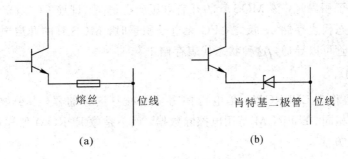

图 3 - 7 PROM 存储位元结构示意图

3. EPROM

EPROM 是一种光擦除可编程只读存储器，它的存储内容可以根据需要多次写入。写入数据时，需要通过紫外线照射 EPROM 芯片上的石英玻璃窗口将原存储内容抹去，再写入新的内容。EPROM 可重复擦除和写入，克服了 PROM 芯片只能写入一次的弊端。EPROM 的实物如图 3 - 8 所示。

图 3 - 8 EPROM

EPROM 写入数据后，要以不透光的贴纸或胶布把玻璃窗口封住，以免受到周围的紫外线照射而使数据受损。EPROM 在空白状态时（用紫外光线擦除后），内部的每一个存储位元的数据都为 1（高电平）。

EPROM 的位元结构及电路模型如图 3 - 9 所示，它与普通的 NMOS 管很相似，但是有 CG 和 FG 两个栅极。FG 没有引出线，而是包围在二氧化硅中，称为浮空栅。CG 为控制栅，有引出线。若在漏极 D 端加上约几十伏的脉冲电压，使得沟道中的电场足够强，则会造成雪崩，产生很多高能量电子。此时，若在 CG 上加正电压，形成方向与沟道垂直的电场，便可使沟道中的电子穿过氧化层而注入 FG，从而使 FG 积累负电荷。由于 FG 周围都是绝缘的二氧化硅层，泄漏电流极小，所以一旦电子注入 FG 后，就能长期保存。

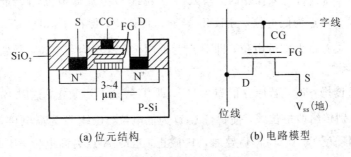

图 3 - 9 EPROM 的 MOS 管示意图

当 FG 有电子积累时，该 MOS 管的开启电压变得很高，即使 CG 为高电平，该管仍不能导通，这种状态代表存储 0。反之，FG 无电子积累时，MOS 管的开启电压较低，当 CG 为高电平时，该管可以导通，这种状态代表存储 1。

4. E^2PROM

E^2PROM 也称为 EEPROM，是电可擦写可编程只读存储器，其结构和 EPROM 相似，编程原理也相同。E^2PROM 是用电擦除数据，而不是像 EPROM 那样使用紫外线，因而其编程方式更方便。

3.2.2　RAM

RAM(Random Access Memory)是一种可以随机访问的易失性存储器，即可以按任意顺序访问每个存储单元，其掉电后数据会丢失。按保持数据的方式，RAM 可以分为静态随机访问存储器(SRAM)和动态随机访问存储器(DRAM)两类。

1. SRAM

SRAM 利用触发器来存储信息。一旦写入数据，只要不掉电，数据能一直保持有效，不需要刷新。一种六管静态存储元件电路如图 3-10 所示，它由两个反相器彼此交叉反馈构成一个双稳态触发器。定义：T_1 导通，T_2 截止，为"1"状态；T_2 导通，T_1 截止，为"0"状态。

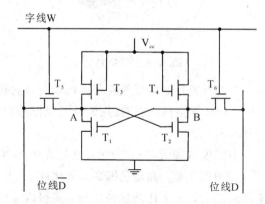

图 3-10　六管静态存储元件电路图

当存储器保持信息时，字线 W 处于低电位时，T_5、T_6 截止，切断了两根位线与触发器之间的联系。存储器进行写操作时，写入"1"：位线 $\overline{D}$ 上加低电位，位线 D 上加高电位，即 B 点为高电位，A 点为低电位，导致 T_1 导通，T_2 截止，保存了信息"1"。写入"0"：位线 D 上加高电位，位线 $\overline{D}$ 上加低电位，即 B 点为低电位，A 点为高电位，导致 T_2 导通，T_1 截止，保存了信息"0"。

存储器进行读操作时，若原存信息为"1"，即 T_1 导通，T_2 截止，这时 B 点为高电位，A 点为低电位，分别传给两根位线，使得位线 $\overline{D}$ 为低电位，位线 D 为高电位，表示读出的信息为"1"。若原存信息为"0"，即 T_2 导通，T_1 截止，这时 A 点为高电位，B 点为低电位，分别传给两根位线，使得位线 $\overline{D}$ 为高电位，位线 D 为低电位，表示读出的信息为"0"。

2. DRAM

DRAM 利用和晶体管集电极相连的电容的充放电来存储信息，一般而言，电容充满电代表存储 1，反之代表存储 0。

图 3-11 所示单管 DRAM 的存储位元电路工作原理如下：电路处于保持状态时，字线 W 置低，T 截止，切断 C 的通路，C 上电荷状态保持不变。进行写操作时，字线 W 置高，T 导通，若写入"1"，位线 D 上加高电位，对电容 C 充电；若写入"0"，位线 D 上加低电位，电容 C 通过 T 放电。进行读操作时，字线 W 置高，T 导通，若原存信息为"1"，电容 C 上的电荷通过 T 输出到位线上，在位线上检测到电流，表示所存信息为"1"；若原存信息为"0"，电容 C 上几乎无电荷，在位线上检测不到电流，表示所存信息为"0"。此外，可以看到，当 DRAM 的位元上存储"1"时，读操作会造成 C 上的电荷减少，因而是有破坏作用的。解决办法是在读取后，若原来存储的数据是"1"，执行 1 次回写操作。相对于 SRAM 来说，DRAM 多了一个重写步骤，其读写周期必然延长。

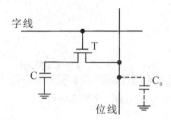

字线

位线

图 3-11　单管 MOS 动态存储位元电路图

在读操作时，电容 C 上的电荷经过晶体管 T 放电，由于 C 的值不可能很大，因此读电流的值也不可能很大。此外由于寄生电容 C_0 的存在，放电的电荷实际上是在 C 和 C_0 之间分配。因此读电路的值实际很小，故对数据读取时的电路要求很高。

由于有漏电阻存在，电容上的电荷不可能长久保存，需要周期地对电容进行充电，以补充泄漏的电荷，这个过程称为 DRAM 刷新。刷新是 DRAM 区别于 SRAM 的明显标志，也是其被称为动态的原因。CPU 或直接内存存取（DMA）硬件和刷新线路有时会同时访问 DRAM 存储单元，此时发生线路竞争。为确保 DRAM 存储的信息不丢失，当发生竞争后，刷新优先，CPU 或 DMA 访问存储单元会由于刷新而推迟。从上一次对整个存储器刷新结束到下一次对整个存储器全部刷新一遍的时间间隔称为刷新周期，刷新周期主要取决于电容的放电速度。

刷新方式可分为三类：

（1）集中式刷新，在刷新周期内集中安排刷新时间，在刷新时间内停止 CPU 的读写操作；

（2）分散式刷新，将系统的存取周期分成两部分，前半期可用于正常读写或保持，后半期用于刷新；

（3）异步式刷新，把刷新操作平均分配到整个最大刷新间隔内进行。

图 3-12 给出三种刷新方式的例子。假定 DRAM 允许的刷新周期为 2 ms，存储器的存取周期为 0.5 μs，容量为 16K×1 位，存储矩阵为 128×128，在 2 ms 内要对 128 行全部刷新一遍。集中式刷新需要在 2 ms 的周期末尾，对整个 DRAM 的 128 行刷新一遍，所需

时间为 $128×0.5$ μs $=64$ μs。分散式刷新扩大了读写周期，读写操作完成一次后，刷新一次。异步式刷新把刷新操作平均分配到整个最大刷新间隔内进行，相邻两行的刷新间隔为最大刷新间隔时间÷行数。在前述的 $128×128$ 矩阵例子中，2 ms 内分散地将 128 行刷新一遍，即每隔 15.5 μs(2000 μs$÷128≈15.5$ μs)刷新一行。

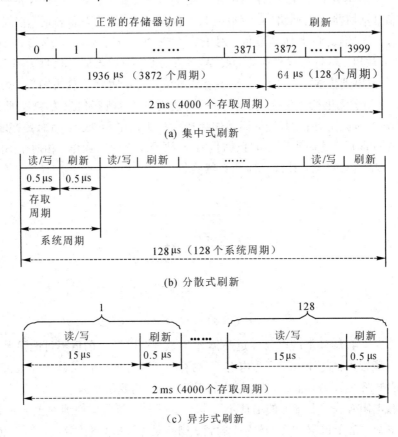

(a) 集中式刷新

(b) 分散式刷新

(c) 异步式刷新

图 3-12　DRAM 三种刷新方式

　　SRAM 和 DRAM 两者相比较来说，SRAM 数据传输速度快、使用简单、不需刷新、静态功耗极低，其缺点在于 SRAM 元件数多、集成度低、动态功耗大，SRAM 常用作计算机系统中的缓存。DRAM 集成度远高于 SRAM，动态功耗与价格也低于 SRAM，但是 DRAM 因需刷新而需要使用复杂的外围电路，同时使得存取速度也较 SRAM 慢，它一般用作计算机系统中的主存。

3.2.3　闪存

　　闪速存储器(Flash Memory)简称闪存，它是在 E^2PROM 的基础上发展而来，也是一种电擦除可编程存储器，但编程比 E^2PROM 更方便。Flash 在掉电条件下能够长久地保持数据，且每 GB 成本远远低于 SRAM 和 DRAM，因此，常用它来设计各种类型的便携型存储设备，甚至直接用来替代传统机械硬盘。

　　图 3-13 是 Flash 存储位元结构图，其位元结构与 EPROM 隧道氧化层的位元结构类似。闪存隧道氧化层单元结构由两个相互重叠的多晶硅栅组成，浮栅用来存储电荷，以电

荷多少来代表所存储的数据；控制栅作为选择栅极起控制与选择的作用。通过控制栅的电平状态能够检测所存储的是 0 还是 1，其原理和 ERPOM 大致相同。Flash 结合了 EPROM 的集成度和 E²PROM 的灵活性，达到了成本和功能的折中。大多数 Flash 器件采用雪崩热电子注入方式编程，采用 E²PROM 的电擦除机制。

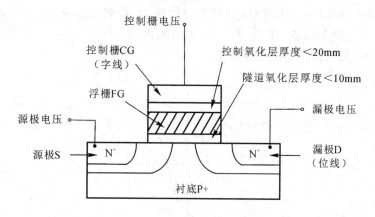

图 3 - 13　Flash 存储位元结构图

　　Flash 和 E²PROM 的最大区别在于 Flash 按扇区操作，E²PROM 则按字节操作，二者寻址方法不同。Flash 的电路结构较简单，同样容量下芯片面积较小，数据密度更高，降低了成本。

　　Flash 分为 NOR Flash 和 NAND Flash。NOR 表示或非门电路，NAND 表示与非门电路。这两类闪存都为非易失性存储器，基本操作都包括读、编程（或写）和擦除，它们主要存在以下几点差异：

　　（1）读写操作单位不同。NOR 闪存支持单字节编程，以字节为读写操作的基本单位，而 NAND 闪存以页为基本的读和编程单元。

　　（2）读写速度不同，NOR 闪存内部存在专门的地址总线，因此随机读取速度快。而 NAND 闪存的数据和地址共用一根总线，随机读取速度变慢，但是擦除的基本单元比 NOR 闪存大，编程和擦除速度更快。

　　（3）存储密度不同。NOR 闪存因为存储单元与位线紧密相连，导致芯片容量扩大同时芯片内部位线数量增加，进而制约 NOR 存储密度的提升。而 NAND 闪存因为芯片内部数据和地址总线共用，极大地减少了引脚数目和内部连线数量，故单位面积的存储密度更高。

　　（4）接口复杂度及可靠性不同。与 NAND 闪存相比，NOR 闪存接口简单，可靠性高，而 NAND 闪存需要用一些信道纠错算法来保证数据的可靠性。

　　（5）耐久性方面，NAND 闪存编程/擦除次数通常大于 NOR 闪存。

3.2.4　磁表面存储器

　　磁表面存储器是把某些磁性材料均匀地涂敷在载体的表面上，形成厚度为 $0.3~\mu m \sim 5~\mu m$ 的磁层，将信息记录在磁层上，构成磁表面存储器。磁表面存储器存储信息的原理是利用磁性材料在不同方向的磁场作用下，形成的两种稳定的剩磁状态来记录信息。

　　用于存储的磁介质是一种具有矩形磁滞回线的磁性材料。图 3-14 给出了磁滞回线的示意图，相应坐标为磁感应强度 B 与外加磁场 H。从该磁滞回线可以看出，磁性材料被磁化后，工作点始终处于磁滞回线上。当外加正向脉冲电流即外加磁场足够大时，在电流消失后磁感应强度 B 并不为零，而处在 $+B_r$ 状态，即正剩磁状态。相反，当外加负向脉冲电流时，磁感应强度 B 处在 $-B_r$ 状态，即负剩磁状态，可以利用这两个状态表示二进制代码 0 和 1。例如，将正剩磁状态 $+B_r$ 定义为 1，负剩磁状态 $-B_r$ 定义为 0，那么施加正向脉冲电流可以存储 1，负向脉冲电流则存储 0。

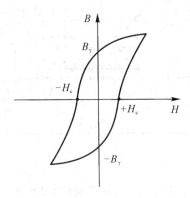

图 3-14　磁滞回线的示意图

　　磁性材料呈现剩磁状态的位置形成了一个磁化元或存储元，可作为记录一个二进制信息位的最小单位。磁性材料存储物理原理基于磁滞回线上剩磁状态，实际上记录的信息是通过不同的调制方式实现的。主要的磁记录方式包括归零制、不归零制、见"1"就翻不归零制、调相制、调频制、改进调频制。这些记录方式就是对二进制位串变换成磁层中磁化元状态的编码方式，编码方式如图 3-15 所示。

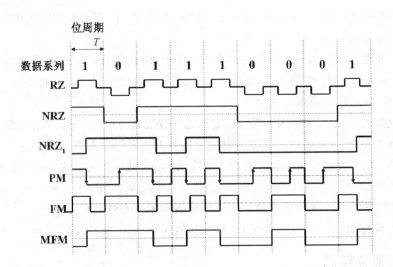

图 3-15　各种记录方式的编码波形

　　(1) 归零制(RZ)：写 0 时，先发 -1，然后回到 0；写 1 时，先发 $+1$，然后回到 0。

　　(2) 不归零制(NRZ)：磁头线圈中始终有电流，或者为正向电流 1，或者为反向电流

0，这种方式具有较好的抗干扰能力。

（3）见"1"就翻不归零制（NRZ$_1$）：磁头线圈中始终有电流，记录"0"时电流方向保持不变，而记录"1"时电流方向发生变化。

（4）调相制（PM）：在这种方式下，在一个位周期的中间位置，电流由正到负表示"1"，由负到正表示"0"，是通过电流相位变换进行写"1"和写"0"的，所以通过磁头中的电流方向一定会改变一次。这种记录方式"1"和"0"的信号相位不同，抗干扰能力较强，并且这种方式读出信号经分离电路可提取同步定时脉冲，因此具有同步能力，广泛应用于磁带存储器。

（5）调频制（FM）：不论记录的代码是"0"还是"1"，在相邻存储元交界处电流切换一次方向。写"1"时，不仅在位周期的中心产生磁化翻转，而且在位与位之间也必须翻转。写"0"时，位周期中心不产生翻转，但位与位之间的边界处要翻转一次。因此写"1"电流的频率是写"0"电流频率的两倍，也称为倍频记录法。FM 的特点是记录密度高，具有自同步能力。FM 可以使用在单密度磁盘存储器中。

（6）改进调频制（MFM）：MFM 与 FM 的区别在于，只有连续记录两个或两个以上"0"时，在位周期的起始位置翻转一次，其余情况不翻转。这样可以提高记录密度，用于双密度存储器中。

磁表面存储器的读写操作和信息存储通过磁头和磁道完成。磁头是磁表面存储器的读写元件。利用磁头来形成和判别磁层中的不同磁化状态。磁头是由铁氧化体或坡莫合金等高磁导率的材料制成的电磁铁，磁头上绕有读写线圈，可以通过不同方向的电流。写磁头指用于写入信息的磁头，读磁头指用于读出信息的磁头，复合磁头既可用于读出，又可用于写入。

读写操作通过磁头与磁层的相对运动进行，一般都采用磁头固定，磁层作匀速平移或高速旋转。写入时，将脉冲代码以磁化电流形式加入磁头线圈，使记录介质产生相应的磁化状态，即电磁转换。如图 3-16 所示，当载体相对于磁头运动时，就可以连续写入一连串的二进制信息。

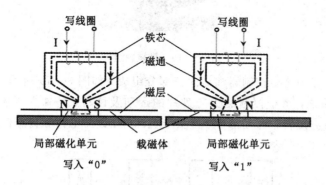

图 3-16 磁表面存储器写操作

磁表面存储器读操作如图 3-17 所示，磁层中的磁化翻转使磁头的读出线圈产生感应信号，即磁电转换。当已经磁化的记录磁层位于磁头下方时，由于铁芯部分的磁阻远小于头隙磁阻，则记录磁层与磁头铁芯形成一个闭合磁路。大部分磁通将流经铁芯再回到磁层。如果记录磁层在磁头下方运动，则各位单元将依次经过磁头下方。每当转变区经过磁头下方时，铁芯中的磁通方向也将随之改变，于是在读出线圈产生相应的感应电势。

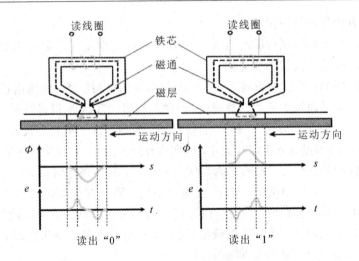

图 3-17　磁表面存储器读操作

3.2.5　机械硬盘

最常见的磁性存储器是机械硬盘，机械硬盘价格低、容量大，在如今的个人计算机中普遍使用，如图 3-18 所示。

图 3-18　机械硬盘

磁盘存储器由驱动器、控制器和盘片三部分组成，如图 3-19 所示。磁盘驱动器又称磁盘机或磁盘子系统，用于控制磁头与盘片的运动及读写，是独立于主机之外的完整装置。驱动器内包含有旋转轴驱动部件、磁头定位部件、读写电路和数据传送电路等。

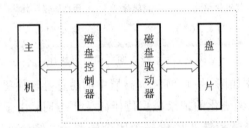

图 3-19　磁盘存储器结构组成

磁盘控制器是主机与磁盘驱动器之间的接口，通常是插在主机总线插槽中的一块印刷电路板。磁盘控制器的作用是接受主机发出的命令与数据，转换为驱动器的控制命令和数据格式，控制驱动器的操作，如图 3-20 所示。

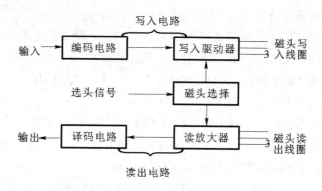

图 3-20　磁盘控制器控制读写逻辑结构

盘片是存储信息的介质，磁盘的结构如图 3-21 所示。按照盘片的材料可以将磁盘分为硬盘和软盘。硬盘的载体是金属，容量大且速度快。

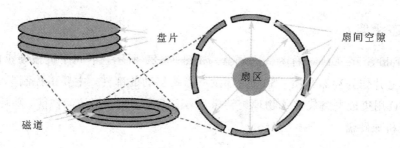

图 3-21　磁盘的结构

磁盘片表面称为记录面。盘片的上下两面都能记录信息。磁道是指记录面上的一系列同心圆。每个盘片表面通常有几十到几百个磁道。磁道的编址方式是从外向内依次编号，最外的一个同心圆叫 0 磁道，最里面的一个同心圆叫 n 磁道，n 磁道里面的圆面积不用来记录信息。将盘面沿垂直于磁道的方向划分成若干个扇区。扇区可以连续编号，也可以间隔编号。一个具有 n 个盘片的磁盘组，则 n 个记录面上位于同一半径的磁道形成一个圆柱面。磁盘组的圆柱面数等于一个盘面的磁道数。

磁盘地址的表示方式为：

磁道号	盘面号	扇区号

例如，若某盘片组有 8 个记录面，每个盘面分成 256 条磁道，8 个扇区；当主机要访问其中第 5 个记录面上第 65 条磁道、第 7 个扇区的信息时，则主机应向磁盘控制器提供如下的地址信息：

01000001　　101　　　111

可见，磁盘与计算机系统进行信息交换的最小单元是扇区，读写操作是以扇区为单位一位一位串行进行。此外，不管扇区在哪个磁道上，其能存储的数据量都相同。

【例 3-1】　某机械硬盘的磁盘组有 6 片磁盘，每片有两个记录面，最上和最下两个面不用。存储区域内径 22 cm，外径 33 cm，道密度为 40 道/cm，内层位密度 400 位/cm，转速 2400 转/分，平均寻道时间为 10 ms 。问：（1）共有多少柱面？（2）盘组总存储容量是多少？（3）数据传输率是多少？（4）平均寻址时间是多少？

解　（1）有效存储区域＝16.5－11＝5.5 cm

因为道密度＝40 道/cm，所以共有 40×5.5＝220 道，即 220 个圆柱面。

（2）内层磁道周长为 $2\pi R＝2×3.14×11＝69.08$ cm；

　　　每道信息量＝400 位/cm×69.08 cm＝27 632 位＝3454 B；

　　　每面信息量＝3454 B×220＝759 880 B；

　　　盘组总存储容量＝759 880 B×10＝7 598 800 B＝7.25 MB。

（3）磁盘数据传输率 $D_r＝r×N$，N 为每条磁道容量，r 为磁盘转速。

又 $N＝3454$ B，$r＝2400$ 转/60 秒＝40 转/秒，故

$$D_r＝r×N＝40×3454 \text{ B}＝13\ 816 \text{ B/s}$$

（4）平均寻址时间＝平均寻道时间＋平均寻扇时间

$$＝10＋\frac{1}{2}×\frac{60×1000}{2400}＝22.5 \text{ ms}$$

3.2.6　固态硬盘

SSD(Solid State Drive)称为固态硬盘，如图 3-22 所示，不同于机械硬盘的构造，它是以半导体芯片作为存储介质。SSD 内部没有需要移动的部件，主要由控制单元与存储芯片组成。SSD 用集成电路代替了物理旋转磁盘，这使得它的数据访问性能、功耗、重量、体积等都优于机械硬盘。

图 3-22　固态硬盘实物图

根据 SSD 使用的存储芯片类型，可以将 SSD 分为两类：基于 NAND 闪存芯片的 SSD 和基于 DRAM 芯片的 SSD。由于 DRAM 芯片具有性能优势，因而基于 DRAM 的 SSD 的性能远高于基于 NAND 闪存芯片的 SSD 的性能。但是，基于 DRAM 的 SSD 有两个无法克服的缺点：第一，DRAM 为易失性存储器，因而基于 DRAM 的 SSD 不能断电；第二，DRAM 的存储密度远低于 NAND 闪存，因而基于 DRAM 的 SSD 的单位容量成本远高于基于闪存的 SSD 的单位容量成本。上述这两点限制了基于 DRAM 的 SSD 仅在一些特殊场

合下使用，而现在流行开来的 SSD 基本都基于 NAND 闪存芯片。

从功能上可以将基于 NAND 闪存的 SSD 划分为主机接口层、缓冲区管理层（BML）、闪存转换层（FTL）和 NAND 闪存阵列层（FAL），如图 3-23 所示。主机接口层负责与主机通信，一般采用 USB、SATA、PCI-E 等接口方式。BML 负责管理 SSD 的数据缓冲区，是 SSD 提高性能、延长寿命的关键部件。FTL 负责将 SSD 模拟成只有读写操作的传统硬盘，以适应当前的文件系统，一般由地址映射、垃圾回收和磨损均衡三个模块组成，其中地址映射是核心。FAL 负责实际的数据物理存储，由多个 NAND 闪存芯片组成。根据 FAL 使用的闪存芯片类型数，可以将 SSD 分为同质 SSD 和混合 SSD。同质 SSD 的 FAL 由同种类型的闪存芯片组成；混合 SSD 的 FAL 由多种类型的闪存芯片组成。

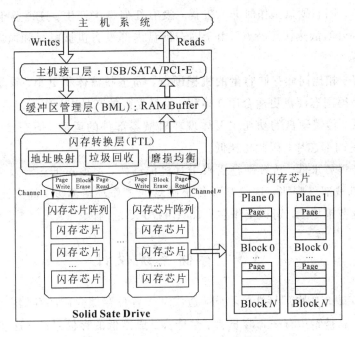

图 3-23　基于 NAND 闪存的 SSD 结构

SSD 底层的 NAND 闪存主要有 SLC（Single-Level Cell）、MLC（Multi-Level Cell）和 TLC（Triple-Level Cell）三种类型。SLC 的结构简单，1 个储存单元可存放 1 bit 的数据，存取速度较快，使用寿命也比较长。MLC 每个存储单元可以存放 2 bit 的数据，存取速度和使用寿命都比 SLC 要差，但又好于 TLC。TLC 每个存储单元可以存放 3 bit 的数据，其存取速度和使用寿命最差，但是其单位面积的存储密度最高，这使得其单位容量成本最低。目前，在消费级的 SSD 市场主要采用 TLC 闪存芯片来制作 SSD。

无论哪种闪存芯片，它们都具有如下局限：① 闪存只提供读、写和擦除三种操作，且这三种操作性能不对称，读最快，写次之，擦除最慢；② 闪存是按页（page）、块（block）、平面（plane）的结构进行组织（如图 3-23 所示）；页是读/写的最小单位，一般为 2/4/8 KB；块是擦除的最小单位，一个块一般包含 64/128 个页；③ 闪存擦除后只能写一次，即所谓的 erase-before-write，这造成闪存不支持原地更新；④ 闪存每个存储单元的编程/擦除（P/E）次数有限，超过该 P/E 次数后，闪存存储数据不再可靠。这些局限的存在使得 SSD

的应用范围受到一定的限制。

固态硬盘与机械硬盘相比具有许多独特的优势，近年来发展迅速，逐渐成为主流存储介质，广泛应用于电子产品中，其主要优点如下：

（1）速度快。固态硬盘无需通过磁头的机械旋转来访问数据，寻道时间几乎为零，能直接通过电信号完成数据的存取，延迟极低，因此读写速度很快。目前主流的消费级固态硬盘读写速度在 500 MB/s 左右，是机械硬盘存取速度的数倍。

（2）耐用防震。因为固态硬盘全部采用了闪存芯片，所以其内部不存在任何机械部件，这样即使在高速移动甚至伴随翻转倾斜的情况下也不会影响到正常使用，由于碰撞或震动而导致数据丢失的可能性很小。

（3）无噪声。固态硬盘工作时非常安静，没有任何噪声产生。这得益于无机械部件及闪存芯片发热量小、散热快等特点。由于固态硬盘内部没有机械电机和风扇，因而工作噪声值为 0 分贝。

（4）重量轻。相比同样存储容量的机械硬盘，固态硬盘体积更小，重量更轻，便于携带。这个特点使得固态硬盘更适合用在体积、重量受限的产品中，如笔记本电脑。

（5）功耗低。传统硬盘的功耗主要体现在机械零部件的运动。固态硬盘无机械结构，功耗来源主要是内部芯片，因此功耗低。

（6）工作环境要求低。传统硬盘受限于其机械结构，温度过低会导致金属的钝化，温度过高会引起机械部件膨胀，这限制了传统硬盘的工作环境温度。固态硬盘由于采用芯片，其工作温度范围更广，可以工作在 $-10\ ℃\sim70\ ℃$ 范围内。

3.3　存储系统设计

上述各种存储介质物理特性的不同，造成基于各种存储介质的存储器性能差距较大。在系统设计中，总是希望有一个容量大、性能高、成本低的存储系统，这些对存储系统的设计提出了挑战。

3.3.1　主存储器的读写

主存储器简称主存。是计算机硬件的一个重要部件，其作用是存放指令和数据，并能由 CPU 直接随机存取。现代计算机为了提高性能同时兼顾合理的造价，往往采用多级存储体系。具体来说，由存储容量小、存取速度高的高速缓冲存储器和存储容量与存取速度适中的主存储器构成计算机内存。主存储器按地址存放信息，存取速度与地址无关。

主存储器数据读写过程如图 3-24 所示。CPU 的读写操作通过存储控制电路完成。CPU 通过地址总线访问地址寄存器以给出需要访问的数据地址，经过地址译码器和地址驱动电路找到存储体中的数据位置。找到数据所在位置以后，如果是读，通过读写电路将数据传输至数据寄存器再由数据总线传输至 CPU；如果是写，则进行相反方向的传输。

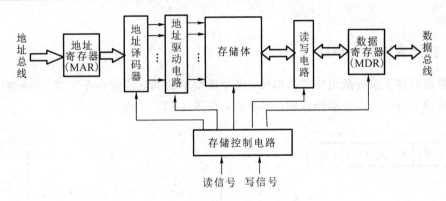

图 3-24　主存数据传输示意图

　　主存与 CPU 之间的连接方式如图 3-25 所示,主要包括地址总线(AB)、数据总线
(DB)和控制总线(CB)。若把 CPU 看作一个黑盒子,存储器的地址寄存器(MAR)和存储
器的数据寄存器(MDR)是主存和 CPU 之间的接口。地址寄存器(MAR)接收来自程序计数
器的指令地址或来自运算器的操作数地址,以确定要访问的单元。数据寄存器(MDR)是向
主存写入数据或从主存读出数据的缓冲部件。MAR 和 MDR 从功能上看属于主存,但在小
微型机中常放在 CPU 内。

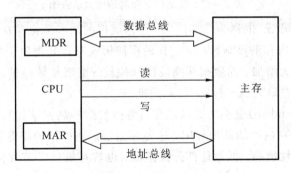

图 3-25　主存和 CPU 之间的连接示意图

　　CPU 的读写操作过程如图 3-26 所示。读操作是指从 CPU 送来的地址所指定的存储
单元中取出信息,再送给 CPU。整个过程是 CPU 发出读命令,将地址信号发送至地址总
线,存储器读出信息经数据总线送至 CPU。

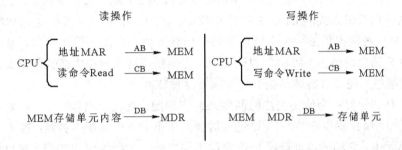

图 3-26　主存的基本读写操作示意图

　　写操作是指将要写入的信息存入 CPU 所指定的存储单元中。整个过程是 CPU 发出写
命令,将要写入的地址信号送至地址总线,并将要写入的数据送至数据总线,存储器完成

数据存储。

3.3.2 存储系统的大小端

计算机存储系统一般以字节为单位，每个地址单元都对应着一个字节。根据数据和地址的存放方式可以分为大端模式和小端模式，如图 3-27 所示。

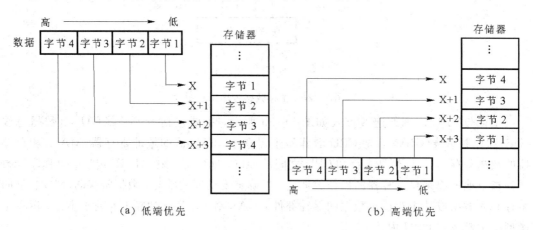

图 3-27　低端优先和高端优先示意图

大端模式(big endian)也称为低端优先，是指数据的高字节保存在内存的低地址中，而数据的低字节保存在内存的高地址中，这样的存储模式有点儿类似于把数据当作字符串顺序处理：地址由小向大增加，而数据从高位往低位放。也就是数值的最高字节存储在单元 X 中，次高字节存储在单元 X+1 中，依此类推。

小端模式(little endian)也称为高端优先，是指数据的高字节保存在内存的高地址中，而数据的低字节保存在内存的低地址中，这种存储模式将地址的高低和数据位权有效地结合起来，高地址部分权值高，低地址部分权值低。也就是最低字节存储在单元 X 中，次低字节存储在 X+1 中。

同一字节的不同位也有大小端结构，一个字节有 8 位，即 0 bit～7 bit。大端结构中，0 位代表字节中最右边的位，最左边的位是位 7。小端结构中，最左边的位是位 0，最右边的位是位 7。对于字节和字而言，无论使用哪一种排列组织方式都不会影响 CPU 和计算机系统的性能。只要设计 CPU 按照一种特定的格式处理指令，就不会出现问题，主要的问题在于具有不同排列组织方式的 CPU 之间传输数据。例如，如果一个低位优先结构的计算机将 0102 0304H 的数据传给一个高位优先结构的计算机，且没有转换数据，那么该高位优先结构计算机读出的值为 0403 0201H。因此，需要使用特定程序将两种数据文件进行格式转换，并且某些处理器有特殊的指令可以执行这种转换。

多字节存储的另一个值得关注的问题是对齐问题。现代 CPU 在某一时刻可以读出多个字节。例如，摩托罗拉 68040 CPU 能同时读入 4 个字节的数据，然而，这 4 个字节必须在连续的单元中，它们的地址除了最低两位不同之外，其余的位均相同。这也就是说，该CPU 可以同时读单元 100、101、102 和 103，但不能同时读单元 101、102、103 和 104。后者需要两个读操作，一个操作读 100、101、102 和 103，另一个操作读 104、105、106 和107；其中 100、105、106 和 107 都是不需要的读操作，这浪费了 CPU 的性能。

为处理上述情况，在存储多字节数据时，一般都采用对齐操作。所谓对齐，就是存储多字节数据的起始单元刚好是读取模块的开始单元。对于上述例子，意味着多字节数据开始存储的单元的地址要能被 4 整除，这样就保证该 4 字节值可在一个读操作中存取到。一般来说，不要求对齐的 CPU 的程序所占用的存储空间更少，它避免了因为存储对齐而造成的存储空间浪费。然而，对齐的 CPU 一般具有更好的性能，因为它们读取指令和数据需要更少的存储器读操作。

3.3.3　存储器字位扩展

在实际的计算机系统设计中，单个存储芯片通常无法满足存储系统的容量要求，因此需要对存储器芯片进行拓展。目前，单个半导体存储芯片可分为多字一位片和多字多位片两类，因此，根据半导体存储芯片的扩展方式，可以有位扩展、字扩展和字位扩展三种方法。

1. 位扩展

当选用存储器芯片的字数与存储系统期望的字数相同，但每个字的位数不同时，一般采用位扩展方法进行存储器扩展。也就是说，位扩展是指用多个存储器芯片对字长进行扩充。位扩展的一般步骤是：首先，根据系统每个字的位数和选定的存储芯片的每个字的位数确定需要的存储芯片数量；其次，所有存储芯片的地址线、控制线都连接到对应地址总线和控制总线上；最后，每个存储芯片的数据线分别连到数据总线的不同位上，以拼接成要求的数据宽度。

【例 3 - 2】 用 $4K \times 2$ 位的 RAM 存储芯片构成 $4K \times 8$ 位的存储器。

由于存储器要求每个字有 8 位，而选用的存储芯片每个字只有 2 位，因此需要 4 个 $4K \times 2$ 位芯片。12 位地址 $A_0 \sim A_{11}$、片选线 $\overline{CS}$ 和读写使能线 $R/\overline{W}$ 都连接到各个芯片对应线上。8 位数据总线 $D_0 \sim D_7$ 分成 4 组，每组包括 2 根线，连接到不同存储芯片的数据引脚上。根据上面分析，用 $4K \times 2$ 位的 RAM 存储芯片构成 $4K \times 8$ 位的存储器的连接示意图如图 3 - 28 所示。

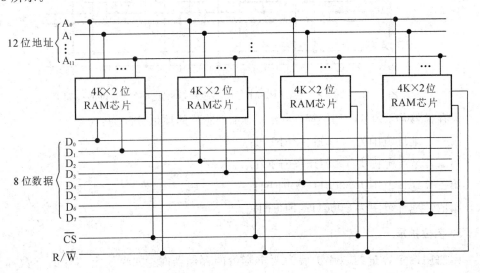

图 3 - 28　用 $4K \times 2$ 位的 RAM 存储芯片构成 $4K \times 8$ 位的存储系统

2. 字扩展

当选用存储器芯片的字数小于存储系统期望的字数，但每个字的位数相同时，采用字扩展方法进行存储器扩展。也就是说，字扩展是指用多个存储器芯片对字数进行扩充。字扩展的一般步骤是：首先，根据系统需要的字数和选定的存储芯片的字数确定需要的存储芯片数量；其次，将每个存储芯片的地址线、数据线和读写线连接到相应总线的对应位上；最后，利用地址总线上多余出的高位地址线作为片选译码器的输入，然后将译码器的输出分别连到每个存储芯片的片选线上。

【例 3 - 3】 用 $16K \times 8$ 位的 RAM 存储器芯片构成 $64K \times 8$ 位的存储器。

需要 $16K \times 8$ 位的芯片的数量为 $64K/16K = 4$。$64K \times 8$ 位的存储器有 16 位地址线 $A_{15} \sim A_0$，而 $16K \times 8$ 位的芯片中只需要 14 根地址线，用 16 位地址线中的低 14 位 $A_{13} \sim A_0$ 进行存储芯片片内寻址，高两位地址 A_{15}、A_{14} 用于选择芯片。因此，将每个芯片的地址线、读写线、数据线连接到相应总线对应位上，A_{15}、A_{14} 连接到片选译码模块上，将译码模块的 4 路输出分别连接到 4 块芯片的片选线上。根据上面分析，用 $16K \times 8$ 位的 RAM 存储芯片构成 $64K \times 8$ 位的存储器的连接示意图如图 3 - 29 所示。

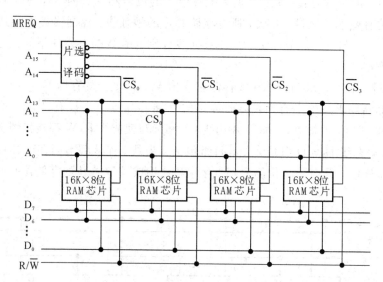

图 3 - 29　$16K \times 8$ 位的 RAM 存储器芯片扩展成 $64K \times 8$ 位的存储器

设存储器从 0000H 开始连续编址，则 4 个芯片的地址分配为：

第一片地址范围为 0000H～3FFFH；

第二片地址范围为 4000H～7FFFH；

第三片地址范围为 8000H～BFFFH；

第四片地址范围为 C000H～FFFFH。

3. 字位扩展

当使用给定容量的芯片扩展为要求容量的存储器时，如果给定芯片的字数和位数都没能达到要求的容量，就要进行字位扩展。如果已有芯片的容量为 $m \times n$，现要扩展为

$M×N(M>m，N>n)$容量的存储器，进行字位扩展共需要容量为 $m×n$ 的芯片的数量为

$$C=\left(\frac{M}{m}\right)×\left(\frac{N}{n}\right)$$

字位扩展的一般方法为：选择芯片先进行位扩展，扩展成组，使得组的位数达到要求；再用组进行字扩展，按照字扩展的方法将将字数加到目标字数。

【例 3 - 4】用 $2K×4$ 位的 RAM 存储器芯片构成 $4K×8$ 位的存储器。

$4K×8$ 位存储器需要由 4 个 $2K×4$ 位的存储芯片构成。先将 4 个芯片两两组合进行位扩展组成 $2K×8$ 位的存储组。当 A_{11} 地址线为 0 时，选择前两个芯片构成的 $2K×8$ 位存储器组，A_{11} 地址线为 1 时，选择后两个芯片构成的 $2K×8$ 位存储器组。地址线的 $A_{10}～A_0$ 为片内地址，同时接在 4 个芯片上。数据输出 8 位数据，$D_0～D_7$ 整体连接如图 3 - 30 所示。

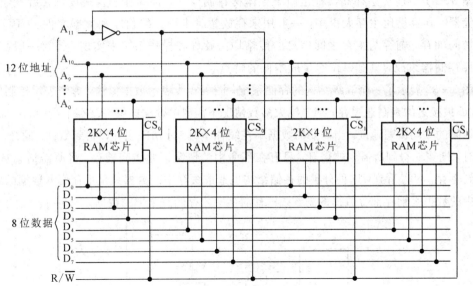

图 3 - 30　$2K×4$ 位的存储芯片构成 $4K×8$ 位存储器

设存储器从 0000H 开始连续编址，则 4 个芯片的地址分配为：

第一组芯片地址范围为 0000H～07FFH；

第二组芯片地址范围为 0800H～0FFFH。

3.3.4　分层存储系统设计

在进行存储系统设计时，主要关心存储器速度、容量和价格这三个主要特性。一般来说，速度越快，价格越高；容量越大，价格越高；容量越大，速度就越慢。采用单一存储芯片很难满足计算机系统对速度快、容量大、价格低的要求。图 3 - 31 给出了存储系统分层的结构图。图中由上至下每位的价格越来越低，速度越来越慢，容量越来越大。

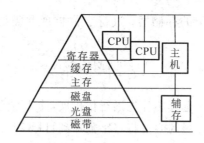

图 3-31　存储器分层结构图

图 3-31 中最上层的寄存器通常集成在 CPU 内部，直接参与 CPU 的运算。它的速度最快、容量最小、价格最高。主存用来存放将要参与运行的程序和数据，其速度和 CPU 差距较大，为了使它们之间的速度更好地匹配，在主存和 CPU 之间插入了一种比主存速度更快但是容量小一点的高速缓冲存储器(Cache)，简称缓存。

图 3-31 中前三层存储器都是由半导体材料制成的，都存在于主机内部。后三层是辅助存储器，其容量比主存大得多，一般用来存放暂时未用到的程序和数据文件。CPU 不能直接访问辅存，辅存与主存之间信息的传输均由硬件和操作系统来实现。辅存一般都由非易失性存储器组成，具有单位容量成本低的特点。

图 3-32 展示了一个 3 级结构的存储系统，图中实线表示数据传输，虚线表示控制信号。和 CPU 最接近的是高速缓存，期望绝大多数情况下需要的数据能够在缓存中命中，从而提高数据访问的平均读写速度。当需要的数据不在缓存中时，才访问主存以得到数据。同样，访问主存时，期望能得到所需要的信息，只有在不命中的情况下才访问辅存，将所需信息从辅存转移到主存。可以看到，这种分层的存储结构也造成缓存中的数据只是主存部分数据的副本，主存中的数据是辅存部分数据的副本，只有辅存中才存储有全部的数据。

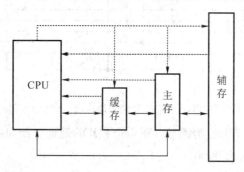

图 3-32　存储系统分级结构

对分层存储系统的性能评价一般从命中率、平均访问时间和存储系统的平均位价格这三个方面来确定。为简单起见，考虑由 M_1 和 M_2 两个存储器构成的两级存储层次结构。

1. 命中率 H

命中率为 CPU 访问存储系统时，在 M_1 中找到所需数据的概率。若在程序执行过程中，访问 M_1 和 M_2 的次数分别为 N_1 和 N_2，则命中率 H 定义为

$$H = \frac{N_1}{N_1 + N_2}$$

与命中率对应的一个名词是失效率 F。F 指 CPU 在访问系统存储时，在 M_1 中找不到所需数据的概率。根据命中率和失效率的定义有：$F = 1 - H$。

2. 平均访问时间 T_A

假设访问在 M_1 命中需要的访问时间为 T_{A1}；当访问在 M_1 不命中，则需向 M_2 发出访问请求。此时，需要把 M_2 中包含请求数据的信息块传送到 M_1，CPU 才能得到需要的数据。假设 M_2 的访问时间是 T_{A2}，把一个信息块从 M_2 传送到 M_1 的时间为 T_B，则 M_1 不命中时的数据访问时间为：$T_{A1} + T_{A2} + T_B = T_{A1} + T_M$，其中 $T_M = T_{A2} + T_B$，它称为失效开销，其物理含义是从向 M_2 发出访问请求到把整个数据块调入 M_1 中所需的时间。

根据以上分析，平均访问时间为

$$T_A = H T_{A1} + (1 - H)(T_{A1} + T_M) = T_{A1} + (1 - H) T_M = T_{A1} + F T_M$$

F 一般都比较小，因而整个分层存储结构的平均访问时间更接近 T_{A1}，即接近上层高性能存储器的访问延迟。

3. 存储系统的平均位价格 C

平均位价格 C 可以根据下式进行衡量：

$$C = \frac{C_1 S_1 + C_2 S_2}{S_1 + S_2}$$

上式中，S_1 和 C_1 是 M_1 的容量和每位价格，S_2 和 C_2 是 M_2 的容量和每位价格。一般而言 $S_1 \ll S_2$，此时有 $C \approx C_2$，这说明整个分层存储结构的平均位价格更接近 C_2，即接近下层低性能存储器的位价格。因此，分层存储系统能够很好地在性能和位价格之间做折中，这也是现代存储系统一般都采用分层存储结构的重要原因。

3.4　高速缓存系统设计

高速缓冲存储器(Cache)是位于主存与 CPU 之间的高速小容量存储器，用来存放程序中当前最活跃的程序和数据。Cache 和主存之间就构成了两层的分层存储结构，有效解决了 CPU 和主存之间速度不匹配的问题，通过使得大部分数据访问在缓存中命中，就可以提高存储器的平均访问速度和降低存储器的位成本。

3.4.1　基本原理

1. Cache 设计的依据

Cache 设计的依据是程序执行时访问存储器具有局部性特点，简称局部性。局部性又分为时间局部性和空间局部性。时间局部性是指正在访问的指令和数据，很有可能不久以后再次被访问。空间局部性是指正在访问的指令和数据的邻近存储单元在不久以后很有可能被访问。

根据局部性特性可知，CPU 在一个较短的时间间隔内，由程序产生的指令或数据地址往往簇聚在一个很小的区域内，如果把这一局部区域的指令和数据从主存复制到 Cache 中，使 CPU 能够高速地在 Cache 中访问指令和数据，就可以大大提高 CPU 的访存速度。

　　通常，Cache 和主存进行数据交换的最小单位为块，一般为 1～256 字。Cache 中块的数目远小于主存中块的数目，因而，Cache 中的每一块都必须有一个块标记，表明该块此时对应主存的哪一个块。此外，还需要有一个有效标志位和脏标志位，有效标志位用来指示当前块的内容是否有效，脏标志位用来指示当前块的内容是否被更新过。

2. 有 Cache 下的主存访问过程

　　CPU 访问某主存时的两种情况：

　　(1) 所需内容已在 Cache 中，称为 Cache 命中，CPU 可直接访问 Cache。

　　(2) 所需内容不在 Cache 中，称为 Cache 失配。此时，CPU 需访问主存获得所需内容，并将包含所需内容的主存块调入 Cache 中，以备下次访问。

　　CPU 访问主存的具体过程如下：

　　首先，CPU 给出需要访问的主存实地址。接着，地址映像变换机构接收到主存实地址后，根据块号判定所访问的信息字是否在 Cache 中。若 Cache 命中，通过地址变换机构将主存块号变换为 Cache 块地址，再根据块内偏移量对 Cache 进行存取。若 Cache 不命中，则通过 CPU 与主存之间的直接数据通路访问主存，将被访问数据直接送给 CPU，并将包含该数据的新块装入 Cache。在这个过程中，若 Cache 所有的块都已经存有有效数据，则需要通过替换策略实现机构，选出某个已经在 Cache 中的块，剔除到主存中，最后装入所需的块。此外，Cache 的存在对程序员来说是透明的，即每次访问存储器时，上述过程不需要程序员编写程序来控制，而是由硬件自动完成。

　　图 3-33 以读操作为例说明 CPU 访问主存的过程。

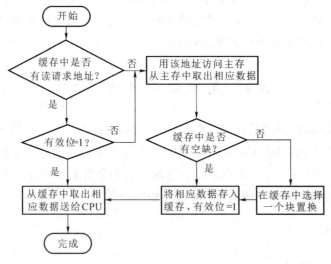

图 3-33　缓存的读操作

3. Cache 的关键性能指标

　　Cache 性能评价的关键指标是 Cache 命中率，它是指 CPU 要访问的内容在 Cache 中的比率。具体计算方法如下，设程序执行期间访问 Cache 的命中次数为 N_c，失配次数为 N_m，则 Cache 的命中率 H 为

$$H = \frac{N_c}{N_c + N_m}$$

在实际应用中，Cache 命中率与程序行为、Cache 容量、Cache 的组织和地址映射方式、块的大小有关。通常而言，程序的局部性特性越明显、Cache 的容量越大、地址映射方式越灵活，Cache 的命中率越高。而对于 Cache 的块大小而言，过大或过小都不合适。过小不能充分利用程序的空间局部性，过大又会使得 Cache 能够容纳的主存块数变少，增加了块和块之间的冲突概率，这些都会造成 Cache 命中率的下降。

3.4.2　主存与 Cache 的地址映像规则

当要把一个块从主存调入 Cache 时，首先要确定这个块可以放在 Cache 的哪些位置上。由于主存容量远大于 Cache 的容量，因此必须确定各个主存块和相对较少的 Cache 块位置的对应关系，这种对应关系就是 Cache 和主存层次之间的映像规则。目前，主要包括直接映像、全相联映像和组相联映像三种方式。

1. 直接映像

直接映像是指任何一个主存块只能被放置到 Cache 的某一固定块中，即从主存块到 Cache 块是一对一的关系；但是反过来，Cache 中的一个块可以存放主存的多个块，即 Cache 块到主存块是一对多的关系。直接映像的示意图如图 3-34 所示。

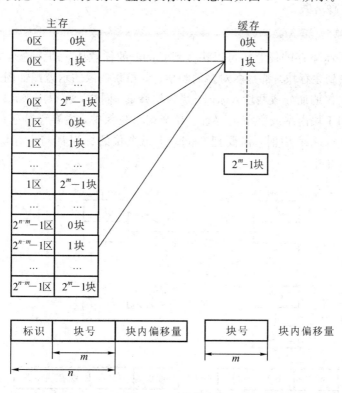

图 3-34　直接映像

直接映像的具体映射规则为：将主存块号除以 Cache 块数，余数即为该主存块在 Cache 中的位置；也就是说，映射到同一个 Cache 块的主存块号相对 Cache 块数"同余"。通常，主存块数和 Cache 块数都是 2 的幂次方，分别记为 2^n 个块和 2^m 个块 $(n \gg m)$，则块号为 j 的主存块在 Cache 中的位置 $i = j \bmod 2^m$。直接映像也可以按这样理解，将主存以

Cache 的大小划分为若干区，每一区的第 0 块只能放置到 Cache 的第 0 块，每一区的第 1 块只能放置到 Cache 的第 1 块，依此类推，如图 3-34 所示。因此，直接映像事实上是主存所有区的第 k 块竞争 Cache 的第 k 块，如果程序经常在竞争同一个 Cache 块的主存块中进行访问切换，直接映像 Cache 的命中率会大幅度下降。

采用直接映像方式时，主存地址分成三段：标识、块号、块内偏移量。标识也称为区号，用于判断 Cache 命中与否。块号用于在 Cache 中进行块寻址。块内偏移量用于块内字或字节的寻址。地址映像机构在判断块命中与否时，只需判断 Cache 中某一块存储的标识（也称 Tag）与主存的标识是否相等，相等意味着命中，不等意味着失配。

直接映像方式具有如下特点：

(1) 硬件线路实现简单；

(2) 地址变换速度快；

(3) 剔除时不需要替换策略；

(4) 块的冲突率高，Cache 命中率不高；

(5) Cache 的空间利用率低。

实际应用中，由于直接映像硬件简单、速度快、命中率尚可，因此仍然有许多 CPU 的 Cache 采用直接映像方式。

2. 全相联映像

全相联映像是指主存的任意块可以映像到 Cache 的任意块，即无论是主存块到 Cache 块，还是 Cache 块到主存块，都是多对多的映射。全相联映像的示意图如图 3-35 所示。在全相联映像中，主存地址分成两段：标识、块内偏移量。同样，标识用来判断 Cache 是否命中，块内偏移量用于块内字或字节的寻址。在全相联映像中，主存无分区的概念。判断某个主存块是否在 Cache 命中时，需要把 Cache 中每个块的标识都与主存块的标识比较一遍，才能判断是否命中。

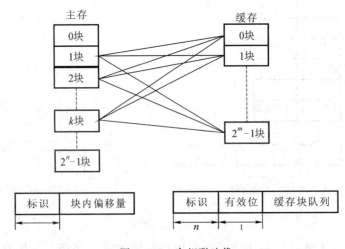

图 3-35　全相联映像

全相联映像方式具有如下特点：

(1) 硬件线路实现复杂；

（2）地址变换速度慢；

（3）剔除时需要复杂的替换策略；

（4）块的冲突率小，Cache 命中率高；

（5）Cache 的空间利用率高。

实际应用中，由于全相联映像硬件复杂、速度慢，因而实际 CPU 一般都不会采用这种方式。其存在的价值在于提供一种 Cache 命中率的近似上限，以衡量实际的 Cache 性能离理想性能的差距。

3. 组相联映像

组相联映像是前两种方式的折中，它是 Cache 实际应用最多的方式。组相联映像方式是先将 Cache 块分为若干组，每组中有相同数量的 Cache 块，再将主存块按与 Cache 的组数进行分组，如图 3-36 所示。主存中的任何一组只能映像到 Cache 中的某一固定组（类似直接映像），但同一组中的主存块可放置在 Cache 中指定组内的任意块中（类似全相联映像）。图 3-36 中，Cache 分为 G 组，每组包含 $2^m/G$ 个块；主存共有 2^n 个块，对 G "同余"的块都属于同一组。

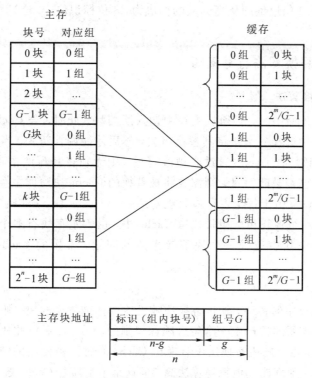

图 3-36 组相联映像

组相联映像的具体映射规则为：首先，将主存第 i 块映像到 Cache 的第 k 组，$k = i \bmod G$，即主存块号除以 Cache 组数同余的块被映射在一组中。其次，主存第 i 个块可以存储到 Cache 第 k 组的任意块中。采用组相联映像方式时，主存地址分成三段：标识、组号、块内偏移量。这三段的作用与直接映像的标识、块号、块内偏移量的作用类似，这里不再累述。

设主存有 2^n 块，Cache 有 2^m 块，包括 $G=2^g$ 个组，可以看到：

◇　若 $g=0$、$G=1$，即 Cache 只有 1 个组，共包含 2^m 个块，此时为全相联映像 Cache。

◇　若 $g=m$、$G=2^m$，即 Cache 有 2^m 个组，每个组只有 1 个块，此时为直接映像 Cache。

◇　若 $0<g<m$，即 Cache 有 2^g 个组，每个组里有 $k=2^{m-g}$ 个块，此时称这种组相联映像方式为 k 路组相联 Cache。

【例 3-5】 某采用组相联映像的主存—Cache 系统中，主存容量为 1 MB，Cache 的容量为 16 KB，按 256 B 分块，Cache 采用 4 路组相联。请确定主存、Cache 的地址结构。

解　主存容量 1 MB$=2^{20}$ B，因此主存地址长度为 20 位。

Cache 块大小为 256 B$=2^8$ B，主存可分为 $2^{20}/2^8=2^{12}$ 个块，块内偏移地址长 8 位。

Cache 容量 16 KB$=2^{14}$ B，因此 Cache 地址长度为 14 位。

Cache 块大小为 256 B$=2^8$ B，因此 Cache 可分为 $2^{14}/2^8=2^6$ 个块，块内偏移地址长 8 位。

Cache 每组包含 4 块，因此 Cache 共分为 $2^6/4=2^4=16$ 组，组地址长度为 4 位。

进一步，主存 20 位地址的从高到低的构成为：8 位标识位、4 位组号位、8 位块内偏移地址位。

3.4.3　Cache 的替换算法与写策略

1. Cache 的替换算法

当访存 Cache 不命中时，必须从主存中调入所需块。此时，若 Cache 已满，则必须按一定算法从 Cache 中选择一个块将其替换出去，然后才能调入新块。当某个 Cache 块被替换出去的时候，若该块在 Cache 时没有被改写过，则无须将其写回主存，可以直接抛弃；若该块在 Cache 时已经被改写过，则需要将被替换的 Cache 块写回主存，以保证数据的一致性。直接映像 Cache 由于每个主存块只能对应一个 Cache 块，所以它的替换很简单，不存在选择问题。但在组相联和全相联映像 Cache 中，由于主存块有多个 Cache 块对应，因而存在从多个 Cache 块中选择一个块替换出去的问题。常用的 Cache 替换算法有以下几种。

1）随机替换法

为均匀使用一组中的各块，随机替换法随机地选择被替换的块。随机替换策略实际上无需什么算法，只需要随机产生一个符合映像规则的块号，然后将此块从 Cache 中替换出去即可。总体而言，由于随机替换法没有考虑 Cache 块过去被使用的情况，反应不了程序的局部性，所以其失效率比其他替换算法高，但这个不足随着 Cache 容量增大而减小。

2）先进先出法

先进先出(First In First Out, FIFO)法是按块调入 Cache 的先后决定替换顺序，即需要替换时，总是淘汰最先调入 Cache 的块。FIFO 法控制简单，容易实现，但最先调入的块不一定是最近不使用的块，所以这种方法的 Cache 命中率也不是最高。

3）最近最少使用法

最近最少使用(Least Recently Used, LRU)法是把近期最少使用的 Cache 块替换出去。这种算法需记录 Cache 中各块使用情况，以确定哪个块为近期最少使用的块。具体实现时，可以对 Cache 的每个块设置一个计数器，当块命中后，其对应的计数器清零，其他块计数器增 1。当需要替换时，比较符合映像规则的块的计数器值，将计数值最大的块替换出。LRU 保护了最近访问的 Cache 块，淘汰最长时间内未被访问的块，符合程序的时间局部性特性，因而 Cache 一般具有较高的命中率，在实际中应用比较普遍。

4）最不经常使用法

最不经常使用（Least Frequently Used，LFU）法认为应将一段时间内访问次数最少的块替换出。为此，每块设置一个计数器，从 0 开始计数；每访问一次，被访问块的计数器增 1。当需要替换时，比较符合映射规则的 Cache 块的计数值，将计数值最小的块替换出，同时将这些块的计数器都清零。这种方法实际上是将计数周期限定在对这些特定块两次替换之间的间隔时间内，因而不能严格反映近期访问情况。

2. Cache 的写策略

按照分层存储系统的要求，Cache 的内容应是主存部分内容的一个副本，即 Cache 的内容应该是真包含于主存的内容。但是，写操作可能导致 Cache 和主存的内容不一致。例如，当 CPU 进行写操作时，往 Cache 写入新的数据后，Cache 中相应的单元的内容已经发生变化，如果主存对应单元的内容不改变，就会产生 Cache 与主存内容的不一致性问题。为了确保 Cache 与主存信息的一致性，需要采用写策略。

1）写直达法

当 CPU 执行写操作时，利用主存与 CPU 之间的直接通道，在写 Cache 的同时也将数据写入主存。采用写直达法，数据被同时写入 Cache 和主存中，保证了主存中的数据与 Cache 中的数据一直是一致的。这种写策略的弊端在于会造成许多无谓的 CPU 到主存的写，增加了系统开销。例如，如果一个数据在 Cache 期间被写了多次，事实上只要把最后一次写更新到主存即可，其他的写都没有必要写到主存。

2）写回法

当 CPU 执行写操作时，只写 Cache 不写主存，只有当被写的 Cache 块要被替换出去时才将已修改过的 Cache 块写回主存。采用写回法可以减少主存的写操作次数，提高系统写操作的速度，但采用写回法的 Cache 中的数据有时可能与主存中的不一致。为实现写回法，对 Cache 的每个块，要增加一个脏标志位，用于记录该 Cache 块是否被改写过。具体来说，当某主存块新调入 Cache 时，将脏标志位置"0"，代表该数据与主存中的数据一致；当对其进行写操作后，将脏标志位置"1"，代表该数据与主存中的数据不一致。替换时，首先查看与要替换的 Cache 块对应的脏标志位，若为"0"，表明块中的数据未被修改过，不用写回主存；若为"1"，表明 Cache 块中的数据改写过，在替换之前需要将其写回主存，以保证数据的一致性。

3. Cache 写失效策略

如果被写的块不在 Cache 中，即写失效时，有两种策略决定是否将相应的块调入 Cache。

（1）按写分配法。当写失效时，先把所写单元所在的块调入 Cache，然后再进行写入。与读失效类似，这种方法也称为写时取。

（2）不按写分配法。写失效时，直接写入下一级存储器而不将相应的块调入 Cache。这种方法也称为绕写。

【例 3-6】某采用 2 路组相联映像的主存—Cache 系统中，设 Cache 容量为 8 个块，主存容量为 256 个块；替换策略为 LRU。现假设 Cache 处于初始状态（即 Cache 还未存储有效数据），CPU 依次要访问主存块 0，1，2，3，245，246，247，0，4，248，245，0，245，0，6，245，248，245，127，0 中的数据。请给出 Cache 的数据存储过程，并计算此时 Cache 的命中率。

根据题意可知，Cache 的组数为 8/2＝4 组，每组包括 2 个块。任意一个主存块在 Cache 中的组号 $i＝$ 主存块号 mod 4。Cache 的数据存储过程如表 3-1 所示。该表中，一代表 Cache 还未存有效数据，H 代表命中，M 代表失配（即不命中）。此外，表 3-1 中的 LRU 原则是通过组内块的先后顺序体现的，每组中第 1 个块为最近访问块（MRU 块），第 2 个块为最近最少访问块（LRU 块）。在 20 次存储访问中，有 8 次在 Cache 命中，所以此 Cache 的命中率为 8/20＝40％。

表 3-1 Cache 内容更新过程

块访问顺序	组 0		组 1		组 2		组 3		命中否
0	0	—	—	—	—	—	—	—	M
1	0	—	1	—	—	—	—	—	M
2	0	—	1	—	2	—	—	—	M
3	0	—	1	—	2	—	3	—	M
245	0	—	245	1	2	—	3	—	M
246	0	—	245	1	246	2	3	—	M
247	0	—	245	1	246	2	247	3	M
0	0	—	245	1	246	2	247	3	H
4	4	0	245	1	246	2	247	3	M
248	248	4	245	1	246	2	247	3	M
245	248	4	245	1	246	2	247	3	H
0	0	248	245	1	246	2	247	3	M
245	0	248	245	1	246	2	247	3	H
0	0	248	245	1	246	2	247	3	H
6	0	248	245	1	6	246	247	3	M
245	0	248	245	1	6	246	247	3	H
248	248	0	245	1	6	246	247	3	H
245	248	0	245	1	6	246	247	3	H
127	248	0	245	1	6	246	127	247	M
0	0	248	245	1	6	246	127	247	H

习　题

1. 简述常见的存储介质及其存储原理。

2. 简述存储器分类标准及类型。

3. 简述 ROM、SRAM、DRAM、Flash 的异同。

4. 列举出 CPU 可以直接访问的存储器。

5. 举例说明自己手机或电脑包含的存储器类型，说明它们的大小和标准规格。

6. 简述机械硬盘的存储容量计算公式。

7. 简述固态硬盘相对机械硬盘的优势和劣势。

8. 简述固态硬盘 FTL 的功能。

9. 简述存储器字和位的关系与区别。

10. 设有一个 20 位地址和 32 位字长的存储器，问：（1）该存储器能存储多少个字节的信息？（2）如果存储器由 512K×8 位 SRAM 芯片组成，需要多少片？需要多少位地址芯片选择？

11. 要求用 256K×16 位 SRAM 芯片设计 1024K×32 位的存储器。SRAM 芯片有两个控制端：当 $\overline{CS}$ 有效时，该片选中；当 $\overline{W}/R=1$ 时执行读操作，当 $\overline{W}/R=0$ 时执行写操作。

12. 某计算机的主存地址空间中，地址 0000H～3FFFH 为 ROM 存储区域，4000H～5FFFH 为保留地址区域，暂时不用，6000H～FFFFH 为 RAM 地址区域。RAM 的控制信号为 $\overline{CS}$ 和 $\overline{WE}$，CPU 的地址线为 A15～A0，数据线为 8 位的线路 $D_7～D_0$，控制信号有读写控制 R/W 和访存请求 $\overline{MREQ}$。要求：

（1）画出地址译码方案。

（2）将 CPU 与 RAM 和 ROM 连接。

（3）如果 ROM 和 RAM 存储器芯片都采用 8K×1 的芯片，试画出存储器与 CPU 的连接图。

（4）如果 ROM 采用 8K×8 的芯片，RAM 采用 4K×8 的芯片，试画出存储器与 CPU 的连接图。

（5）如果 ROM 采用 16K×8 的芯片，RAM 采用 8K×8 的芯片，试画出存储器与 CPU 的连接图。

13. 简述计算机分层存储的原因和原理。

14. 简述缓存的基本原理和工作方式。

15. 简述缓存的地址映射机制。

16. 某计算机的存储系统由 Cache、主存和磁盘构成。Cache 的访问时间为 15 ns，如果被访问的单元在主存中但不在 Cache 中，需要用 60 ns 的时间将其装入 Cache，然后再进行访问；如果被访问的单元不在主存中，则需要 10 ms 的时间将其从磁盘中读入主存，然后再装入 Cache 中并开始访问。若 cache 的命中率为 90%，主存的命中率为 60%，求该系统中访问一个字的平均时间。

17. 简述缓存的替换算法，比较 LRU 算法和 LFU 算法的异同。

18. 何谓存储系统的大小端设计？

第4章　总线与接口

　　总线是计算机系统中模块与模块之间传输信息的一组公用信号线，在处理器的内部和外部都要用到。接口是将某个具体设备连到总线的专用信号线，一般用于外部设备的连接。本章讲述总线、接口的原理，以及常用总线与接口标准。

4.1　总线的基本概念

4.1.1　总线的定义

　　在计算机系统进行任务处理的过程中，CPU、存储器和I/O模块之间要不断地进行信息交换，这就需要在这些模块之间构建信息传输通路。如果每个模块之间都使用专用通信线路，则通信线路的开销成本非常大；特别是当I/O模块的种类和数量变多后，控制变得更加复杂。此时，一对一的分散连线方式已经不可以使用，开始出现公用一组信号线的连接方式，即总线方式。因此，总线是连接两个或多个模块（功能部件或设备）的一组共享的信号传输线或一组公用信号线，如图4-1所示。总线的关键特征是共享性或公用性，即利用一组线实现多个模块之间的信息传输，这也使得一个模块发出的信号可以被连接到总线上的其他所有模块所接收。

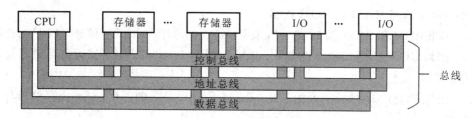

图4-1　总线连接

4.1.2　总线的分类

　　总线的分类方法很多，下面介绍两种最常用的分类方法。

1. 按数据的传输方式分类

　　按数据的传输方式可以将总线分为并行总线和串行总线两类。

　　并行总线指数据位在多条数据线上并行传输，数据线的数量一般等于数据的宽度。串行总线指数据在一根或几根数据线上逐位传输。目前，在处理器芯片内部，一般都采用并行总线结构；在芯片外部，并行总线和串行总线都有使用，甚至一些高速总线只能采用串行总线。在并行总线中，按传输数据宽度又可以分为8位、16位、32位、64位等传输总线。

2. 按总线传输信息性质分类

按总线传输信息性质可以将总线分为数据总线、地址总线和控制总线三类。

数据总线上传输的是各功能部件之间的数据信息，一般为双向传输总线，即数据传输方向可以是 CPU 到设备，也可以是设备到 CPU。数据总线的宽度一般等于机器字长，常为 8 位、16 位或 32 位。

地址总线用来传输数据（指令也可以认为是一种数据）在主存单元或 I/O 设备的地址。地址总线是单向总线，一般由 CPU 输出。地址总线的宽度取决于 CPU 支持的存储单元数，如地址总线宽度为 12，则其支持的最大存储单元数是 2^{12}。

由于数据总线、地址总线都是被挂在总线上的所有部件共享的，如何使各部件能在不同时刻占有总线使用权，需依靠控制总线来完成，因此控制总线是用来发出各种控制信号的传输线。通常对任一控制信号线而言，它的传输是单向的。例如，存储器读/写或 I/O 设备读/写信号线都是由 CPU 发出，存储器或 I/O 设备接收。但对于控制总线总体来说，又可认为是双向的。例如，当某设备准备就绪时，可以通过中断信号线向 CPU 发出中断请求。此外，控制总线还起到监视各部件状态的作用。例如，查询该设备是处于"忙"还是"闲"，是否出错等。因此对 CPU 而言，控制信号线既包括输出信号线，又包括输入信号线。

通常，在 CPU 同其他部件的信息传输过程中，这三类总线要配合使用。例如，CPU 要读取某个存储单元，一般先在地址总线上给出需要访问的存储单元，然后在控制总线上给出读信号，最后等待存储器将对应数据从数据总线返回。

4.1.3　总线的性能指标

总线主要包括三个指标：总线位宽、总线工作频率和总线带宽。

1. 总线位宽

总线位宽指的是总线上能同时传送的二进制数据位数。常说的 32 位总线、64 位总线指的就是总线位宽。一般而言，总线的位宽越宽，总线传输信息的能力越强。

2. 总线工作频率

总线工作频率指的是用于控制总线操作周期的时钟信号频率。一般而言，总线的工作频率越高，总线传输信息的能力越强。

3. 总线带宽

总线带宽指的是单位时间内总线上可传送的数据量，又称总线最大传输率，一般以B/s为单位，即每秒可以传输的字节数。总线带宽计算公式如下：总线带宽＝总线工作频率×总线位宽/8。

注：B/s 和 b/s 通常被认为是不同的单位，B/s 是字节/秒，b/s 是比特/秒。

4.1.4　总线结构

嵌入式系统中，通常包括单总线结构和多总线结构两种基本结构。

1. 单总线结构

在许多单处理器的计算机系统中，使用单一的总线来连接 CPU、主存和 I/O 设备，叫作单总线结构，如图 4-2 所示。在单总线结构中，要求连接到总线上的部件的速度匹配，即这些部件或设备能支持的访问速度接近。这样，不会因为总线上的低速设备长时间占用总线，造成其他部件不能使用总线传输信息。

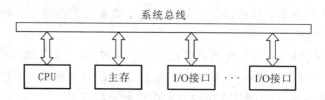

图 4-2　单总线结构

　　在单总线结构中，CPU 访问存储器的操作方法如下：当 CPU 取一条指令或一个数据时，首先将指令或数据地址及控制信号加载到总线上，这些信息会通过总线传输给所有挂接在单总线上的部件。所有部件收到该总线上信息后，只有与出现在总线上的地址相对应的设备，才执行数据传送操作。此时，按照 CPU 给出的存储器地址，存储器会从对应地址取数，然后将该数据加载到总线上。对 I/O 设备的操作完全和主存的操作方法一样，差别在于 CPU 在总线上给出的地址不一致。

　　单总线结构中，一般只有 CPU 能够充当主设备，即能够发起总线操作的设备。在一些系统中，某些特殊设备，如直接内存访问（DMA）控制器也可以作为主设备。此时，存在 CPU 和 DMA 竞争总线控制权的问题。当 DMA 竞争得到总线控制权后，就可以在总线上与特定设备传输信息。

2. 多总线结构

　　单总线系统中，所有设备的速度很难真正匹配，且任意时间只能允许一对部件之间传送数据，这就使部件之间的数据传输效率和总线上的吞吐量受到极大限制，为此出现图 4-3 所示的多总线系统结构。

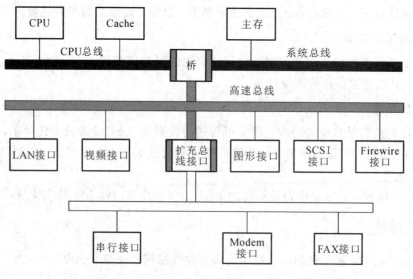

图 4-3　多总线结构

图4-3所示的多总线结构中,按照工作速度快慢,依次包括CPU总线、系统总线、高速总线、扩充总线。由于各种总线的速度不一致,因此需要一种称为"桥"的部件实现多种总线的互联互通。本质上,桥是一种具有缓冲、转换、控制功能的逻辑电路。

具体来说,CPU和Cache通过高速CPU总线互联,主存一般连接在系统总线上,各种高速外部设备(如局域网、视频图形接口、SCSI接口等)连接在高速总线上,同时这三种总线又通过桥连接在一起。更低速的外部设备,如各种串行接口,通过扩充总线接口连接到高速总线上。本质上,这里的扩充总线接口也是一种简单的桥。

多总线结构实现了高速、中速、低速设备连接到不同的总线上同时进行工作,以提高总线的效率和吞吐量,而且处理器结构的变化不影响外部的系统总线、高速总线、扩充总线等。

4.2 总线操作

虽然说总线是由连接在其上的所有模块或设备共享,但在任一时刻,总线上只能有一对设备能够进行信息传输,即总线实质上是由多个模块分时共享,这就牵涉到总线使用的先后顺序。通常,总线操作只能由主模块发起,如果总线上连接有多个主模块,则总线上还必须连接一个总线仲裁模块。当有多个主模块同时发起总线使用请求后,总线仲裁模块根据一定的规则决定由谁使用总线。

4.2.1 总线操作阶段

通常,在多主模块的总线中,完成一次总线操作需要经历图4-4所示的四个阶段:

(1)申请、分配阶段。由需要使用总线的主模块提出申请,然后由总线仲裁模块将下一个传输周期的总线使用权授予某一申请者。

(2)寻址阶段。取得使用权的主模块通过总线发出本次要访问的从模块的地址及有关命令,启动参与本次传输的从模块。

(3)传输阶段。主模块和从模块进行数据交换,数据由源模块发出,经数据总线传输到目的模块。

(4)结束阶段。主模块的有关信息从总线上撤出,让出总线使用权。

另外,对于仅有一个主模块的简单系统,由于总线使用权始终归唯一的主模块所有,因此,总线操作不需要经历上述的申请、分配和撤出等阶段。

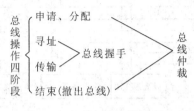

图4-4 总线操作四个阶段

4.2.2 总线仲裁

总线仲裁又叫总线判决,其目的就是合理地控制和管理系统中需要占用总线的请求源，在多个源同时提出总线请求时，以一定的优先算法仲裁哪个源获得总线的占用权。

如果没有总线仲裁，很容易产生总线冲突。总线冲突是指在总线上同时有两个或两个以上的模块要传送相互矛盾的信息时所引起的冲突，冲突的表现形式因驱动总线的逻辑器件类型而异。总线仲裁就是要确保任何时刻总线上最多只有一个模块发送信息，而绝不能出现多个主控器同时占用总线的现象。

总线仲裁可分为集中式和分布式两种，前者将控制逻辑集中在一处（如在 CPU 中），后者将控制逻辑分散在与总线连接的各个部件或设备上。

1. 集中式总线仲裁

1）链式查询

链式查询方式如图 4-5(a)所示。图中控制总线中有 3 根线用于总线控制（BS 为总线忙，BR 为总线请求，BG 为总线同意），其中总线同意（BG）信号是串行地从一个 I/O 接口送到下一个 I/O 接口。如果 BG 到达的接口有总线请求，BG 信号就不再往下传，意味着该接口获得了总线使用权，并建立总线忙（BS）信号，表示它占用了总线。可见在链式查询中，离总线仲裁部件最近的设备具有最高的优先级。这种方式的特点是：只需很少几根线就能按一定优先次序实现总线控制，并且很容易扩充设备，但对电路故障很敏感，且优先级别低的设备很难获得请求。

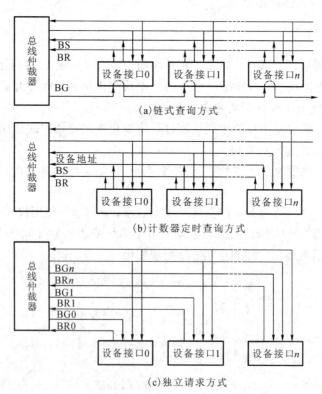

图 4-5　集中式总线仲裁方式

2）计数器定时查询

计数器定时查询方式如图 4-5(b)所示。与图 4-5(a)相比，多了一组设备地址线，少了一根总线同意(BG)线。总线仲裁部件接到由 BR 送来的总线请求信号后，在总线未被使用(BS＝0)的情况下，总线仲裁部件中的计数器开始计数，并通过设备地址线向各设备发出计数值。当某个请求占用总线的设备的地址与计数值一致时，该设备获得总线使用权，并建立总线忙(BS)信号。最后，总线仲裁部件终止计数查询。这种方式的特点是：计数可以固定从"0"开始，此时一旦设备的设备地址固定，设备获得总线的优先级也就是其设备地址，设备地址越小，优先级越高，且优先级固定不变；计数也可以从上一次计数的终止点开始，即一种循环方法，此时设备使用总线的优先级相等；计数器的初始值还可由程序设置，故优先次序可以改变。这种方式对电路故障不如链式查询方式敏感，但增加了控制线(设备地址)数，控制也较复杂。

3）独立请求方式

独立请求方式如图 4-5(c)所示。由图可见，每一台设备均有一对总线请求(BR_i)线和总线同意(BG_i)线。当设备要求使用总线时，便发出该设备的请求信号。总线控制部件中有一排队电路，可根据优先次序确定响应哪一台设备的请求。这种方式的特点是响应速度快，优先次序控制灵活(通过程序改变)，但控制线数量多，总线控制更复杂。链式查询中仅用两根线确定总线使用权属于哪个设备，在计数器查询中大致用 $\ln n$ 根线，其中 n 是允许接纳的最大设备数，而独立请求方式需采用 $2n$ 根线。

2. 分布式仲裁

分布式仲裁不需要集中的总线仲裁器，每个主控设备都有自己的仲裁号和仲裁器。当需要总线请求时，把它们唯一的仲裁号发送到共享的仲裁总线上。每个仲裁器将仲裁总线上得到的号与自己的号进行比较。如果仲裁总线上的号大，则它的总线请求不予响应，并撤销它的仲裁号。最后，获胜者的仲裁号保留在仲裁总线上。可见，分布式仲裁是以优先级仲裁策略为基础，分布式仲裁下仲裁号愈大优先级愈高。图 4-6 给出一个例子来解释分布式仲裁的过程。

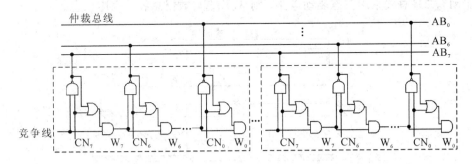

图 4-6　分布式仲裁方法示意图

假定仲裁总线由 8 根仲裁线组成，则可以分配 2^8 个仲裁号。竞争线默认为逻辑"1"，仲裁线的逻辑为"线或"，即只要有一个设备把低电平逻辑"0"送到该仲裁线上，那么这根仲裁线的信号就是"0"。AB 线为低电平表示至少有一个设备的 CN 为 1，AB 线为高电平表示所有设备的 CN 都为 0。若某设备的仲裁号的某一位为"0"，且对应的仲裁线信号为"0"，则后续的低位都给对应的仲裁线发送"0"信号。这样仲裁线上的信号和高仲裁号匹配，具有高仲裁号的设备获得总线使用权。

【例 4-1】 假定设备 1 和设备 2 同时要求使用总线，它们的仲裁号分别为 00000101 和 00001010，解释两个设备的分布式仲裁过程。

两个设备的 $CN_7 \sim CN_4$ 经过图 4-6 所示的逻辑后，$AB_7 \sim AB_4$ 均为 1。设备 1 的 CN_3 为 0，设备 2 的 CN_3 为 1，经过仲裁后 AB_3 为 0。此时设备 1 中 AB_3 对应的或门电路的输入为 $CN_3 = 0$ 和 $AB_3 = 0$，所以对应的竞争线 W_3 输出为 0。根据电路逻辑，设备 1 的后续仲裁结果均为 1，与仲裁号 CN 无关。而设备 2 的 CN_3 为 1，其对应的竞争线 W_3 输出仍为 1，后续的仲裁结果与 CN 有关。依此类推，最后仲裁线得到的结果为 11110101，取反后即为设备 2 的仲裁号 00001010，所以设备 2 获得总线的使用权。

4.2.3　总线握手

总线握手主要解决主模块取得总线占用权后，如何在主模块和从模块之间实现可靠的寻址和数据传输的问题。常见的总线握手方法有同步通信、异步通信和半同步通信。

1. 同步通信

通信双方由统一时序控制数据传送称为同步通信。时序常由 CPU 的总线控制部件发出，送到总线上的所有部件；也可以由每个部件各自的时序发生器发出，但必须由总线控制部件发出的时钟信号对它们进行同步。

【例 4-2】 同步总线的读数据传输过程。

图 4-7 表示某个输入设备向 CPU 传输数据的同步通信过程。图中总线传输周期是连接在总线上的两个部件完成一次完整且可靠的信息传输的时间，它包含 4 个时钟周期 T_1、T_2、T_3、T_4。CPU 在 T_1 上升沿发出地址信息；在 T_2 的上升沿发出读命令；与地址信号相符合的输入设备按命令进行一系列内部操作，且必须在 T_3 的上升沿到来之前将 CPU 所需的数据送到数据总线上；CPU 在 T_3 时钟周期内，将数据线上的信息送到其内部寄存器中；CPU 在 T_4 的上升沿撤销读命令，输入设备不再向数据总线上传送数据，撤销它对数据总线的驱动。如果总线采用三态驱动电路，则从 T_4 起，数据总线呈高阻状态。

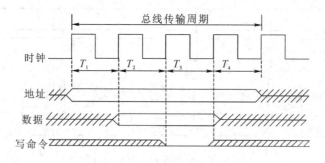

图 4-7　同步式数据输入传输

【例 4-3】 同步总线的写数据传输过程。

写命令的数据传输过程如图 4-8 所示，其传输周期如下：CPU 在 T_1 上升沿发出地址信息；在 T_2 的上升沿发出需要写的数据；在 T_3 的上升沿发出写命令，从模块接收到命令后，必须在规定时间内将数据总线上的数据写到地址总线所指明的单元中；CPU 在 T_4 的上升沿撤销写命令和数据。

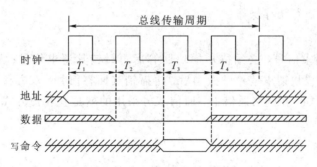

图 4-8 同步式数据输出传输

这种通信的优点是规定明确、统一,模块间的配合简单一致。其缺点是主、从模块时间配合属于强制性"同步",必须在限定时间内完成规定的要求。并且对所有从模块都用同一时限,这就势必造成,对各不同速度的部件而言,必须按最慢速度的部件来设计公共时钟,严重影响总线的工作带宽。同步通信一般用于总线长度较短、各部件存取时间比较一致的场合。

2. 异步通信

异步通信克服了同步通信的缺点,允许各模块速度的不一致性,给设计者充分的灵活性和选择余地。它没有公共的时钟标准,不要求所有部件严格统一操作时间,而是采用应答方式(又称握手方式),即当主模块发出请求信号时,一直等待从模块反馈回来"确认"信号后,才开始通信。当然,这就要求主、从模块之间增加两条应答线。

异步通信的应答方式又可分为不互锁、半互锁和全互锁三种类型,如图 4-9 所示。

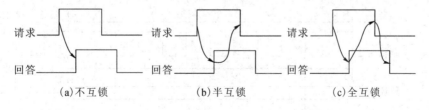

图 4-9 异步通信中请求与回答的互锁

1) 不互锁方式

主模块发出请求信号后,不必等待接到从模块的回答信号,而是经过一段时间,确认从模块已收到请求信号后,便撤销其请求信号;从模块接到请求信号后,在条件允许时发出回答信号,并且经过一段时间(这段时间的设置对不同设备而言是不同的)确认主模块已收到回答信号后,自动撤销回答信号。可见通信双方并无互锁关系。例如,CPU 向主存写信息,CPU 要先后给出地址信号、写命令以及写入数据,即采用此种方式。

2) 半互锁方式

主模块发出请求信号,必须等待接到从模块的回答信号后再撤销其请求信号,有互锁关系;而从模块在接到请求信号后发出回答信号,不必等待获知主模块的请求信号已经撤销,而是隔一段时间后自动撤销其回答信号,无互锁关系。由于一方存在互锁关系,一方不存在互锁关系,故称半互锁方式。例如,在多机系统中,某个 CPU 需访问共享存储器(供所有 CPU 访问的存储器)时,该 CPU 发出访存命令后,必须收到存储器未被占用的回答信号,才能真正进行访存操作。

　　3)全互锁方式

　　主模块发出请求信号,必须待从模块回答后再撤销其请求信号;从模块发出回答信号,必须待获知主模块请求信号已撤销后,再撤销其回答信号。双方存在互锁关系,故称为全互锁方式。例如,在网络通信中,通信双方采用的就是全互锁方式。异步通信可用于并行传送或串行传送。

　　3. 半同步通信

　　半同步通信既保留了同步通信的基本特点,如所有的地址、命令、数据信号的发出时间,都严格参照系统时钟的某个前沿开始,而接收方都采用系统时钟后沿时刻来进行判断识别;同时又像异步通信那样,允许不同速度的模块和谐地工作。为此增设等待响应信号线 $\overline{\text{WAIT}}$,采用插入等待时钟周期的措施来协调通信双方的配合问题。

　　【例 4-4】半同步总线的读数据工作过程。

　　以读数据为例,如图 4-10 所示,在同步通信中,主模块在 T_1 发出地址,在 T_2 发出读命令,在 T_3 传输数据,在 T_4 结束传输。倘若从模块工作速度较慢,无法在 T_3 时刻提供数据,则必须在 T_3 到来前通知主模块,给出 $\overline{\text{WAIT}}$ 低电平信号。若主模块在 T_3 到来时刻测得 $\overline{\text{WAIT}}$ 为低电平,就插入一个等待周期 T_w(其宽度与时钟周期一致),不立即从数据线上取数。若主模块在下一个时钟周期到来时刻又测得 $\overline{\text{WAIT}}$ 为低,就再插入一个 T_w 等待,这样一个时钟周期、一个时钟周期地等待,直到主模块测得 $\overline{\text{WAIT}}$ 为高电平时,主模块即把此刻的下一个时钟周期当作正常周期 T_3,即时获取数据,T_4 结束传输。

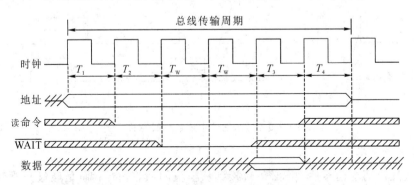

图 4-10　半同步通信数据输入过程

　　半同步通信适用于系统工作速度不高但又由许多工作速度差异较大的各类设备组成的简单系统。半同步通信控制方式比异步通信简单,系统内各模块又在统一的系统时钟控制下同步工作,可靠性较高,同步较方便。

4.3　常用总线标准

　　总线标准是指国际工业界正式公布或推荐的用各种不同的模块组成微机系统时必须遵守的规范。具体来讲,它指通过总线进行连接和传输信息时,应遵守的一些协议和规范。

　　总线标准一般包括硬件和软件两方面的内容。硬件方面主要有总线的信号线定义、时钟频率、系统结构、仲裁及配置、电气规范、机械规范等。软件方面主要有总线协议、驱动程序和管理程序等。

4.3.1　AMBA

高级微控制器总线架构（AMBA）是 ARM 公司研发的一种总线规范。包括高级高性能总线（AHB）和高级外设总线（APB），如图 4 - 11 所示。

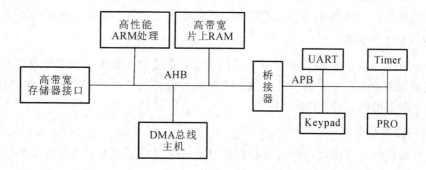

图 4 - 11　AMBA

AHB 用于高性能系统模块的连接，可以有效地连接处理器、片上和片外存储器，支持流水线操作，主要支持的特性包括：数据突发传输、数据分割传输、流水线方式、一个周期内完成总线主设备对总线控制权的交接、单时钟沿操作、更宽的数据总线宽度。

APB 用于较低性能外设的简单连接，一般是通过桥和 AHB 相连，是接在系统总线上的第二级总线。它主要是为了实现不需要高性能流水线接口或不需要高带宽接口的设备的互连。

AHB 和 APB 通过一个桥接器相连。该桥接器将来自 AHB 的信号转换为合适的形式以满足挂在 APB 上的设备的要求。桥接器负责锁存地址、数据以及控制信号，同时要进行二次译码以选择相应的 APB 设备。同时桥接器要将 APB 端的数据传送至 AHB 端进行后续操作。

4.3.2　PCI 总线

1992 年由 Intel 公司推出的 PCI(Peripheral Component Interconnect)总线标准具有很好的性能特点，一经推出立即得到了广泛的应用。PCI 总线是一种不依赖任何具体 CPU 的局部总线，也就是说它独立于 CPU。这里只说明 PCI 的一些特点。

1. 高性能

PCI 总线的时钟频率为 33 MHz～66 MHz。而且在进行 64 位数据传送时，其数据传输速率可达到 $66 \times 8 = 528$ MB/s。这样高的传输速率是此前其他总线无法达到的。在 PCI 的插槽上，可以插 32 位的电路板，也可以插 64 位的电路板，两者兼容。

2. 总线设备工作与 CPU 相对独立

在 CPU 对 PCI 总线上的某设备进行读写时，要读写的数据先传送到缓冲器中，通过 PCI 总线控制器进行缓冲，再由 CPU 处理。当写数据时，CPU 只将数据传送到缓冲器中，由 PCI 总线控制器将数据再写入规定的设备。在此过程中 CPU 完全可以去执行其他操作。可见，PCI 的工作与 CPU 是不同步的，CPU 速度可能很快，而 PCI 相对要慢些，它们是相对独立的。这一特点就使得 PCI 可以支持各种不同型号的 CPU，具有更长的生命周期。

3. 即插即用

即插即用是指将 PCI 总线上的电路板插在 PCL 总线上立即就可以工作。PCI 总线的这一特点为用户带来了极大的方便。在此前的总线上也可以插不同厂家生产的电路板，但同厂家的电路板有可能发生地址竞争而无法正常工作。解决的办法就是利用电路板上的跳线开关，通过跳线改变地址而克服地址竞争。在 PCI 总线上就不存在这样的问题，此总线上的接口地址是由 PCI 控制器自动配置的，不可能发生竞争，所以电路板插上就可使用。

4. 支持多主控设备

接在 PCI 总线上的设备均可以提出总线请求，通过 PCI 管理器中的仲裁机构允许该设备成为主控设备，由它来控制 PCI 总线，实现主控设备与从属设备间点对点的数据传输。PCI 总线上最多可以支持 10 个设备。

5. 错误检测及报告

PCI 总线能够对所传送的地址及数据信号进行奇偶校验检测，并通过某些信号线来报告错误的发生。

图 4 - 12 给出在单处理器系统中使用 PCI 的一个典型例子。PCI 采用的是总线型拓扑结构，一条 PCI 总线上挂着若干个 PCI 终端设备或者 PCI 桥设备，大家共享该条 PCI 总线。DRAM 控制器与到 PCI 总线的桥接器相结合，提供了与处理器更紧密的耦合，同时提供高速传输数据的能力。这个桥接器扮演着"数据缓冲"的角色。这样，PCI 总线的速度可以与处理器的 I/O 处理器速度不同。

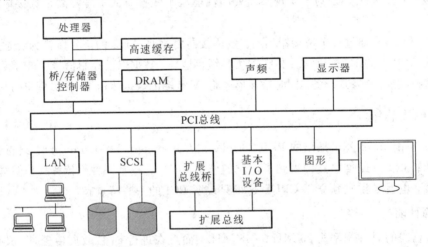

图 4 - 12　典型的 PCI 总线桌面系统

4.3.3　PCI - E 总线

PCI 属于并行传输方式，即使用多条信号线同时并行传输多位数据，PCI - E(PCI - Express)采用的是每次 1 位的点对点串行传输方式。PCI - E1.0 能够提供 2.5 Gb/s 的单向单线连接传输速率，而 PCI - E4.0 能够提供高达 10 Gb/s 的单向单线连接传输速率。一个 PCI - E 连接可以被配置成 x1、x2、x4、x8、x12、x16 和 x32 的数据带宽。x1 的通道能实现单向 312.5 MB/s(2.5 Gb/s)的传输速率。同理,x32 通道连接能提供 10 GB/s 的速率。一般的显卡使用 PCI－E x16 标准,数据传输速率为 4.8 GB/s。

图 4－13 给出了 PCI－E 的系统框图,整个 PCI－E 采用树形拓扑结构。Root Complex (RC)是树的根,RC 传达 CPU 的指令,负责与整个计算机系统其他部分通信。比如 CPU 通过它访问内存,通过它访问 PCI－E 系统中的设备。PCI－E Endpoint 就是 PCIe 终端设备,比如 PCIe SSD、PCIe 网卡等。Legacy Endpoint 的接口是 PCI－E,但是内部的行为却和传统的 PCI 或者 PCI－X 一样。这些 Endpoint 可以直接连在 RC 上,也可以通过 Switch 连到 PCI－E 总线上。Switch 用于扩展链路,提供更多的端口用以连接 Endpoint。

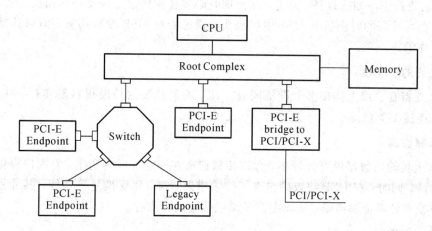

图 4－13　PCI－E 系统框图

与 PCI 总线相比,PCI－E 总线的主要技术特点如下:

(1) PCI－E 是串行总线,进行点对点传输,每个传输通道独享带宽。

(2) PCI－E 总线支持双向传输模式和数据分通道传输模式。其中数据分通道传输模式即指 PCI－E 总线的 x1、x2、x4、x8、x12、x16 和 x32 多通道连接。

(3) PCI－E 总线充分利用先进的点到点互连、基于交换的技术、基于包的协议来实现新的总线性能和特征。PCI－E 总线支持电源管理、服务质量(QoS)控制、热插拔、数据完整性控制、错误处理机制等特征。

(4) PCI－E 与 PCI 总线保持良好的继承性,从而可以保障软件的继承和可靠性。PCI－E总线的关键特征,如应用模型、存储结构、软件接口等与传统 PCI 总线保持一致,使并行的 PCI 总线被一种具有高度扩展性的、完全串行的 PCI－E 总线所替代。

(5) PCI－E 总线充分利用先进的点到点互连,降低了系统硬件平台设计的复杂性和难度,从而大大降低了系统的开发设计成本,极大地提高了系统的性价比和健壮性。

4.3.4　USB

通用串行总线(Universal Serial Bus,USB)是目前计算机系统中不可或缺的接口总线。USB 之所以应用普遍是因为其具有许多优异的性能和特点。

1. 传输速率高

USB 1.0 有两种传输速率,低速为 1.5 Mb/s,高速为 12 Mb/s。USB 2.0 的传输速率为

480 Mb/s。USB 3.0 的最大传输带宽高达 500 MB/s 或 5 Gb/s(USB3.0 采用 10b/8b 编码方案,即每 10 个比特中真正有效数据为 8 比特)。

2. 支持即插即用

主控 USB 可以随时检测该 USB 总线上设备的插入和拔出情况。在主控器的控制下,总线上的外设永远不会发生冲突,实现设备的即插即用。

3. 支持热插拔

通过 USB 接口使用外接设备时,不需要执行"关机→设备插入或拔出→再开机"这样的动作,它支持带电插拔设备。但是,在使用时必须注意外设是否支持热插拔。比如,当移动硬盘正在写数据的时候拔下 USB 电缆插头,这可能对 USB 没有伤害,但对移动硬盘来说是不允许的。

4. 良好的扩展性

USB 支持在总线上挂接多个设备同时工作,而且总线的扩展很容易实现。在 USB 上最多可以连接 127 台设备。

5. 可靠性高

USB 上传输的数据量可大可小,允许传输速率在一定范围内变化,为用户提供了使用上的灵活性。同时,在 USB 协议中包含了传输错误管理、错误恢复等功能,并能根据不同的传输类型来处理传输错误,从而提高了总线传输的可靠性。

6. 统一标准

USB 是一种开放的标准。在 USB 上,所有 USB 设备的接口一致,连线简单。各种外设都可以用同样的标准与主机相连接,这时就有了 USB 硬盘、USB 鼠标、USB 打印机等。这就使得外设的使用非常简单,尤其是目前的操作系统均支持 USB,外设插上安装好设备驱动程序后就可以使用。

4.4 常用接口标准

接口标准是指外设接口的规范和定义,它涉及外设接口的信号线定义、传输速率、传输方向、拓扑结构、电气和机械特性等方面。接口标准的最大特点是专用性,一般情况下一种接口只连接一类设备,不能混用。接口与前边所说的总线不同,总线是一组传输信息的公用信号线,接口是将某个设备连到总线上的专用信号线。例如,PCI 总线可以连接非 PCI 接口的设备,但 PCI 接口只能连接采用 PCI 接口定义的设备。

4.4.1 并行接口

并行接口采用并行传输方式来传输数据。常见的并行接口分为 25 针接口和 36 针接口。IEEE-1284 定义了 A、B、C 三种类型的并行接口。其中 PC 使用 A 型 25 针接口,包括 17 条信号线和 8 条地线,信号线又分为 3 组,具体为 4 条控制线、5 条状态线、8 条数据线。其接口图和引脚说明分别如图 4-14 和表 4-1 所示,表中"低"表示低电平有效。

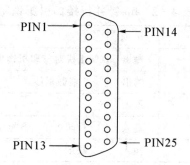

图 4-14　25 针并行接口

表 4-1　25 针并行接口引脚说明

引　脚	信号名称	方　向	功　　能
1	STROBE(低)	输出	主机对打印机输出数据的选通脉冲
2~9	D0~D7	输出	8 根数据线
10	ACK(低)	输入	数据确认信号
11	BUSY	输入	设备忙
12	PE	输入	缺纸
13	SLCT	输入	选择
14	AUTOFEEDXT(低)	输出	自动换行
15	ERROR(低)	输入	错误
16	INIT(低)	输出	初始化
17	SLCTIN(低)	输出	选择输入
18~25	GND		接地

　　打印机使用 B 型 36 针接口，又称为 Centronics 接口。其接口图和引脚说明分别如图 4-15 和表 4-2 所示。

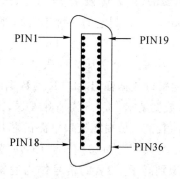

图 4-15　36 针并行接口

表 4 - 2　36 针并行接口引脚说明

引　脚	信号名称	方　向	功　　能
1	STROBE(低)	输出	主机对打印机输出数据的选通脉冲
2~9	D0 - D7	输出	8 根数据线
10	ACK(低)	输入	
11	BUSY	输入	打印机忙,不能接收新数据
12	PE	输入	缺纸
13	SLCT	输入	打印机处于联机状态,表示打印机能工作
14	AUTOFEEDXT(低)	输出	打印一行后,自动走纸
15	NC		未用
16	OV		逻辑地
17	CHASSIS - GND		机壳地
18	VC		未用
19~30	GND		对应 1~12 引脚的接地线
31	INIT(低)	输出	初始化命令(打印机复位)
32	ERROR(低)	输入	无纸、脱纸、出错指示
33	GND		地
34	NC		未用
35	+5V		电源
36	SLCTIN(低)	输入	打印机联机,允许打印机工作

4.4.2　串行接口

串行接口（Serial Interface）是指数据一位一位地顺序传送,其特点是通信线路简单,只要一对传输线就可以实现双向通信(可以直接利用电话线作为传输线),从而大大降低了成本,特别适用于远距离通信,但传送速度较慢。

1. RS232C 接口

串行口的典型代表是 RS232C 及其兼容插口,RS232C 是美国电子工业协会（Electronic Industry Association,EIA)制定的一种串行物理接口标准。一般嵌入式系统提供标准的 RS232C 接口。

RS232C 也称为 9 针串口,共有 9 个引脚,如表 4 - 3 所示。DCD 为数据载波检测,RXD 为串口数据输入,TXD 为串口数据输出,DTR 为数据终端就绪,GND 为地线,DSR 为数据发送就绪,RTS 为发送数据请求,CTS 为清除发送,RI 为铃声指示。

RS232C 接口的信号电平值较高,易损坏接口电路的芯片。RS232C 接口任何一条信号线的电压均为负逻辑关系,即:逻辑"1"为 -3 V～-15 V;逻辑"0"为 +3 V～ +15 V,噪声容限为 2 V。要求接收器能识别高于 +3V 的信号作为逻辑"0",低于 -3 V 的信号作为逻辑"1",由于 TTL 电平 5 V 为逻辑正,0 为逻辑负,故 RS232C 接口电平与 TTL 电平不兼容，需使用电平转换电路方能与 TTL 电路连接。

表 4－3 RS232C 接口定义

PIN	信号
1	DCD
2	RXD
3	TXD
4	DTR
5	GND
6	DSR
7	RTS
8	CTS
9	RI

RS232C 传输速率较低，在异步传输时，比特率为 20 kbp/s。接口使用一根信号线和一根信号返回线而构成共地的传输形式，这种共地传输容易产生共模干扰，所以抗噪声干扰性弱。RS232C 的传输距离有限，最大传输距离标准值为 50 英尺(15 米左右)。

2. USB 接口

USB 接口是一种常用的接口，它只有 4 根线：两根电源线和两根信号线，故信号是串行传输的，USB 接口也称为串行口。USB 接口的输出电压和电流分别是＋5 V 和 500 mA，实际上有误差，误差最大不能超过±0.2 V，所以 USB 接口的输出电压是 4.8 V～5.2 V。

图 4－16 所示的 USB 接口的 4 根线是这样分配的：1 和 4 分别为电源正、负极 GND和 VCC；D＋和 D－为数据传输线。USB 接口可以为外部设备提供＋5 V/500 mA 的电源，供低功耗 USB 设备如 USB 键盘、USB 鼠标、优盘等使用。但高功耗的 USB 设备如扫描仪等仍需自带电源。USB 还采用 APM(Advanced Power Management)技术，可以有效地节省电源功耗。

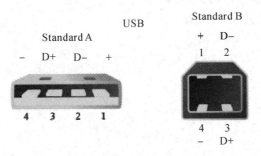

图 4－16 USB 接口接线

USB 接口电路的具体结构如图 4－17 所示。收发器对地电源电压为 4.75 V～5.25 V，设备吸入的最大电流值为 500 mA，D＋和 D－端不加电压。对于 USB 高速设备在 D＋端加 3.0 V～3.6 V 电压，低速反之。对于 D＋和 D－来说，无驱动时，高速模式下 $V_{D+} >$ 2.7 V，$V_{D-} <$ 0.8V，低速模式下反之；有驱动时，高速模式下 $V_{D+} >$ 2.0 V， $V_{D-} <$

2.0 V，低速模式下反之。

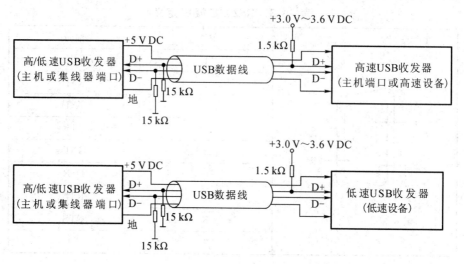

图 4-17　USB 物理接口

习　　题

1. 简述总线的功能与作用。
2. 简述总线在不同标准下的分类。
3. 说明如何评价总线性能。
4. 总线有哪些操作？分别实现哪些功能？
5. 比较集中式仲裁和分布式仲裁，说明两者的不同。
6. 简述总线握手的功能以及各种通信方式。
7. 总结并比较 PCI 与 PCI-E 总线。
8. 比较总线与接口的不同。
9. 简述常用总线接口及其应用场景。
10. 简述 USB 接口引脚的作用。

第 5 章　基于 ARM 处理器的嵌入式硬件系统设计

ARM 处理器是最流行的嵌入式处理器，它占据 75% 以上的嵌入式处理器的市场份额。本章主要以三星公司的 S3C2410 处理器为例，介绍基于 ARM 处理器的嵌入式硬件系统设计。本章需要掌握以下内容：

◇　ARM 处理器及其特点

◇　嵌入式系统硬件设计基础知识

◇　基于 S3C2410 的硬件电路设计

5.1　ARM 处理器

5.1.1　ARM 简介

目前，嵌入式微处理器的典型代表是 ARM 系列处理器，其核心是 ARM 公司设计的基于 RISC 指令集的微处理器核。ARM 系列处理器遍及汽车电子、消费电子、工业控制、海量存储、网络、安保和无线等各类产品市场。事实上，ARM 系列处理器已成为高性能、低功耗、低成本 32 位嵌入式处理器领域的霸主，它的市场份额早已超过 75%。可以说，ARM 系列处理器及其技术在嵌入式系统应用领域无处不在。

ARM 全称是 Advanced RISC Machines，即高级精简指令集计算机。现在，ARM 既是一个公司的名称，也是一类处理器及体系结构的名称，还是一种技术的名称。ARM 公司 1991 年成立于英国剑桥，该公司专门从事 32 位 RISC 微处理器核的设计开发，主要出售芯片设计技术的授权。ARM 作为微处理器核的知识产权（Intellectual Property，IP）供应商，本身不直接从事芯片生产，靠转让微处理器核的 IP 设计许可盈利，这就是 ARM 公司的 Chipless 模式。其他半导体生产商从 ARM 公司购买其设计的 ARM IP 核，根据各自不同的应用领域，加入适当的外围电路，从而形成自己的 ARM 处理器芯片。由于全球许多知名半导体公司（如美国 Intel、韩国 Samsung、中国华为等）使用 ARM 公司的授权，因此 ARM 系列处理器得到更多的第三方开发工具和软件的支持，形成 ARM 开发技术产业链。这反过来又促使更多厂商选择 ARM 系列处理器作为其开发的嵌入式系统的 CPU，提升系统的竞争力。

5.1.2　ARM 处理器的分类

ARM 处理器分为经典 ARM 处理器系列和最新的 Cortex 处理器系列，如图 5-1 所示，这两个系列目前在市场上并存。

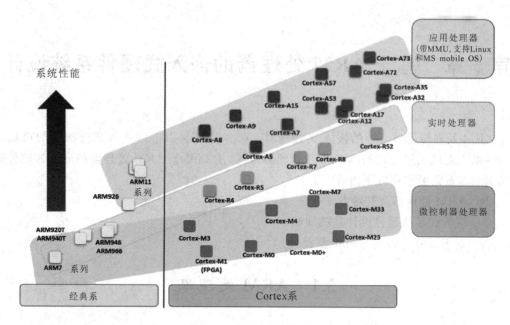

图 5 - 1　ARM 系列处理器

1. ARM 系列处理器的分类

经典 ARM 系列处理器包括 ARM7、ARM9、ARM10E 和 ARM11 等系列处理器，这些处理器采用的是 ARM 公司 2006 年以前设计的微处理器内核。

1）ARM7 微处理器系列

ARM7 微处理器 1994 年推出，是使用范围最广的 32 位嵌入式处理器系列，许多 IC 设计公司的芯片产品里面集成了 ARM7 内核。ARM7 处理器采用冯·诺依曼结构，三级流水线设计，处理能力约为 0.9 MIPS/MHz。ARM7 系列包括 ARM7TDMI、ARM7TDMI - S、ARM720T、ARM7EJ - S 等。该系列处理器提供 Thumb 16 位压缩指令集和 EmbededICE 软件调试方式，适用于集成到 SoC 中。在这个系列中，ARM7TDMI 最为流行，它基于 ARM 体系结构的 v4 版本，是目前最低端的 ARM 内核。

2）ARM9 微处理器系列

ARM9 微处理器 1998 年推出，采用哈佛体系结构，指令和数据分属不同的总线，可以并行处理。ARM9 是五级流水线，处理能力约为 1.1 MIPS/MHz，其流水线效率明显高于 ARM7。ARM9 系列包括 ARM9TDMI、ARM920T、ARM966E - S、ARM966EJ - S 等。基于 ARM9 内核的系列处理器具有低功耗、高性能的特点，因而作为一个通用的嵌入式 CPU，被广泛应用到音频技术以及高档工业级产品中。ARM9 系列处理器支持 Linux、WinCE、VxWorks 等嵌入式操作系统，可以进行界面设计，得到人性化的人机互动界面。

3）ARM10E 微处理器系列

ARM10E 系列主要有 ARM1020E、ARM1022E 和 ARM1026EJ - S 三种内核，这里面 E 代表增强型 DSP 指令，即该系列处理器提供了增强的 DSP 处理能力，很适合于那些需要同时使用 DSP 和微控制器的应用场合。ARM10E 使用 6 级流水的哈佛结构，处理能力约为 1.35 MIPS/MHz，较 ARM9 系列又有明显提升。其中 ARM1026EJ - S 为可综合处理器，它使用单一的处理器内核提供了微控制器、DSP、Java 应用的集成解决方案，极大地减少了芯片面积和系统的复杂程度。

4）ARM11 微处理器系列

ARM11 微处理器是 2002 年推出的 RISC 处理器，它是 ARMv6 指令架构的第一代设计实现。该系列主要有 ARM1136J、ARM1156T2 和 ARM1176JZ 三个内核型号。与 ARM10 系列处理器相比，ARM11 的流水线深度进一步加深，因而工作频率较 ARM10E 更高；其处理能力约为 1.2 MIPS/MHz，比 ARM10E 稍低，但总体性能明显优于 ARM10 系列处理器。ARM11 系列在媒体处理和低功耗方面进行了专门优化，特别适用于无线和消费类电子产品；其高数据吞吐量和高性能的结合非常适合网络处理应用。另外，ARM11 也可以满足汽车电子应用对实时性能和浮点处理等方面的需求。

2. Cortex 系列处理器

ARM 公司对经典处理器 ARM11 以后的产品改用 Cortex 命名，并分成 A、R 和 M 三类，旨在为各种不同的市场提供服务。Cortex 系列属于 ARMv7 架构，由于应用领域不同，基于 v7 架构的 Cortex 处理器系列所采用的技术也不相同，基于 v7A 的称为 Cortex-A 系列，基于 v7R 的称为 Cortex-R 系列，基于 v7M 的称为 Cortex-M 系列。

1）Cortex-A 系列

Cortex-A 系列也称为应用处理器（Application Processors）。它是面向移动计算、智能手机、服务器等市场的高端处理器。这类处理器运行在很高的时钟频率（超过 1 GHz），支持 Linux、Android、Windows 等完整操作系统需要的内存管理单元（MMU）。例如，在智能手机的处理器中，不论是华为的麒麟系列处理器，还是高通的骁龙系列处理器，都采用了 ARM 的 Cortex-A 内核。ARM 公司最新的 Cortex-A 内核是 2019 年发布的 Cortex-A77（截至 2019 年 12 月）。

2）Cortex-R 系列

Cortex-R 系列也称为实时处理器（Real-time Processors）。它是面向实时应用的高性能处理器系列，例如硬盘控制、汽车传动系统和无线通信的基带控制等。多数实时处理器不支持 MMU，不过通常具有内存保护单元（MPU）、Cache 和其他针对工业应用设计的存储器功能。实时处理器运行在比较高的时钟频率（200 MHz～1 GHz，目前可超过 1 GHz），响应延迟非常低。虽然实时处理器不能运行完整版本的 Linux、Windows 等操作系统，但是支持大量的实时操作系统（RTOS）。

3）Cortex-M 系列

Cortex-M 系列也称为微控制器处理器（Microcontroller Processors）。它主要面向传统嵌入式应用场合，以成本低、性能高著称。Cortex-M 系列处理器通常设计成面积很小和能效比很高，处理器的流水线很短，处理性能大致在 0.83～2.14 DMIPS/MHz 之间。同时，由于流水线短，处理器的运行频率都不高，一般在 200 MHz 以下。但是，新的 Cortex-M 系列处理器设计得非常容易使用，这使得它在单片机和深度嵌入式系统市场非常成功和受欢迎。Cortex-M 主要包括 Cortex-M0、Cortex-M1、Cortex-M3、Cortex-M4、Cortex-M7 几个系列。其中 M0 系列的处理能力最差，M7 系列的处理能力最强。

5.1.3　经典 ARM 处理器后缀含义

经典 ARM 微处理器内核按下面方式进行命名：

$$ARM \{x\}\{y\}\{z\} \{T\} \{D\} \{M\} \{I\} \{E\} \{J\} \{F\} \{-S\}$$

共 12 个字段。{x}代表处理器系列，是共享相同硬件特性的一系列处理器的具体实现，例如 ARM7TDMI、ARM740T 和 ARM720T 都属于 ARM7 系列。

{y}代表对存储管理/保护单元即 MMU/MPU 的支持。{z}代表片上存储资源，是 Cache 或 TCM(紧耦合内存，Tightly Coupled Memory)。{T}、{D}、{M}、{I}、{E}、{J}、{F}、{-S}为可选项，其含义如表 5-1 所示。

表 5-1　经典 ARM 微处理器后缀的含义

标志	含义	说　明
T	Thumb 指令集	指令长度为 16 位，为 ARM 指令集的子集
D	片上调试	通常为一个边界扫描链 JTAG，可使 CPU 进入调试模式
M	长乘法指令	32 位乘 32 得到 64 位，32 位的乘加得到 64 位
I	嵌入式跟踪宏单元	实现断点观测及变量观测的逻辑电路
E	增强型 DSP 指令	增加了 DSP 算法处理器指令：16 位乘加指令、饱和的带符号数的加减法指令、双字数据操作指令、Cache 预取指令
J	Java 加速器	采用 Jazelle 技术，提高 Java 代码的运行速度
F	向量浮点单元 VFP	支持浮点计算
S	可综合	可综合的软核，提供 VHDL 或 Verilog 语言设计文件

ARM7TDMI 之后的 ARM 内核，即使"ARM"标志后没有包含"TDMI"字符，也都默认包含了 TDMI 的功能特性。

T、M、E 和 J 代表所支持的扩展指令，具体解释如下。

1. Thumb 指令集(T 变种)

Thumb 指令集是将 ARM 指令集的一个子集重新编码而形成的。ARM 指令长度为 32 位，Thumb 指令长度为 16 位。这样，使用 Thumb 指令集可以得到密度高的代码，这对于需要严格控制产品成本的设计是非常有意义的。在 ARMv7T 指令体系中，引入 Thumb-2 技术，其实质是编译器自动选择是采用 32 位的 ARM 指令，还是 16 位的 Thumb 指令。

2. 长乘法指令(M 变种)

对于支持长乘法 ARM 指令的 ARM 体系版本，使用字符 M 来表示。M 变种增加了两条用于进行长乘法操作的 ARM 指令。其中一条指令用于实现 32 位整数乘以 32 位整数，生成 64 位整数的长乘法操作；另一条指令用于实现 32 位整数乘以 32 位整数，然后再加上 32 位整数，生成 64 位整数的长乘加操作。在需要这种长乘法的应用场合，使用 M 变种比较合适。然而，在有些应用场合中，乘法操作的性能并不重要，但对于尺寸要求很苛刻，在系统实现时就不适合增加 M 变种的功能。

3. 增强型 DSP 指令(E 变种)

E 变种主要包括几条新的实现 16 位数据乘法和乘加操作的指令,以及实现饱和的带符号数的加减法操作的指令。所谓饱和的带符号数的加减法操作,是指在加减法操作溢出时使用最大的整数或最小的负数来表示。E 变种还增加了双字数据操作的指令,包括双字读取指令 LDRD、双字写入指令 STRD 和协处理器的寄存器传输指令 MCRR/MRRC,以及 Cache 预取指令 PLD。这些指令用于增强处理器对一些典型的 DSP 算法的处理性能。

4. Java 加速器(J 变种)

ARM 的 Jazelle 技术将 Java 的优势和先进的 32 位 RISC 芯片完美地结合在一起。Jazelle 技术提供了 Java 的加速功能,可以得到比普通 Java 虚拟机高得多的性能。与普通的 Java 虚拟机相比,Jazelle 使 Java 代码运行速度提高 8 倍,而功耗降低 80%。

5.1.4　ARM 处理器工作状态及运行模式

1. ARM 处理器的工作状态

ARM 处理器有 ARM 和 Thumb 两种工作状态。具体来说,当 ARM 处理器执行 32 位的 ARM 指令集时,工作在 ARM 状态;当 ARM 处理器执行 16 位的 Thumb 指令集时,工作在 Thumb 状态。在程序的执行过程中,处理器可以通过执行"BX Rn"指令在两种工作状态之间切换,并且处理器工作状态的转变并不影响处理器的工作模式和相应寄存器中的内容。

ARM 状态切换为 Thumb 状态:当 Rn 寄存器最低位为 1 时,可以使处理器从 ARM 状态切换到 Thumb 状态。

Thumb 状态切换为 ARM 状态:当 Rn 寄存器最低位为 0 时,可以使处理器从 Thumb 状态切换到 ARM 状态。

当处理器处于 Thumb 状态发生异常时(如 IRQ、FIQ、UND、ABT、SWI 等),进入 ARM 状态,当异常处理返回时,自动切换到 Thumb 状态。

无论 ARM 处理器工作在哪种状态,其支持的数据类型一样,都为 32 位的字、16 位的半字、8 位的字节。

2. ARM 处理器的运行模式

ARM 处理器共有 7 种运行模式,如表 5-2 所示。

表 5-2　ARM 处理器的 7 种运行模式

处理器模式	描　　述
用户模式 USR	正常应用程序执行时所在的模式
快速中断模式 FIQ	用于高速数据传输或通道处理和快速中断服务程序执行的场合
外部中断模式 IRQ	用于通用的中断处理场合
管理模式 SVE	供操作系统使用的一种保护模式
数据访问终止模式 ABT	当数据访问终止时进入该模式,可用于虚拟存储及存储保护
系统模式 SYS	用于运行具有特权的操作系统任务
未定义指令终止模式 UND	用于处理没有定义的指令,可在该模式中用软件来模拟硬件功能,比如浮点运算

　　ARM 处理器的 7 种运行模式中,除了用户模式之外的其他 6 种都称为特权模式
(Privileged Modes)。在特权模式下,程序可以访问所有的系统资源,也可以任意地进行处
理器模式的切换。特权模式中,除系统模式外,其他 5 种特权模式又称为异常模式。

　　处理器模式可以通过软件控制进行切换,也可以通过外部中断或异常处理过程进行切
换。用户的应用程序一般运行在用户模式下,此时应用程序不能够访问一些受操作系统保
护的系统资源。此外,应用程序也不能直接进行处理器模式的切换。当需要进行处理器模
式切换时,应用程序可以通过执行 SWI 软件中断指令,主动调用异常处理过程,然后在异
常处理过程中进行处理器模式的切换;也可以通过异常中断,使得处理器被动进入相应的
异常模式。在每一种异常模式中都有一组寄存器,供相应的异常处理程序使用,这样就可
以保证在进入异常模式时,用户模式下的部分寄存器不被破坏。

　　系统模式并不是通过异常过程进入的,它和用户模式具有完全一样的寄存器。但是系
统模式属于特权模式,可以访问所有的系统资源,也可以直接进行处理器模式的切换。系
统模式主要供操作系统任务使用。通常操作系统的任务需要访问所有的系统资源,同时该
任务仍然使用用户模式的寄存器组,而不是使用异常模式下相应的寄存器组。

5.1.5　ARM 处理器支持的异常/中断

　　ARM 处理器中不区分异常(Exceptions)或中断(Interruptions),其处理方式完全一
样,它总共支持 7 种异常/中断,具体解释如下。

　　(1) 复位(Reset)。当处理器的复位引脚有效时,系统产生复位异常,此时开始从复位
异常入口处取指令执行。复位异常通常在系统加电或系统复位时发生,此时称为硬复位。
若异常响应程序主动跳转到复位中断向量处执行,则称为软复位。

　　(2) 未定义指令(Undefinded Instruction)。当 ARM 处理器或协处理器认为当前指令未定
义时,产生未定义的指令异常。可以通过使用该异常机制进行软件仿真的扩展指令运算。

　　(3) 软件中断(Software Interrupt,SWI)。这是一个用户可控的中断指令,可用于用户
模式下的程序调用特权操作指令,即实现应用程序调用操作系统提供的功能。

　　(4) 指令预取终止(Prefech Abort)。如果处理器预取指令的地址不存在或该地址不允许
当前指令访问,则存储器会向处理器发出终止信号,实际的异常在流水线解码阶段发生。

　　(5) 数据终止(Data Abort)。如果处理器数据访问指令的地址不存在或该地址不允许
当前指令访问,则处理器会产生数据终止异常。

　　(6) 外部中断请求(IRQ)。当处理器的外部中断请求引脚有效,且处理器的状态寄存器
中的 I 位为 0 时,处理器产生外部中断请求异常。系统的外设可通过该异常请求中断服务。

　　(7) 快速中断请求(FIQ)。当处理器的快速中断请求引脚有效,且处理器的状态寄存
器中的 F 位为 0 时,处理器产生快速中断请求异常。

　　当异常发生时,ARM 处理器中断正常的指令执行,然后自动将程序计数器更新为异
常向量表中的异常入口地址。每个异常类型对应正常地址和高地址两个地址,默认是正常
地址。如果经过配置使用高位的异常向量,就会使用高地址作为异常处理的入口地址。具
体的 ARM 处理器的异常向量如表 5-3 所示。从表 5-3 中可以看到,异常入口地址是连
续的,每个入口仅能存放一条 ARM 指令。因此,在异常入口地址处实际上存放的是一条
跳转指令,执行该指令就会跳转到真正的相应的 ARM 异常处理程序。

表 5 - 3　ARM 处理器异常向量

异常/中断	缩写	正常地址	高地址
复位	RESET	0x00000000	0xFFFF0000
未定义指令	UNDEF	0x00000004	0xFFFF0004
软件中断	SWI	0x00000008	0xFFFF0008
终止(预取指令)	PABT	0x0000000C	0xFFFF000C
终止(数据)	DABT	0x00000010	0xFFFF0010
保留	—	0x00000014	0xFFFF0014
外部中断请求	IRQ	0x00000018	0xFFFF0018
快速中断请求	FIQ	0x0000001C	0xFFFF001C

5.1.6　ARM 处理器的寄存器

ARM 处理器共有 37 个 32 位的物理寄存器,粗分为 32 个通用寄存器和 6 个状态寄存器。但是,这 37 个寄存器不能被同时访问,具体哪些寄存器是可编程访问的,取决于处理器的工作状态及具体的运行模式。

1. ARM 状态下可访问的寄存器

在 ARM 状态下的任意时刻,任意处理器模式下可见的寄存器包括 16 个通用寄存器(R0～R15)、1 个或 2 个状态寄存器,如表 5 - 4 所示。这里面,R15 寄存器也称为程序计数器 PC(Progam Counter),它用来指向待取指指令的地址。CPSR、SPSR 分别称为当前状态寄存器和备份状态寄存器。

表 5 - 4　ARM 状态下各处理器模式可访问的寄存器

USR 与 SYS	SVE	ABT	UND	IRQ	FIQ
R0	R0	R0	R0	R0	R0
R1	R1	R1	R1	R1	R1
R2	R2	R2	R2	R2	R2
R3	R3	R3	R3	R3	R3
R4	R4	R4	R4	R4	R4
R5	R5	R5	R5	R5	R5
R6	R6	R6	R6	R6	R6
R7	R7	R7	R7	R7	R7
R8	R8	R8	R8	R8	R8_fiq
R9	R9	R9	R9	R9	R9_fiq
R10	R10	R10	R10	R10	R10_fiq

USR 与 SYS	SVE	ABT	UND	IRQ	FIQ
R11	R11	R11	R11	R11	R11_fiq
R12	R12	R12	R12	R12	R12_fiq
R13	R13_svc	R13_abt	R13_und	R13_irq	R13_fiq
R14	R14_svc	R14_abt	R14_und	R14_irq	R14_fiq
R15	R15	R15	R15	R15	R15
CPSR	CPSR	CPSR	CPSR	CPSR	CPSR
	SPSR_svc	SPSR_abt	SPSR_und	SPSR_irq	SPSR_fiq

2. Thumb 状态下可访问的寄存器

Thumb 状态下的寄存器集是 ARM 状态下寄存器集的一个子集，任意处理器模式下可以直接访问 8 个通用寄存器 R0～R7、PC、SP、LR 和 CPSR，如表 5 - 5 所示。这里面 SP、LR 和 PC 寄存器分别与 ARM 状态下的 R13、R14 和 R15 寄存器对应，作用也一样。

表 5 - 5　Thumb 状态下各处理器模式可访问的寄存器

USR 与 SYS	SVE	ABT	UND	IRQ	FIQ
R0	R0	R0	R0	R0	R0
R1	R1	R1	R1	R1	R1
R2	R2	R2	R2	R2	R2
R3	R3	R3	R3	R3	R3
R4	R4	R4	R4	R4	R4
R5	R5	R5	R5	R5	R5
R6	R6	R6	R6	R6	R6
R7	R7	R7	R7	R7	R7
SP	SP_svc	SP_abt	SP_und	SP_irq	SP_fiq
LR	LR_svc	LR_abt	LR_und	LR_irq	LR_fiq
PC	PC	PC	PC	PC	PC
CPSR	CPSR	CPSR	CPSR	CPSR	CPSR
	SPSR_svc	SPSR_abt	SPSR_und	SPSR_irq	SPSR_fiq

3. 通用寄存器分类

1）未备份通用寄存器

如表 5 - 4 和表 5 - 5 所示，在所有的通用寄存器中，无论处理器处于哪种模式，访问 R0～R7 寄存器时都访问的是同一个物理寄存器。因此，这 8 个寄存器是真正意义上的通用寄存器。在异常或中断造成处理器模式切换时，由于不同的处理器模式使用相同的物理寄存器，可能造成寄存器中数据被破坏，所以在中断或者异常处理程序中一般都需要对这几个寄存器进行保存。未备份通用寄存器没有被系统用于特别的用途，任何采用通用寄存器的场合都可以使用这些寄存器。

2）备份通用寄存器

如表 5-4 和表 5-5 所示，在所有的通用寄存器中，有些寄存器在不同的处理器模式下对应的是不同的物理寄存器，如 R8～R14 寄存器，这些寄存器称为备份通用寄存器，其相应的异常模式下的物理寄存器称为影子寄存器。

对于备份通用寄存器 R8～R12 来说，每个寄存器在 FIQ 模式下都有对应的影子寄存器。例如，当指令中用到 R8～R12，若处理器在 FIQ 模式下，则访问 R8_irq～R12_irq 这些物理寄存器；否则，都是访问 R8～R12 寄存器。这说明，FIQ 模式下的 R8～R12 与其他模式下的 R8～R12 是不同的。这样设计的目的在于加速 ARM 处理器响应快速中断或高速数据传输的能力，此时 FIQ 处理程序可以直接使用 R8～R12，而不需要进行现场保护以及恢复现场，使得中断处理过程非常迅速。

对于备份通用寄存器 R13 和 R14 来说，每个寄存器对应 6 个不同的物理寄存器，包括用户模式和系统模式下的同一个寄存器，以及其他 5 种处理器模式下的 5 个寄存器。通常采用_<mode>记号来区分不同的物理寄存器，如 R13_<mode>。其中<mode>可以是下面几种模式之一：usr、svc、abt、und、irq 及 fiq。

通用寄存器 R13 在 ARM 中常用作堆栈指针，即指向堆栈的栈顶地址。在 ARM 汇编编程中，这是一种习惯的用法，硬件并没有强制性地使用 R13 作为堆栈指针，用户也可以使用其他的寄存器作为堆栈指针；但在 Thumb 指令集中，有一些指令强制性地使用 R13 作为堆栈指针。每一种异常模式拥有自己的物理 R13，使得每种异常模式都有自己专有的堆栈，避免异常处理程序破坏其他程序的现场。

通用寄存器 R14 又被称为链接寄存器(Link Register，LR)，这是 ARM 处理器在内部电路中已经规定好的，在 ARM 汇编编程时必须遵守。每种处理器模式都有 R14 的影子寄存器，存放当前子程序的返回地址。BL 或 BLX 指令调用子程序时，ARM 处理器硬件会自动将相应模式下的 R14 设置成该子程序的返回地址。在子程序中，当把 R14 的值复制到程序计数器(PC)中时，完成子程序返回。当然，R14 也可以作为通用寄存器使用，但一定要小心，避免冲掉子程序的返回地址。

3）程序计数器(PC)

前面说过，PC 在 ARM 处理器中是有专门用途的，用来指向待取指指令的地址。PC 虽然可以作为一般的通用寄存器进行读写，但所有对它的操作都不应该改变它的用途。因此，如果修改 PC 的值，其实就是改变 ARM 处理器取指的地址。正常程序是顺序执行，因此每执行一条 ARM 指令，PC 值加 4；每执行一条 Thumb 指令，PC 值加 2。当程序跳转时，PC 的值与上一个时刻的值就不再是加 4 或加 2 的关系。此外，在 ARM9 处理器中，由于其采用的是 5 级流水机制，在 ARM 状态下，处于执行阶段的指令地址与取指阶段的指令地址相差两条指令，故 PC 值差 8，这一点在分析某些 ARM 汇编指令的执行结果时非常重要。

4. ARM 程序状态寄存器

程序状态寄存器包括 1 个当前程序状态寄存器(CPSR)和 5 个备份状态寄存器(SPSR)。CPSR 无影子寄存器，在任何处理器模式下访问都是同一个物理寄存器，SPSR

在不同异常模式下访问的是不同的物理寄存器。当特定的异常中断发生时，该模式下的 SPSR 用于存放 CPSR 的内容，以进行程序现场保护。在异常中断服务程序退出时，需要用该异常模式下的 SPSR 的值来恢复 CPSR，以进行程序现场还原。

CPSR 和 SPSR 数据格式相同，如图 5-2 所示，包括条件标志位、中断禁止位、当前处理器模式标志以及其他一些相关的控制和状态位。

31	30	29	28	27	26…8	7	6	5	4	3	2	1	0
N	Z	C	V	Q	保留位	I	F	T	M4	M3	M2	M1	M0

图 5-2　ARM 状态寄存器数据格式

1）条件标志位

N(Negative)、Z(Zero)、C(Carry) 及 V(oVerflow) 统称为标志位。大部分的 ARM 指令可以根据 CPSR 中的这些条件标志位来选择性地执行。各条件标志位的具体含义如表 5-6 所示。

表 5-6　状态寄存器中各条件标志位的具体含义

标志位	含　　义
N	本位设置成当前指令运算结果的 bit[31] 的值。当两个补码表示有符号整数运算时，N=1 表示运算的结果为负数；N=0 表示运算的结果为正数或零
Z	Z=1 表示运算的结果为零；Z=0 表示运算的结果不为零；对于 CMP 指令，Z=1 表示进行比较的两个数大小相等
C	下面分四种情况讨论 C 的设置方法： （1）在加法指令中（包括比较指令 CMN），当结果产生了进位，则 C=1，表示无符号数运算发生了溢出；其他情况下 C=0。 （2）在减法指令中（包括比较指令 CMP），当运算中发生了借位，则 C=0，表示无符号数运算下溢出；其他情况下 C=1。 （3）对于包含移位操作的非加/减运算指令，C 中包含最后一次被溢出的位的数值 （4）对于其他非加/减运算指令，C 位的值通常不受影响
V	对于加/减法运算指令，当操作数和运算结果为二进制的补码表示的带符号数时，V=1 表示符号位溢出。通常其他的指令不影响 V 位，具体可参考各指令的说明

2）Q 标志位

在采用 ARMv5 及以上指令版本的 E 系列处理器中，状态寄存器的 bit[27] 称为 Q 标志位，主要用于指示增强的 DSP 指令是否发生了饱和溢出。所谓饱和溢出，指在进行数据运算时，数据结果超出了处理器表示范围，而强制性的限定在最大值和最小值之间。

以 4 比特的补码运算为例，两个二进制数 0111 和 0001 相加，如果没有饱和，则结果为 1000，此时符号位发生反转，造成两个正数相加，结果成了负数；如果有饱和，则结果仍然为 0111，此时就称为饱和溢出。

在 ARMv5 以前的指令版本及不支持 E 变种的系列处理器中，Q 标志位没有被定义。

3）控制位

CPSR 的低 8 位 I、F、T 及 M[4:0] 统称为控制位。当异常中断发生时这些位发生变化。

在特权模式下，软件可以修改这些控制位。各控制位的含义如表 5 - 7 所示。

表 5 - 7　状态寄存器控制位的具体含义

控制位	含　义		
I	I=1，表示禁止 IRQ 中断；否则，表示允许 IRQ 中断		
F	F=1，表示禁止 FIQ 中断；否则，表示允许 FIQ 中断		
T	对于 ARMv4 以上指令版本的 T 系列处理器，T=0，表示处理器处于 ARM 状态，执行 ARM 指令；否则处于 Thumb 状态，表示执行 Thumb 指令		
M[4:0]	M[4:0]	处理器工作模式	ARM 状态下可访问的寄存器
	10000	用户模式	PC，R0～R14，CPSR
	10001	快速中断模式	PC，R0～R7，R8_fiq～R14_fiq，CPSR，SPSR_fiq
	10010	外部中断模式	PC，R0～R12，R13_irq～R14_irq，CPSR，SPSR_irq
	10011	管理模式	PC，R0～R12，R13_svc～R14_svc，CPSR，SPSR_svc
	10111	终止模式	PC，R0～R12，R13_abt～R14_abt，CPSR，SPSR_abt
	11011	未定义指令模式	PC，R0～R12，R13_und～R14_und，CPSR，SPSR_und
	11111	系统模式	PC，R0～R14，CPSR

5.2　硬件系统设计基础

嵌入式系统通常是针对某个特定应用而设计的专用系统，不是类似于个人电脑那样的通用系统。因此，对于嵌入式系统的设计，通常需要根据应用的需求来定，做到好用、够用即可。在满足特定应用需求的基础上，无需像通用系统那样去追求更高的速度或更多的功能。

5.2.1　ARM 芯片选型原则

目前嵌入式处理器的型号众多，尤其以 ARM 处理器为甚。在决定以 ARM 为基础来开发嵌入式系统时，首要的任务就是要选择一款合适的 ARM 处理器。以下几点是在选择 ARM 处理器时需要考虑的问题。

1. 处理器性能

对于具有相同指令体系结构的处理器来说，工作频率是衡量处理器性能高低的重要指标。虽然嵌入式硬件设计并不要求处理器的性能越高越好，但处理器性能也要满足应用实时性或者快速响应时间的要求，即要在规定的时间内完成指定的工作。因此，必须对具体应用的性能需求进行评估，然后根据评估结果选择合适的 ARM 芯片。ARM 系列处理器的典型工作频率和每 MHz 处理能力如表 5 - 8 所示。经典 ARM 同系列处理器的每 MHz 处理性能接近，Cortex 三个系列每个系列的处理器的每 MHz 处理性能、工作频率差距较大。根据处理器的工作频率和每 MHz 处理性能，就可以大致估算处理器性能。表 5 - 8 中，MIPS 是每秒百万指令数（Million Instructions Per Second），DMIPS 是 Dhrystone MIPS，即利用 Dhrystone 整数运算测试程序衡量处理器每秒钟能执行的百万指令数。处理器的 MIPS/DMIPS 指标越高，说明此处理器的性能越好。

表 5-8　ARM 系列处理器性能

系　　列	典型性能	典型工作频率/MHz
ARM7	0.9 MIPS/MHz	20~133
ARM9	1.1 MIPS/MHz	100~266
ARM10E	1.35 MIPS/MHz	300
ARM11	1.2 MIPS/MHz	500~800
Cortex-M	0.8~2.2 DMIPS/MHz	20~200
Cortex-R	1.5~2.5 DMIPS/MHz	200~1000
Cortex-A	1.5~5.5 DMIPS/MHz	1000~3000

2. 操作系统支持

一些大型操作系统(如 Linux、Android 等)需要 MMU(内存管理单元)的支持才可正常运行，所以在使用这些操作系统时，所选的 ARM 处理器应当含有 MMU。例如基于 ARM720T、ARM920T、ARM922T、ARM946T、Strong-ARM 等内核的处理器具有 MMU，可以为那些需要 MMU 的操作系统正常运行提供一个必要条件；基于 ARM720TDMI 核的处理器不具有 MMU，那么在采用的操作系统需要 MMU 支持的条件下，该类处理器在选型时就应被排除在外。有些精简的嵌入式实时操作系统(RTOS)不需要完整的 MMU 支持，ARM 系列处理器设计了一个称作 MPU(内存保护单元)的部件，用来支持精简的 RTOS。

3. 功耗

一些电源受限的应用场合(如手持设备)对于器件的功耗是非常敏感的。一方面功耗与处理器的性能有关，性能越高，通常功耗也越高；另一方面，功耗与处理器所采用的节能技术有关，芯片可以通过先进的电源管理技术降低能耗。处理器芯片一般都会给出正常工作时每 MHz 需要的电流大小，根据此指标和处理器的工作频率就可以大致估算出处理器的功耗。

4. 外围接口及其他扩展功能

处理器通常需要通过各种接口与其他外设连接，才能组成一套完整的系统。目前的 ARM 处理器通常是以 SoC(片上系统)的形式出现，尤其是面向深度嵌入式应用开发的处理器芯片，如 ARM7、Cortex-M 系列处理器，其片上除了 ARM 微处理器内核外，还包括其他的系统资源。如 ADC、DAC、各种接口和片上存储等。这样，对于片内已有的资源(接口等)，用户就可以直接拿来用，而无需再自行设计，极大地方便了产品的开发，对于产品的小型化设计也起到了很大的作用。另外，一些处理器本身就是根据特定的应用(例如视频编解码、网络应用等)而设计的，针对这些应用做了很多优化，所以在符合应用要求的时候，可优先考虑采用这类专用处理器。

5. 其他因素

对于实际的产品，还应考虑处理器的应用场合（如民用、工业、军事等）、工作条件（如工作温度、湿度等）、机械尺寸、封装形式、价格等。以价格为例，性价比是嵌入式系统永远追求的目标，因而作为嵌入式硬件系统核心的处理器的价格无疑也是芯片选型时要认真考虑的。一般而言，芯片价格取决于芯片性能和芯片在市场上的量。性能相同或接近时，芯片的市场占有率越高，芯片的价格就越便宜。

5.2.2 存储芯片选型原则

1. 存储器类型

在扩展嵌入式系统的存储资源时，首先需要确定需要的存储器类型，这可以依据表5－9总结的常用存储器的特性进行选择。

表 5－9 常用存储器及特点

类型	名 称	特 点
ROM	只读存储器	非易失性存储器，常用于存储少量不能更改的关键代码或数据
NAND FLASH	基于 NAND 技术的闪存	非易失性存储器，常用于嵌入式系统的外存，用于存储普通的代码和数据，一般不能片上执行
NOR FLASH	基于 NOR 技术的闪存	非易失性存储器，常用于存储嵌入式系统的启动代码，可以片上执行，单位容量成本高于 NAND 闪存
SRAM	静态随机访问存储器	易失性存储器，常用于嵌入式系统的内存，性能好，但单位容量成本高，与处理器连接简单
DRAM	动态随机访问存储器	易失性存储器，常用于嵌入式系统的内存，性能比 SRAM 差，但单位容量成本低，与处理器连接复杂

2. 存储器型号

确定好存储芯片的类型后，要根据所选处理器的要求选择合适的存储器型号。主要考察存储芯片接口、位宽与所选处理器芯片是否匹配，存储器的存储带宽是否满足应用需求等。此外，存储器芯片的供电电压与选择的处理器芯片的电压是否一致也需要考虑。

3. 其他

对于实际的产品，与处理芯片一样，还应考虑存储器芯片的应用场合（如民用、工业、军事等）、工作条件（如工作温度、湿度等），机械尺寸、封装形式、价格等。

5.2.3 电路原理图检查

硬件电路原理图设计好后，一般要对照下面的检查原则逐条进行检查，确保原理图正确。

1. 检查芯片的封装

这里指自己设计的芯片封装。检查要点包括：第一，芯片封装大小与实际芯片大小是否一致；第二，芯片引脚顺序是否与实际芯片的引脚顺序一致。如果出现芯片封装错误，轻者需要跳线，严重者必须重新制板。

2. 检查电气规则

在电路原理图设计过程中，对其进行编译即电气规则检查(ERC)是非常重要的一个步骤。这是因为原理图中的连线、元件的引脚都有实际的电气意义，在使用中必须遵守一定的规则，这个规则就是电气规则。

3. 检查所有的网络节点是否都连接正确

一般容易出现的错误有：

(1) 两个应该相连接的网络节点，不小心把标号标得不一致，造成两个引脚最终没有连接在一起；

(2) 有的网络节点只标出一个，另外一个忘记标出；

(3) 同一个网络节点标号有多个地方重复使用，导致它们全部连接到一起，而实际不应该连接在一起。

4. 检查芯片的引脚连接

对每个芯片的每个引脚，要逐一确认引脚连接正确。对于不需要的引脚，应该根据芯片数据手册(Datasheet)的指令进行处理。尤其是输入引脚，建议不要悬空，要么接电源，要么接地。

5. 检测所有的外接电容、电感、电阻的取值是否有根据

在设计电路原理图时，时常不清楚某些外围电阻、电容、电感怎么取值，建议不要随意取值。一般而言，芯片外围电路的电阻、电容、电感的取值在芯片的 Datasheet 上都有说明，甚至直接给出带取值的典型参考电路。当然，有些可能给出的是电阻、电容、电感的计算公式，这就需要根据实际电路进行计算。偶尔实在找不到依据的，可以在网上参考他人的设计案例或者典型连接。

6. 检查所有芯片供电端是否加了电容滤波

电源端的电容滤波对保证电路可靠工作非常重要。一般情况下，芯片电源输入端都会有一些纹波，为了防止这些纹波对芯片的逻辑造成不利的影响，往往需要在芯片电源端旁边加上一些 $0.1~\mu F$ 的电容，起到滤除纹波的效果。检查电路原理图时，要确认是否在所有芯片供电端加了滤波电容。

7. 检测系统所有的接口电路

接口电路一般包括系统的输入和输出，需要检查输入是否有应有的保护等，输出是否有足够的驱动能力等。输入保护一般有反冲电流保护、光耦隔离、过压保护等。输出驱动能力不足的需要加一些上拉电阻提高驱动能力。

8. 检查各个芯片是否有上电、复位的先后顺序要求

若有要求，则需要设计相应的时延电路。例如，DM6467 芯片就对上电次序有要求，必须先给 1.2 V 电源端供电，然后给 1.8 V 电源端供电，最后给 3.3 V 电源端供电。这时，必须要保证电路原理图满足芯片的上电、复位次序要求。

9. 检查原理图中的地

在模数混合的电路原理图设计中，特别要注意将数字部分和模拟部分隔离开，减小双方之间的干扰。一般处理模拟信号的芯片有传感器芯片、模拟信号采集芯片、A/D 转换芯片、功放芯片、载波芯片、D/A 转换芯片、模拟信号输出芯片等，往往只有当系统中存在这些处理模拟信号的芯片或者电路时才会涉及模拟地和数字地。芯片接地脚该连接模拟地还是数字地应该根据其 Datasheet 的要求进行连接。数字地和模拟地不可能完全隔离开，一般采用 0Ω 的电阻、磁珠或电感连接。

5.2.4　最小硬件系统设计

通用计算机系统的硬件功能模块固定、体积大小固定、外部接口规范、功耗控制简单。例如，通用计算机一般包括显示屏、主机箱、键盘鼠标；进一步，主机箱内有电源、主板、硬盘、内存、CPU 等。接口方面，通用计算机系统一般包括串口、显示器接口、网口、USB 口等。

和通用计算机系统的硬件相比，嵌入式计算机系统的硬件模块、体积没有固定规范，也没有统一的必须要提供的接口。此外，对于电池供电的嵌入式计算机系统，其功耗控制甚至比通用计算机系统更加复杂。虽然嵌入式计算机系统的硬件无固定规范，但根据嵌入式系统的应用特点，可以抽象出图 5-3 所示的硬件模块结构示意图。

嵌入式系统的最小硬件系统指可以使处理器运转起来的最简单的硬件系统。最小系统是构建嵌入式系统的第一步，保证嵌入式处理器可以运行，然后才可以逐步增加系统的功能，如外围硬件扩展、软件及程序设计、操作系统移植、增加各种接口等，最终形成符合需求的完整系统。

图 5-4 所示的嵌入式最小硬件系统包含了使处理器能够工作所必需的功能模块。对于任何一个嵌入式系统来说，CPU 都是整个系统的核心，这是因为整个系统是通过 CPU 执行指令来工作的。由于指令和数据都必须要放入一定的存储空间内，CPU 运行的时候也需要空间来存储临时的数据，因此存储器系统必不可少。CPU 运行时需要时钟驱动，因此需要时钟系统为各个模块提供时钟信号。电源是为整个系统提供能源的部件，在嵌入式系统中一般使用直流电源甚至直接用电池供电。复位系统保证整个系统进入一个预设的初始状态，是系统可靠工作的基础。调试接口用于软件程序调试，在系统开发初期是必不可少的；产品开发完成后，调试接口模块可以根据需要进行裁剪。

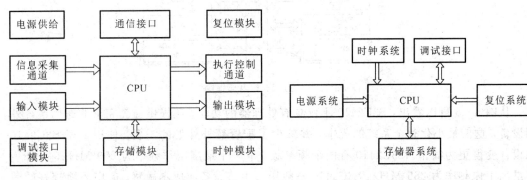

图 5-3　嵌入式系统硬件体系结构　　　　　图 5-4　嵌入式最小硬件系统

5.3　ARM9 处理器 S3C2410

5.3.1　S3C2410 简介

S3C2410 处理器是韩国三星公司设计的基于 ARM920T 内核的 32 位 RISC 处理器,该芯片是低功耗、高性能的嵌入式 CPU 的代表。图 5-5 是 S3C2410 的内部框图,主要模块包括核心处理模块、AHB 及高速设备、APB 及低速设备、系统控制模块(时钟、复位、JTAG 等)。

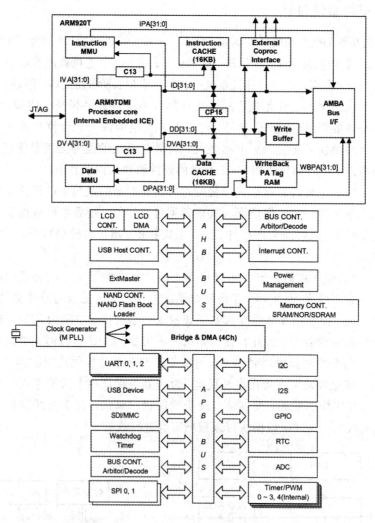

图 5-5　S3C2410 内部框图

从图 5-5 可以看出,S3C2410 不仅具有处理器的功能,还提供一套完整的通用系统外围设备,这能最小化整个系统的成本,并减少了配置额外外设的需要,使得基于 S3C2410 的设计变得更为简单。S3C2410 有两个频率版本,一个最高工作频率为 200 MHz,另外一个最高工作频率为 266 MHz。S3C2410 一般用于手持设备或成本敏感、应用环境较好的消费类电子产品。

S3C2410 采用 272 脚的细间距球栅阵列(Fine - Pitch Ball Grid Array，FBGA)封装，大小为 14 mm×14 mm，如图 5-6 所示；采用 0.18 μm CMOS 标准宏单元和存储器单元工艺生产。实物芯片如图 5-7 所示。

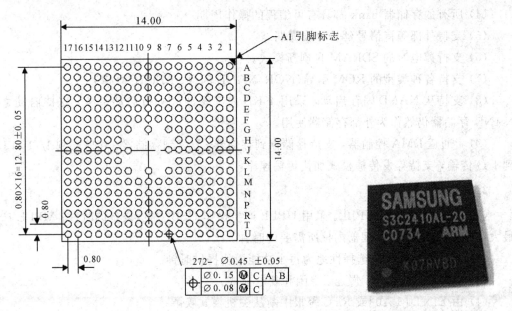

　图 5-6　S3C2410 引脚分配及尺寸图(272-FBGA)　　　　　图 5-7　S3C2410 芯片实物图

5.3.2　S3C2410 结构特点

S3C2410 结构特点如下：

(1) 为手持设备和通用嵌入式应用提供片上集成系统。

(2) 16/32 位 RISC 体系结构和 ARM920T 内核强大的指令集。

(3) 核心处理模块由 ARM920T 内核、MMU、Cache、协处理接口和写缓冲等组成。

(4) 增强 ARM 体系内存管理单元，支持 WinCE，VxWorks 和 Linux 等大型操作系统。

(5) 独立的 16 KB 指令 Cache、16 KB 数据 Cache 和写缓冲，提升系统的存储访问性能。

(6) ARM920T CPU 内核支持 ARM 调试体系结构。

(7) 内部高级微控制器总线体系结构(AMBA)(AMBA2.0，AHB/APB)。

(8) 接口方面：3 路 UART、4 路 DMA、4 路带 PWM 的 Timer、117 个 GPIO、RTC、8 路 10 位 ADC、Touch Screen 接口、I^2C 总线接口、I^2S 总线接口、2 个 USB 主机、1 个 USB 设备、SD 主机和 MMC 接口、2 路 SPI。

5.3.3　S3C2410 各模块的主要功能

1. 存储管理

(1) 支持大/小端(通过软件选择)。

（2）寻址空间是每 bank 为 128 MB（总共 1 GB，有 8 个 bank）。

（3）8 个存储器 bank：其中 6 个适用于 ROM、SRAM 等，另外两个适用于 ROM、SRAM 和同步 DRAM。

（4）所有的存储器 bank 都具有可编程的操作周期。

（5）支持外部等待信号延长总线周期。

（6）支持掉电时的 SDRAM 自刷新模式。

（7）支持各种类型的 ROM 引导（NOR/NAND 闪存、EEPROM 等）。

（8）支持从 NAND 闪存启动，采用 4 KB 内部缓冲区进行启动引导，支持启动之后 NAND 存储器仍然作为外部存储器使用。

（9）4 通道 DMA 控制器，支持存储器到存储器、I/O 到存储器、存储器到 I/O 和 I/O 到 I/O 传输，支持猝发传输模式加快传输速率。

2. 时钟和电源管理器

（1）片上 MPLL 和 UPLL。采用 UPLL 产生操作 USB 主机/设备的时钟；MPLL 产生最大 266 MHz 操作微处理器内核所需要的时钟。

（2）通过软件可以有选择性地为每个功能模块提供时钟。

（3）电源模式：正常、慢速、空闲和断电模式。

（4）由 EINT [15:0]或 RTC 警报中断从关机模式唤醒。

（5）4 通道 16 位具有 PWM 功能的定时器，1 通道 16 位内部定时器，可基于 DMA 或中断工作。

（6）RTC（实时时钟），完整的时钟功能：秒、分钟、小时、日、月和年，32.768 kHz 工作，具有报警中断等。

3. 中断控制器与 I/O

（1）55 个中断源（一个看门狗定时器、5 个定时器、9 个 UART、24 个外部中断、4 个 DMA、2 个 RTC、2 个 ADC、1 个 I^2C、2 个 SPI、1 个 SDI、2 个 USB、1 个 LCD 和 1 个电池故障）。

（2）电平/边沿触发模式的外部中断源，可编程的电平/边沿触发极性。

（3）支持为紧急中断请求提供快速中断服务（FIQ）。

（4）24 个外部中断端口，多路输入/输出端口。

（5）3 通道 UART，可以基于 DMA 模式或中断模式工作，支持 5 位、6 位、7 位或 8 位串行数据发送/接收（Tx/Rx），可编程波特率，每个通道具有内部 16 字节的发送 FIFO 和 16 字节接收 FIFO。

4. 外设与接口

（1）8 通道多路复用 ADC，最大 500 (ks/s)/10 位精度。

（2）支持 3 种 STN LCD 面板（16 级灰度 STN LCD、256 色和 4096 色 STN LCD），支持 4 位双扫描、4 位单扫描、8 位单扫描显示类型，LCD 实际尺寸的典型值是 640×480、320×240、160×160 及其他。

（3）具有 TFT（薄膜晶体管）彩色显示器功能。

（4）16 位看门狗定时器，在定时器溢出时发生中断请求或系统复位。

（5）1 通道多主 I^2C 总线，8 位双向的数据传输速率在标准模式下可以达到 100 kb/s，在快速模式下可以达到 400 kb/s。

（6）1 通道音频 I^2S 总线接口，可基于 DMA 方式工作，每通道 8/16 位数据传输。

（7）2 个 USB 主设备接口，遵从 OHCI 1.0 标准，兼容 USB 1.1 标准。

（8）1 个 USB 1.1 从设备接口。

（9）兼容 2 通道 SPI 协议 2.11 版，发送和接收具有 2×8 位移位寄存器。

5.4　基于 S3C2410 的硬件电路设计

5.4.1　时钟、复位与电源电路设计

1. 时钟电路设计

S3C2410 处理器内部集成时钟控制单元，通过外部输入的时钟源，生成系统所需的各种时钟。一种供系统工作使用，频率较高，时钟控制单元通过该时钟源生成系统工作所需要的各种时钟；另一种供 RTC（实时时钟）使用，主要用于记录日期、时间等信息。对于后者，只需为 S3C2410 提供一颗 32.768 kHz 的晶体即可。下面主要说明前一种时钟电路的设计。

S3C2410 内部的时钟控制单元可以产生所需的各种时钟信号，包括用于 CPU 的 FCLK、用于 AHB 总线外围的 HCLK 以及用于 APB 总线外围的 PCLK。S3C2410 内部有 2 个 PLL（锁相环）：一个用于 FCLK、HCLK 和 PCLK，另外一个用于 USB 模块（48 MHz）。时钟控制单元可以在不使用 PLL 的情况下产生慢速时钟，并可通过软件控制时钟信号与外围模块的通断，以减少电能消耗。

从图 5 - 8 所示的时钟控制单元的框图可以看到，主时钟源由外部的无源晶体（XTIpll）或外部的有源晶振（EXTCLK）引入。在使用晶体时，时钟控制单元内部为其提供了一个振荡电路（OSC），以便产生所需的时钟信号。在硬件系统设计时，可以选择只使用晶体或只使用晶振来为整个系统提供时钟源，也可以由晶体和晶振为不同的时钟信号分别提供时钟源。时钟源的选择可以通过芯片的模式控制引脚（OM3 和 OM2）来设定，OM[3:2] 的状态与时钟源选择的具体关系情况可参考表 5 - 10。S3C2410 在 nRESET 的上升沿读取 OM[3:2] 的状态。

表 5 - 10　OM[3:2] 状态与时钟源选择的关系

Mode OM[3:2]	MPLL 状态	UPLL 状态	主时钟源	USB 时钟源
00	On	On	Crystal	Crystal
01	On	On	Crystal	EXTCLK
10	On	On	EXTCLK	Crystal
11	On	On	EXTCLK	EXTCLK

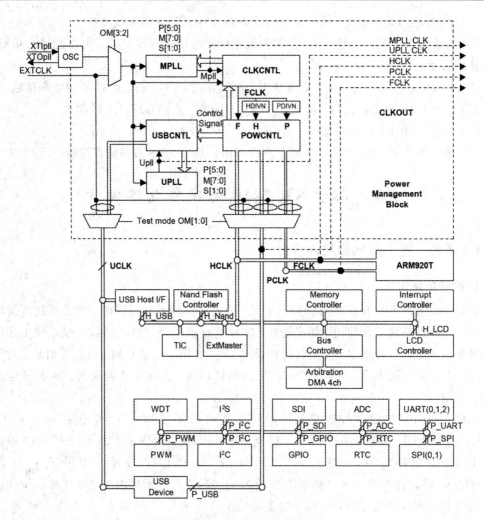

图 5 - 8　时钟控制单元框图

　　下面给出两个 S3C2410 与主时钟源连接的例子。图 5 - 9(a)是晶体振荡器产生时钟源的电路，图 5 - 9(b)是外部有源晶振产生时钟源的电路。

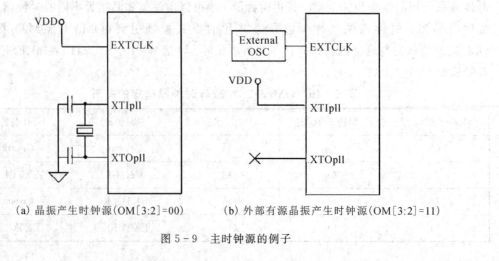

　(a) 晶振产生时钟源(OM[3:2]＝00)　　　　　(b) 外部有源晶振产生时钟源(OM[3:2]＝11)

图 5 - 9　主时钟源的例子

2. 复位电路设计

要使系统的各个单元正常进入工作状态，必须提供可靠的复位信号，可靠的复位是系统能够正常初始化的保证。在系统工作时，如果电压出现较大的波动，可能会使系统进行非正常的复位。这种非正常的复位往往会出现复位时间不够的情况，从而使得系统未能进行正常初始化而不能正常工作。

对于 S3C2410 来说，其复位信号为低电平复位，如图 5-10 所示。其中 t_{RESW} 为复位时间，S3C2410 的复位时间应不少于 4 个输入时钟周期（XTIpll 或 EXTCLK）。

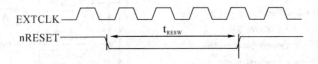

图 5-10　S3C2410 的复位信号

通常采用的复位方式有上电复位和手动复位两种。上电复位即接通电源时对系统进行复位，无需人为干预。手动复位则是在系统出现故障或因调试需要而人为进行的，通常通过复位按键来进行。对于 S3C2410 来说，其复位电路可参考图 5-11，该电路包括了上电复位及手动复位。系统电源刚刚接通时，电容 C100 在通电的瞬间相当于短路，这与按下 S6 的效果是一样的，这时即可产生一个低电平信号供系统复位。复位电路中加入非门 74LV14/SO 是为了消除抖动，提高复位电路的可靠性。由于单片 74LV14/SO 集成了 5 个非门单元，对于没有用到的单元（如图 5-11 中的 U28D、U28E），应将其输入端接低电平，而使空载的输出端为高电平，这样可以减少电流的消耗。另外，系统中时常也会存在着其他以高电平作为复位信号的芯片，在这里只需将 nRESET 再通过一个非门即可得到，如图 5-11 中的 RESET 信号。

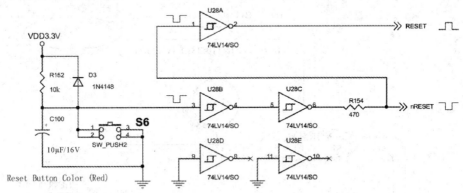

图 5-11　S3C2410 的复位电路

3. S3C2410 电源管理

S3C2410 的电源管理功能可以通过软件来控制系统内的各个时钟信号，以便于减少系统的电能消耗，与之相关的有 PLL、各种时钟信号（FCLK、HCLK 及 PCLK）以及唤醒信号。图 5-12 为 S3C2410 内部的时钟信号分布。

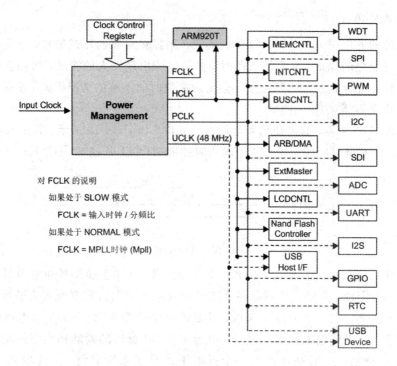

图 5 - 12　时钟分布框图

因为 S3C2410 可以通过软件来控制系统内的各个时钟信号，所以为其规定了四种电源模式：NORMAL、IDLE、SLOW 和 POWER_OFF 模式，应用在不同的情况。这四种电源模式可以相互切换，但又要遵循一定的规则。如何在各个电源模式之间进行有效的切换可参照图 5 - 13。

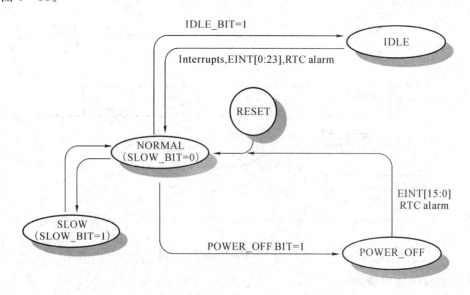

图 5 - 13　各个电源模式之间的有效切换

四种电源模式解释如下：

在 NORMAL 模式，全部的外围及基础模块，包括电源管理模块、CPU 核、总线控制器、内存控制器、中断控制器、DMA 以及 ExtMaster 都处于全速运行状态。但是用于外围及特定模块的时钟是可以有选择地通过软件进行关闭的，这样可以减少电能的消耗。

在 IDLE 模式，用于 CPU 核的时钟信号，除了总线控制器、内存控制器、中断控制器和电源管理模块，都将被停止。要退出 IDLE 模式，可以通过 EINT[23:0]、RTC 中断或其他中断来实现（EINT 在 GPIO 模块工作时才可使用，GPIO 是通用输入输出，一种软件运行期间能够动态配置和控制的通用引脚）。

在 SLOW 模式（Non-PLL 模式），可以通过采用较慢的时钟频率，并排除 PLL 所消耗的电能，来减少电能的消耗。此模式下，FCLK 由输入时钟（XTIpll 或 EXTCLK）进行 n 分频得到，而不使用 PLL。其中分频比 n 由 CLKSLOW 控制寄存器中的 SLOW_VAL 以及 CLKDIVN 控制寄存器来确定。

Power_OFF 模式断开内部模块的电源。在该模式下，除了唤醒单元、CPU 及其他内部单元都没有电能的消耗。要使用 Power_OFF 模式需要两个相互独立的电源，其中一个为唤醒单元供电，另外一个则为包括 CPU 在内的其他单元供电，且该电源可以被进行开关控制。在 Power_OFF 模式下，为 CPU 及其他内部单元供电的电源将被切断，只保留对唤醒单元的供电。要从 Power_OFF 模式中唤醒系统，可以采用 EINT[15:0]或 RTC 中断来实现。

四种电源模式实际上就是不同时钟及电源状态的四种组合方案，四种电源模式中对应的时钟及电源状态如表 5-11 所示。在不同的使用状态下，采用适当的电源模式可以有效地减少电能消耗。

表 5-11　各个电源模式下的时钟及电源状态

模式	ARM920T	AHB Modules/WDT	电源管理	GPIO	32.768 kHz RTC 时钟	APB Modules & USBH/LCD/NAND
NORMAL	○	○	○	SEL	○	SEL
IDLE	×	○	○	SEL	○	SEL
SLOW	○	○	○	SEL	○	SEL
POWER_OFF	OFF	OFF	等待唤醒条件	前一状态	○	OFF

注：SEL 表示可选（○，×），其中○为 enable；×为 disable；OFF 表示电源关闭

在电源电路的设计中，需要注意以下 5 个方面的问题。

1）电源部分的设计

前面四种电源模式中，只有 Power_OFF 模式涉及电源的通断问题，所以电源设计除了考虑为系统工作提供能源，还需要对 Power_OFF 模式进行考虑。进入 Power_OFF 模式以及从该模式唤醒的过程主要为一些寄存器的设置，这里不作详细介绍，感兴趣的读者可参考 S3C2410 手册中"时钟及电源管理"的部分。我们所关心的是上面提及的两种电源的分配，从 Power_OFF 模式唤醒所需的条件，以及进入 Power_OFF 模式后相关引脚的状态，以便进行电源部分的设计。

2）VDDi 及 VDDiarm 的电源控制

在 Power_OFF 模式下，VDDi 和 VDDiarm 将通过电源使能端 PWREN 引脚控制而被关闭。如果 PWREN 信号为激活（H），VDDi 和 VDDiarm 将会有电源供应；如果 PWREN 信号为非激活（L），VDDi 和 VDDiarm 电源将会断开。需要注意的是，在断开 VDDi、

VDDiarm、VDDi_MPLL 及 VDDi_UPLL 时,其他的电源还是要持续供应的。

3）用作唤醒信号的 EINT[15:0]

当符合下列条件时,S3C2410 可以从 Power_OFF 模式唤醒:

（1）在外部中断输入引脚 EINTn 上规定了起作用的电平信号（H 或 L）或者边沿信号（上升或下降或两者都行）;

（2）EINTn 引脚在 GPIO 控制寄存器中配置为外部中断;

（3）nBATT_FLT 引脚电平为 H。

4）Power_OFF 模式时数据总线上的上拉电阻

在 Power_OFF 模式下,数据总线（D[31:0]或者 D[15:0]）呈现高阻态。但是,因为I/O引脚的特性,数据总线上的上拉电阻应被打开,以减少电能消耗。数据总线上的上拉电阻可以通过 GPIO 控制寄存器 MISCCR 来进行控制。然而,如果在外部连接了具有总线保持功能的器件,例如 74LVCH162245,就可以将总线的上拉电阻关闭,以得到更低的电能消耗。

5）Power_OFF 模式下的输出端口状态

在 Power_OFF 模式下,输出端口应配置为合适的逻辑电平,以将电流消耗最小化。如果输出端口上没有负载,则应将其电平配置为 H。因为如果此时的电平为 L,会因为内部的寄生电阻而消耗电流;而电平为 H 则不会消耗电流。

Power_OFF 模式下各类型引脚的状态如表 5-12 所示。

表 5-12　Power_OFF 模式下各类型引脚的状态

引脚类型	引脚示例	Power_OFF 模式下的引脚状态
GPIO 输出引脚	GPB0：output	输出（使用 GPIO 数据寄存器的值）
GPIO 输入引脚	GPB0：input	输入
GPIO 双向引脚	GPG6：SPIMOSI	输入
功能输出引脚	nGCS0	输出（保持最后的输出状态）
功能输入引脚	nWAIT	输入

综上所述,对 S3C2410 的电源设计如图 5-14 所示。

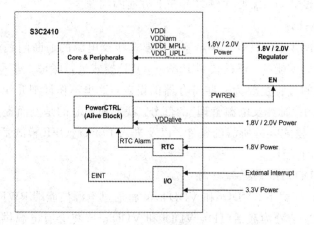

图 5-14　电源的设计

5.4.2　存储系统电路设计

1. S3C2410 存储系统结构

S3C2410 内部集成了多个存储器控制器，外部可以扩展 SDRAM、SRAM、闪存等多种存储器，存储控制器为访问外部存储器提供所需要的控制信号。图 5 - 15 为 S3C2410 复位后的存储地址空间分配，它将存储空间分为 8 个 Bank，每个 Bank 大小为 128 MB，共 1 GB。Bank0 到 Bank5 的大小是固定的，用于外部扩展 ROM 或 SRAM。Bank6 和 Bank7 的大小是可变的(其中 Bank7 的起始地址是可变的，Bank6 的结束地址即为 Bank7 的起始地址，具体可参考表 5 - 13)，可用于外部扩展 ROM、SRAM 或 SDRAM。此外，Bank6 与 Bank7 的大小必须是一样的。

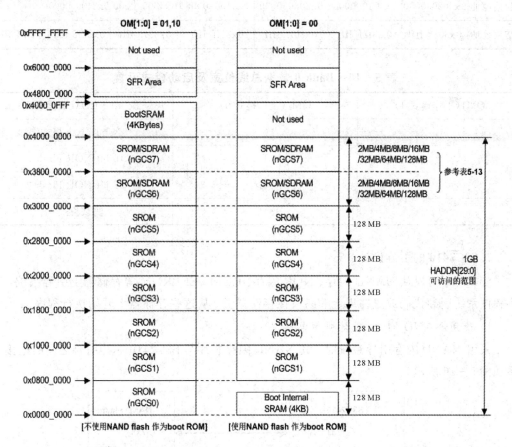

图 5 - 15　S3C2410 复位后的地址分布

S3C2410 内部具有 NAND Flash 控制器，因此可以选择从 NOR Flash 或从 NAND Flash 进行启动，具体通过 OM[1:0]进行设置，设置方式可参考表 5 - 14。当系统从 NOR Flash 启动时，要把 Flash 芯片的首地址映射到 0 地址处。当系统从 NAND Flash 启动时，S3C2410 则会自动将 NAND Flash 的前面 4 KB 数据搬移到 S3C2410 内部的

SRAM 中去，并将内部 SRAM 的首地址设为 0x00000000，CPU 从地址 0x00000000 处开始运行。

表 5 - 13　Bank 6/7 的地址空间

地址	2 MB	4 MB	8 MB	16 MB	32 MB	64 MB	128MB
Bank 6							
起始地址	0x3000_0000	0x3000_0000	0x3000_0000	0x3000_0000	0x3000_0000	0x3000_000	
结束地址	0x301f_ffff	0x303f_ffff	0x307f_ffff	0x30ff_ffff	0x31ff_ffff	0x33ff_ffff	0x37ff_ffff
Bank 7							
起始地址	0x3020_0000	0x3040_0000	0x3080_0000	0x3100_0000	0x3200_0000	0x3400_0000	
结束地址	0x303f_ffff	0x307f_ffff	0x30ff_ffff	0x31ff_ffff	0x33ff_ffff	0x37ff_ffff	0x3fff_ffff

表 5 - 14　Bank 0 数据总线位宽及启动模式设置

OM1(工作模式 1)	OM0(工作模式 0)	Booting ROM 数据位宽
0	0	Nand Flash 模式
0	1	16 bit NOR Flash
1	0	32 bit NOR Flash
1	1	测试模式

2. S3C2410 的引导设计

S3C2410 可以从 NAND 闪存、NOR 闪存、ROM /EEPROM 等存储器上引导系统，即将软件系统引导代码放置在以上非易失性存储器上，从这些存储器上开始执行程序。

1) 使用 NAND Flash 设计引导电路

采用 NAND 闪存引导系统时，其 NAND 闪存芯片与 S3C2410 芯片引脚之间的连接关系如图 5 - 16 所示。

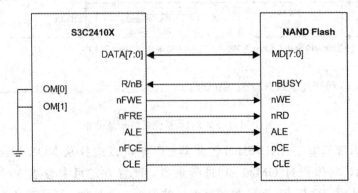

图 5 - 16　NAND 引导设计

图 5-16 中，OM[1:0]引脚用来选择引导模式。如表 5-14 所示，在用 NAND 闪存引导时，OM[1:0]=2b'00，即引脚接地。DATA[7:0]引脚连接对应 NAND 闪存芯片的端口MD[7:0]。在 NAND 闪存中，地址和数据都是通过 DATA[7:0]引脚进行传输。S3C2410与 NAND Flash 之间的控制信号及引脚连接关系包括：S3C2410 的 nBUSY 引脚与S3C2410 的 R/nB 引脚相连，用于将闪存状态（准备好或忙）报告给 S3C2410。nFWE 连接NAND Flash 的 nWE 引脚，代表写使能；nFRE 连接 NAND Flash 的 nRD 引脚，代表读使能；ALE 为地址锁存使能；nFCE 连接 NAND Flash 的 nCE 引脚，代表片选使能；CLE为命令锁存使能。

2）基于 8-bit EEPROM/NOR Flash/ROM 设计 16 bit 的引导电路

如表 5-14 所示，当 OM[1:0]=2b'01 时，代表 S3C2410 从 16 bit 器件上引导系统。此时，如果选用的存储器是 8 bit 的器件，则存在位扩展问题，即至少需要 2 个 8 bit 的器件构成一个 16 bit 的器件。在这种引导模式下，地址线和数据线是分开的。图 5-17 给出S3C2410 与存储器芯片的引脚连接原理图。

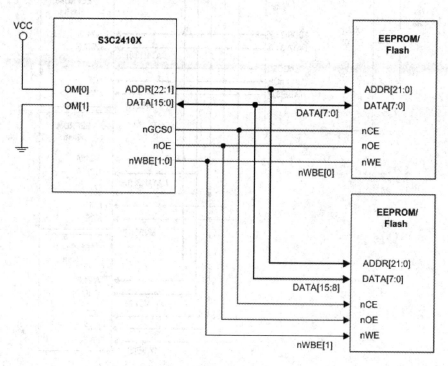

图 5-17　使用 8 bit EEPROM/NOR Flash 来设计 16 bit 的引导电路

图 5-17 中，ADDR[24:1]为地址总线，输出对应 Bank 区内要访问的地址。nGCS 是通用片选信号，当要访问的地址位于某个 Bank 区内，那么 Bank 对应的片选会被激活，这里用 nGCS0（代表 Bank 0）连接存储芯片的使能端 nCE。nOE 是输出使能，表示当前总线周期是一个读周期，连接存储芯片的输出使能端。nWBE 为写字节使能引脚，分别连接两个存储芯片的写使能端。DATA[15:0]的低 8 位连接一个存储芯片的 DATA[7:0]，高 8位连接另一个存储芯片的 DATA[7:0]，合起来构成 16 bit 的宽度。

3）使用 8 bit EEPROM/NOR Flash 设计 32 bit 的引导电路

图 5-18 是使用 8bit EEPROM/NOR Flash 设计的 32 bit 的引导电路，具体的芯片端口含义与图 5-17 类似。主要差别在于：第一，OM[1:0]引脚为 2b′10，代表为 32 bit 的引导电路；第二，需要使用 4 位的 nWBE 信号，每位分别连接一个 8 bit 的存储芯片；第三，需要用到 S3C2410 全部的 DATA[31:0]引脚，每 8 位分别连接到一个存储芯片的 DQ 引脚。

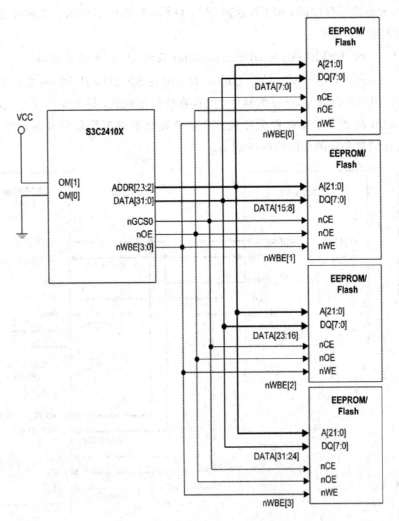

图 5-18　使用 8 bit EEPROM/NOR Flash 来设计 32 bit 的引导电路

3. ROM/SRAM Bank 的设计

ROM/SRAM Bank 1～Bank 7 的数据总线宽度是可变的，且总线宽度可以通过 S/W 来控制。图 5-19 和图 5-20 就是 ROM/SRAM Bank 1～Bank 7 的设计例子，其中 S3C2410 的引脚 ADDR 为地址线，DATA 为数据线，nGCS 为 Bank 选择线，nOE 为读使能线，nWE 为写使能线，nWBE 为写字节使能线。此外，引脚名前面的 n 代表低有效。

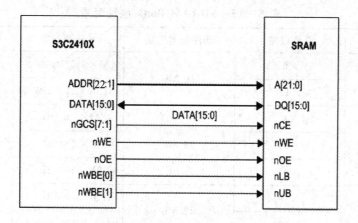

图 5 - 19   16 bit SRAM 扩展设计

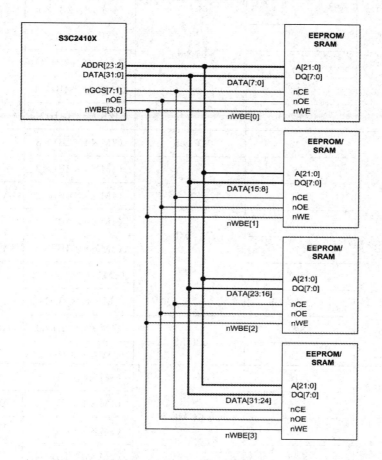

图 5 - 20   使用 8 bit 存储器设计 32 bit 存储器扩展设计

4. SDRAM Bank 设计

在扩展 SDRAM 存储器时,首先要确定 SDRAM 的 Bank 地址配置方案。一般根据选用的 SDRAM 芯片的具体参数,通过查表 5 - 15 进行选择。

表 5-15 **SDRAM Bank 地址配置**

Bank 大小	总线位宽	器件基本容量	存储器配置	Bank 地址
2 MB	×8	16 Mb	(1M×8×2Bank)×1	A20
	×16		(512K×16×2B)×1	
4 MB	×8	16 Mb	(2M×4×2B)×2	A21
	×16		(1M×8×2B)×2	
	×32		(512K×16×2B)×2	
8 MB	×16	16 Mb	(2M×4×2B)×4	A22
	×32		(1M×8×2B)×4	
	×8	64 Mb	(4M×8×2B)×1	
	×8		(2M×8×4B)×1	A[22:21]
	×16		(2M×16×2B)×1	A22
	×16		(1M×16×4B)×1	A[22:21]
	×32		(512K×32×4B)×1	
16 MB	×32	16 Mb	(2M×4×2B)×8	A23
	×8	64 Mb	(8M×4×2B)×2	
	×8		(4M×4×4B)×2	A[23:22]
	×16		(4M×8×2B)×2	A23
	×16		(2M×8×4B)×2	A[23:22]
	×32		(2M×16×2B)×2	A23
	×32		(1M×16×4B)×2	A[23:22]
	×8	128 Mb	(4M×8×4B)×1	
	×16		(2M×16×4B)×1	
32 MB	×16	64 Mb	(8M×4×2B)×4	A24
	×16		(4M×4×4B)×4	A[24:23]
	×32		(4M×8×2B)×4	A24
	×32		(2M×8×4B)×4	A[24:23]
	×16	128 Mb	(4M×8×4B)×2	
	×32		(2M×16×4B)×2	
	×8	256 Mb	(8M×8×4B)×1	
	×16		(4M×16×4B)×1	

续表

Bank 大小	总线位宽	器件基本容量	存储器配置	Bank 地址
64 MB	×32	128 Mb	(4M×8×4B)×4	A[25:24]
	×16	256 Mb	(8M×8×4B)×2	
	×32		(4M×16×4B)×2	
	×8	512 Mb	(16M×8×4B)×1	
128 MB	×32	256 Mb	(8M×8×4B)×4	A[26:25]
	×8	512 Mb	(32M×4×4B)×2	
	×16		(16M×8×4B)×2	

在扩展 SDRAM 时，涉及的 SDRAM 芯片的主要引脚如表 5-16 所示。在理解表 5-15 和表 5-16 后，就可以进行 SDRAM 的扩展设计。

表 5-16　SDRAM 芯片的主要引脚的含义

引　脚	名　称	描　述
A	地址总线	用于给出存储单元的行、列地址
BA	Bank 选择线	用于选择 SDRAM 的 Bank
DQ	数据总线	数据输入输出引脚
SCKE	时钟使能线	用于时钟控制
SCLK	时钟线	芯片时钟输入
nCS	片选线	控制芯片工作
nSRAS	行地址锁存线	用于使能行地址
nSCAS	列地址锁存线	用于使能列地址
nWE	写使能线	用于使能写信号
LDQM/UDQM	数据字节使能线	使能 16 bit 数据的高低字节

图 5-21 是采用 16 bit 器件扩展总线位宽为 16 bit 的 SDRAM 的设计实例。它采用的 SDRAM 配置方案是表 5-15 中的"Bank 大小＝8 MB，总线位宽＝16，器件基本容量＝64 Mb"，该配置方案对应的 SDRAM 芯片应为 1Mb×16×4Banks 组织形式。

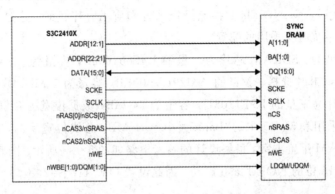

图 5-21　使用 16 bit 器件(8 MB：1 Mb×16×4Banks)设计 16 bit SDRAM

　　图 5 - 22 是采用 16 bit 器件扩展总线位宽为 32 bit 的 SDRAM 的设计实例。它采用的 SDRAM 配置方案是表 5 - 15 中的"Bank 大小＝32 MB，总线位宽＝32，器件基本容量＝128 Mb"，该配置方案的 SDRAM 应为 2 片 2 Mb×16×4Banks 的存储器芯片。

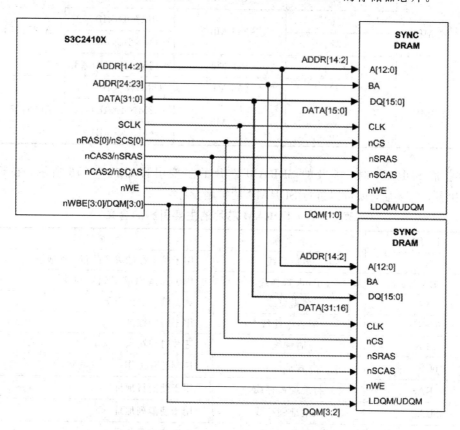

图 5 - 22　使用 16 bit 器件(16 MB：2 Mb×16×4Banks)设计 32 bit SDRAM

5. S3C2410 存储系统设计实例

　　这里给出一套 S3C2410 常用的存储系统设计方案，希望对读者有所启发。本例中，我们选择 64 MB SDRAM、1 MB NOR Flash 以及 64 MB NAND Flash 来设计 S3C2410 的存储系统。这三类存储器在系统中的作用如下：SDRAM 存储程序运行时的代码，NOR Flash 存储启动代码，NAND Flash 存储操作系统和应用程序代码。这是在 S3C2410 上运行 Linux 等操作系统时常采用的配置。

　　具体芯片选型为：SDRAM 芯片为三星的 K4S561632C，容量为 32 MB，数据位宽为 16 位；NOR Flash 芯片选择 AMD 的 AM29LV800BB，容量为 1 MB，数据位宽为 16 位；NAND Flash 芯片为三星的 K9F1208U，容量为 64 MB，数据位宽为 8 位。根据上面的芯片选型，本实例采用表 5 - 15 中的"Bank 大小＝64 MB，总线位宽＝32，器件基本容量＝256 Mb"的 SDRAM 配置方案，最终设计的参考电路如图 5 - 23 所示。图 5 - 23 中，因本存储系统设计为从 16 位的 NOR Flash 启动，因此设置 OM[1:0]＝2b'01。

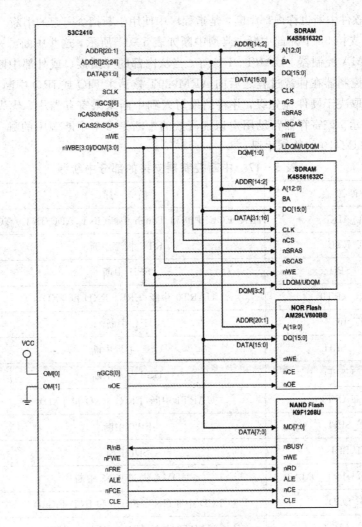

图 5-23　S3C2410 存储系统配置方案

5.4.3　基本接口电路设计

在 S3C2410 总共的 272 个引脚中，有 117 个多功能输入/输出引脚，分为 8 个端口，这些引脚的功能不是唯一的，甚至输入输出方向都可以配置。因此，在进行基于 S3C2410 的硬件电路设计时，对这 8 个端口的 117 个引脚要多加注意，要正确连接这些引脚。此外，系统引导时，要通过软件对这些端口进行设置，以满足不同的实际需要。本节介绍与这些引脚使用和配置密切相关的接口电路设计。

1. S3C2410 中断接口

中断是指 CPU 在正常运行程序时，由于内部或外部事件引起 CPU 暂时中止执行现行程序，转去执行请求 CPU 为其服务的那个外设或事件的服务程序，待该服务程序执行完后又返回到被中止程序的这样一个过程。

中断源指能发出中断申请的外设或引起中断的原因。中断源种类包括 I/O 设备、实时时钟、故障源、软件中断。通常，由 I/O 设备、实时时钟、故障源引起的中断称为硬中断，也称为外部中断；软件中断也称内部中断，是指程序中使用中断指令引起的中断，如 SWI 指令。

S3C2410 支持 56 个外部中断，典型中断如表 5-17 所示，这些中断源来自内部的外围接口，例如 DMA 控制器、UART、I²C 等。当从内部的外围接口或外部中断引脚收到中断请求时，中断控制器在仲裁过程之后向 ARM920T 核请求 FIQ 或 IRQ 中断，如图 5-24 所示。仲裁过程取决于硬件优先级，并将结果写入到中断未果寄存器中，优先级的产生过程如图 5-25 所示。该寄存器帮助用户识别有效的中断是多个中断源中的哪一个，具体中断优先级参见 S3C2410 的数据手册。

表 5-17   中断控制器支持的部分中断源

中断源	描　述	仲裁组
INT_ADC	ADC EOC 中断和 Touch 中断(INT_ADC/INT__TC)	ARB5
INT_RTC	RTC 报警中断	ARB5
INT_SPI1	SPI1 中断	ARB5
INT_UART0	UART0 中断(ERR、RXD 和 TXD)	ARB5
INT_lIC	I²C 中断	ARB4
INT_USBH	USB 主机中断	ARB4
INT_USBD	USB 设备中断	ARB4
INT_UART1	UART1 中断(ERR、RXD 和 TXD)	ARB4
INT_SPI0	SPI0 中断	ARB4
INT_SDI	SDI 中断	ARB3
INT_DMAO~INT_DMA3	DMA 通道 0~3 中断	ARB3
INT_LCD	LCD 中断(INT_FrSyn 和 INT_FiCnt)	ARB3
INT_UART2	UART2 中断(ERR、RXD 和 TXD)	ARB2
INT__TIMERO~INT__TIMER3	定时器 0~4 中断	ARB2
INT_WDT	看门狗定时器中断	ARB1
INT_TICK	RTC Time tick 中断	ARB1
nBATT_FLT	电池故障中断	ARB1
EINT0~EINT3	外部中断 0~3	ARB0

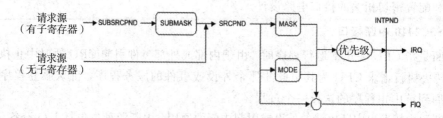

图 5-24   中断处理框图

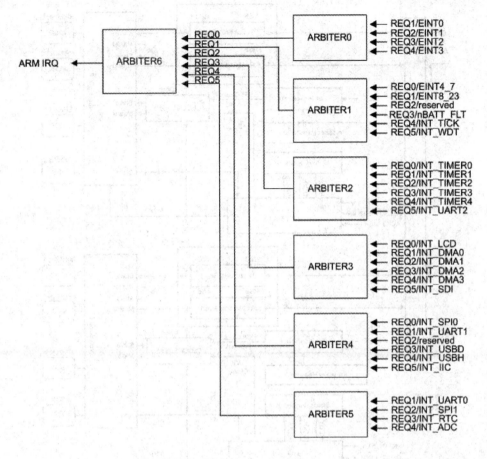

图 5 - 25　优先级产生框图

2. SPI

　　S3C2410 支持两路串行外围设备接口(SPI)，每个 SPI 具有两个 8 位移位寄存器用于独立发送和接收数据，如图 5 - 26 所示。在 SPI 传输期间，数据同时发送(串行移出)和接收(串行移入)。

　　使用 SPI，S3C2410A 可以与外部设备同时发送/接收 8 位数据。串行时钟线与两条数据线同步，用于信息的移位和采样。当 SPI 为主机时，可以通过设置 SPPREn 寄存器来控制传输频率。如果 SPI 是从机，则由另外的主机提供时钟。当用户向 SPTDATn 寄存器中写入数据时，SPI 接收/发送操作将同步开始。某些情况下，nSS 应该在数据写入 SPTDATn 之前有效。

　　S3C2410 支持四种不同的数据传输格式，图 5 - 27 给出了 SPI 下的数据传输波形图，其中 Cycle 表示周期序号，MOSI 为主输出从输入，MISO 为主输入从输出，MSB 表示高位地址，LSB 表示低位地址，CPOL 和 CPHA 为数据模式选择控制信号。

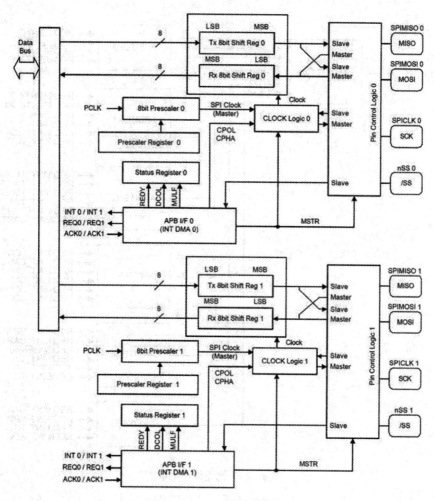

图 5-26　SPI 结构框图

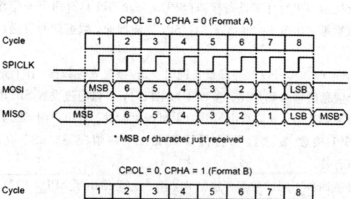

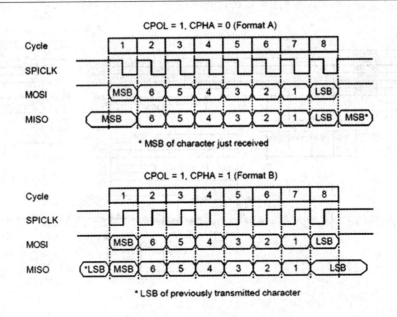

图 5 - 27　SPI 数据传输格式

3. RS - 232 - C 串行接口

串行口是计算机的常用接口,具有连接线少、通信简单的优点,因而得到了广泛的使用。常用的串行口是 RS - 232 - C 接口,又称 EIA RS - 232 - C,它是在 1970 年由美国电子工业协会(EIA)联合贝尔实验室、调制解调器厂家及计算机终端生产厂家共同制定的用于串行通信的标准。RS - 232 - C 的全名是"数据终端设备(DTE)和数据通信设备(DCE)之间串行二进制数据交换接口技术标准"。

S3C2410 提供三个独立的通用异步串行接口(UART),可以用来设计 RS - 232 接口。S3C2410 提供的接口为 TTL 电平,需要采用 MAX232C 芯片进行电平转换,以满足 RS - 232 - C 标准。简单的串行通信只需要 RXD、TXD 和 GND 即可实现,如图 5 - 28 所示。但是,这种简单串行接口不能实现硬件流控等高级串口通信应用。要实现 RS - 232 接口的全部功能,则需使用 9 条线,如图 5 - 29 所示。

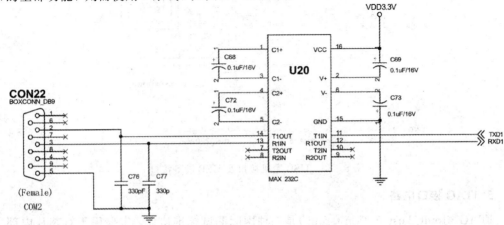

图 5 - 28　简易串口

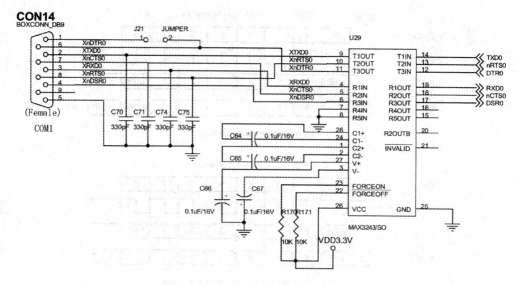

图 5 - 29   RS - 232 - C 接口

4. USB 接口电路

S3C2410 支持两个 USB 主机接口，其参考设计如图 5 - 30 所示，其中 CON14 为 USB 主机接口，CON17 为 USB 设备接口。

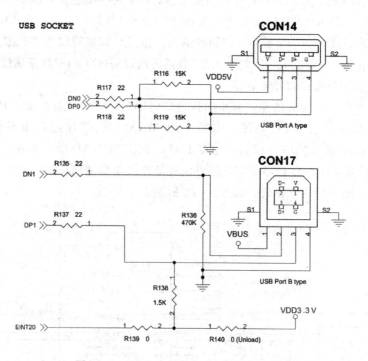

图 5 - 30   USB 主机接口及 USB 设备接口

5. JTAG 接口电路

JTAG（Joint Test Action Group）是一种国际测试标准协议，主要用于对芯片内部进行测试和对系统进行仿真、调试。使用 JTAG 技术的芯片内部集成了专门的测试访问端口

（Test Access Port，TAP）。另外，JTAG 接口还可用于程序的下载。目前 JTAG 有 14pin 和20pin两种标准接口，其中 20pin 的引脚定义如图 5 - 31 所示，图 5 - 32 是 S3C2410 的 JTAG 接口参考设计电路。

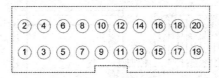

引脚	名称	功能
1	VTref	系统电源
2	Vsupply	系统电源
3	nTRST	测试复位,低电平有效 (与上拉电阻相连.)
5	TDI	测试数据输入 (与上拉电阻相连.)
7	TMS	测试模式选择 (与上拉电阻相连.)
9	TCK	测试时钟 (与上拉电阻相连.)
11	RTCK	返回测试时钟 (与上拉电阻相连.)
13	TDO	测试数据输出
15	nSRST	通过470 欧姆电阻将nRESET与nTRST连接
17	DBGRQ	NC
19	DBGACK	NC
4, 6, 8, 10, 12, 14, 16, 18, 20	GND	系统接地

图 5 - 31　20pin JTAG 接口引脚定义

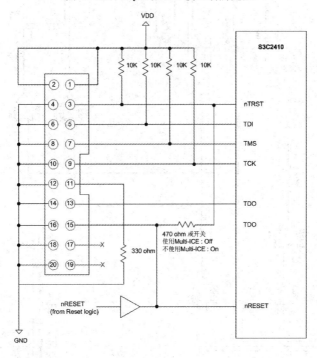

图 5 - 32　S3C2410 的 JTAG 接口参考电路

6. 以太网接口电路

S3C2410 内部集成了以太网 MAC 层控制器，因此，只需为其提供 PHY 接口芯片，即可进行以太网接口的扩展。使用 CS8900A 进行 10 M 以太网接口扩展的实例如图 5 - 33 所示。

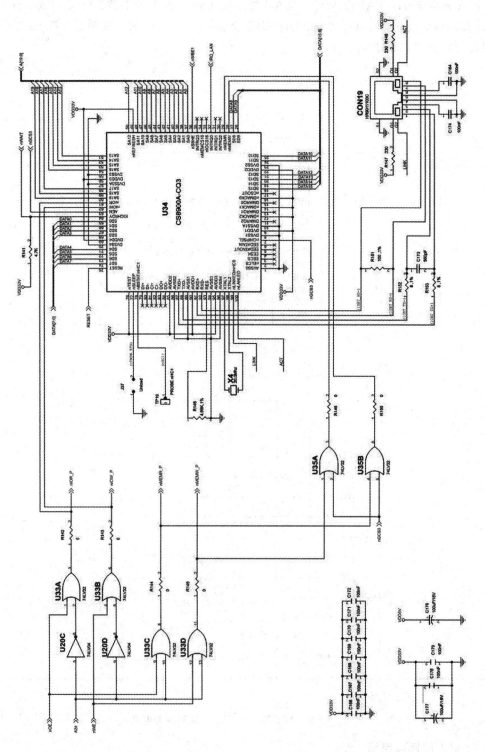

图 5 - 33　使用 CS8900A 进行 10 M 以太网接口扩展实例

7. 人机交互接口电路

S3C2410 的 LCD 控制器支持单色、每像素 2 bit(4 级灰度)或每像素 4 bit(16 级灰度)模式下的单色 LCD;也可支持 1 bit、2 bit、4 bit、8 bit 的具有调色板的 TFT 彩色 LCD 以及 16 bit 和 24 bit 非调色板的真彩显示屏。

图 5 - 34 是 S3C2410 与三星 UG - 32F04(320×240 灰度 STN LCD)的连接原理图。图 5 - 35 是 S3C2410 与 LG Philips LP104V2 - W(262144 色 TFT LCD,10.4 寸)的连接原理图。

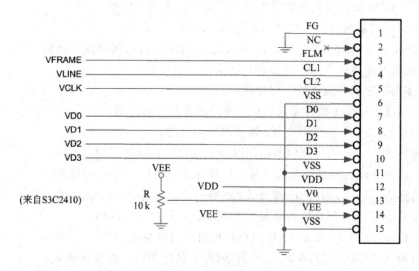

图 5 - 34　UG - 32F04(320×240 灰度 STN LCD)与 S3C2410 的连接

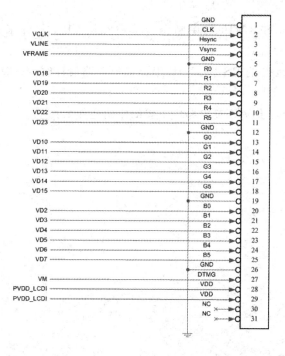

图 5 - 35　LP104V2 - W(LG Philips 10.4 寸 TFT LCD)与 S3C2410 的连接

习　　题

1. 何谓 ARM？ARM 公司的 Chipless 模式是什么？

2. 简述 ARM 系列处理器和 Cortex 系列处理器的应用范围。

3. 简述 ARM 处理器后缀 T、D、M、I、E、J、F 和 S 的含义。

4. 简述 ARM 处理器的工作状态和运行模式。

5. 简述 ARM 处理器支持的异常及其对应的异常入口向量。

6. ARM 处理器包含多少个物理寄存器？这些寄存器如何分类？

7. 用户模式下 ARM 状态和 Thumb 状态下可访问的物理寄存器是哪些？

8. 简述微处理器芯片和存储器芯片选型的一般原则。

9. 简述电路原理图检查的一般原则。

10. 画出嵌入式最小硬件系统框图，并指出各部分的作用。

11. 简述 S3C2410 芯片的特点、性能与应用访问。

12. 简述 S3C2410 芯片存储系统组成及其支持的存储器类型。

13. S3C2410 包括哪些种类的时钟？请设计 S3C2410 的主时钟电路。

14. 简述 S3C2410 芯片的电源模式。

15. 简述 S3C2410 芯片的系统复位方式以及它们之间的区别。

16. 请设计 S3C2410 从 NAND 闪存进行引导的电路图。

17. 请设计 S3C2410 使用 8 bit NOR 闪存来设计 16 bit 的引导电路。

18. 请使用 128 Mb（2M×16×4Banks）的 SDRAM 芯片设计 S3C2410 Bank 大小为 32 MB 的存储电路。

19. 什么是中断？S3C2410 的中断源有哪些？从 CPU 硬件来看，其支持的中断有几种？

20. 在进行 S3C2410 的 RS-232-C 串行接口电路设计时，一般会使用 MAX232C 芯片，为什么？

21. 什么是 JTAG？JTAG 在电路中主要的作用是什么？

第 6 章　ARM 指令集及汇编程序设计

指令是控制处理器工作的命令，指令集(ISA)是处理器可以执行的全部指令的集合。指令集是计算机软件和硬件的接口，在计算机系统中至关重要。本章以 ARM 指令集为例，介绍现代嵌入式处理器的指令体系及汇编程序设计。本章需要掌握以下内容：ARM 指令体系结构、常用 ARM 指令的功能和 ARM 汇编程序设计方法。

6.1　ARM 指令体系结构

6.1.1　ARM 指令体系特点

ARM 指令集属于精简指令集计算机(RISC)的指令集，它具有如下特点：

(1) 一个大的、统一的寄存器文件；

(2) 基于 Load/Store 架构，即仅对寄存器中的数据进行计算操作，不能对内存中的数据进行计算操作；

(3) 简单的寻址模式，即所有的加载/存储地址仅由寄存器内容和指令字段共同决定；

(4) 统一和固定长度的指令字段，以简化指令译码。

此外，ARM 指令集还有如下的特点：

(1) 在大多数数据处理指令中对算术逻辑单元(ALU)和移位器进行控制，以最大限度地利用 ALU 和移位器；

(2) 自动递增和自动递减寻址模式，以优化程序循环；

(3) 多数据加载和存储指令，以最大限度地提高数据吞吐量；

(4) 有条件地执行几乎所有指令，以最大限度地提高指令执行吞吐量。

这些对基本 RISC 体系结构的增强使得 ARM 处理器能够在高性能、小代码量、低功耗和小硅片之间实现良好的平衡，这也是 ARM 在市场上取得成功的关键要素之一。

6.1.2　ARM 指令体系结构的版本

迄今为止，ARM 指令体系架构发布了 8 个不同的版本，从低到高的版本号依次是 v1 到 v8。同时，各个版本中还有一些变种，这些变种扩展了该版本指令集的功能。下面简单介绍 ARM 指令集各版本的特点。

1. v1 版本

v1 版本的指令架构包括：乘法指令之外的基本的数据处理指令；基于字节、字和多字的读取和存储指令；包括子程序调用指令 BL 在内的转移指令；供操作系统使用的软件中断指令 SWI。它支持的地址空间是 26 位，对应寻址空间为 64 MB。v1 版本没有实现商品化，目前已不再使用。

2. v2 版本

与 v1 版本相比，v2 版本具有如下特点：增加了乘法指令和乘加法指令、协处理器的指令；对于快速中断模式，提供了额外的两个备份寄存器；增加了 SWP 指令和 SWPB 指令。该版本仍然采用的是 26 位的地址空间，目前已不再使用。

3. v3 版本

该版本对 ARM 体系结构进行了较大的改动，地址空间扩展到 32 位。不过，该版本是向前兼容的，也支持 26 位地址空间。增加了当前程序状态寄存器(CPSR)和备份的程序状态寄存器(SPSR)，其中 SPSR 用于在程序异常中断时，保存被中断程序的程序状态；增加了 MRS 和 MSR 指令，用于访问 CPSR 和 SPSR；增加了两种处理器模式，使操作系统代码可以方便地使用数据访问中止异常、指令预取中止异常和未定义指令异常；修改了原来的从异常返回的指令。该版本目前已不再使用。

4. v4 版本

与 v3 版本相比，v4 版本增加了半字的读取和存储指令；出现了读取带符号的字节和半字数据的指令；增加了 T 变种，即指令集为 16 位的 Thumb 指令集；增加了处理器的特权模式，在该模式下，使用的是用户模式下的寄存器。另外，明确了哪些指令会引起未定义指令异常。该版本不向前兼容，即与以前的 26 位地址空间不兼容。目前常用的 ARM7、ARM9 处理器都采用该版本结构。

5. v5 版本

与 v4 版本相比，v5 版本提升了 ARM 和 Thumb 两种指令的交互工作能力，对于 T 变种的指令和非 T 变种的指令使用相同的代码生成技术；增加了 DSP 指令(E 变种)、Java 指令(J 变种)。同时还增加或者修改了带返回和状态切换的跳转(BLX)指令；增加了前导零计数(CLZ)指令，该指令可以使整数除法和中断优先级排队操作更为有效；增加了软件断点指令；为协处理器增加了更多可选择的指令；更严格地定义了乘法指令对条件标志位的影响。目前，ARM10 和 XScale 系列微处理器都采用 v5 版本的指令体系。

6. v6 版本

与 v5 版本相比，v6 版本主要是采用单指令多数据(SIMD)技术，扩展了媒体处理指令，使得 ARM 处理器在媒体应用中的处理能力得到较大提升。该版本首先在 ARM11 处理器中得到应用。

7. v7 版本

v7 版本采用了 Thumb-2 技术。Thumb-2 技术是在 ARM 的 Thumb 代码压缩技术的基础上发展起来的，并且保持了对现存 ARM 解决方案的完整的代码兼容性。Thumb-2 技术比纯 32 位代码减少 31% 的存储开销，同时能够提供比已有的基于 Thumb 技术的解决方案高出 38% 的性能。v7 架构还引入 NEON 技术，它是一种 128 位的 SIMD 指令扩展，将 DSP 和媒体处理能力提高近 4 倍，并支持改良的浮点运算，满足 3D 图形、游戏等应用以及传统嵌入式控制应用的需求。该版本首先在 Cortex A8 处理器上得到应用。

8. v8 版本

v8 版本将 64 位架构支持引入到 ARM 体系结构中，即指令的长度不再是 32 位，而是

64 位。为向前兼容，v8 版本支持 AArch32 和 AArch64 两种执行状态，A32、T32 和 A64 三个主要指令集。AArch64 执行状态针对 64 位处理技术，引入全新指令集 A64；AArch32 执行状态支持现有的 A32、T32 指令集，v7 版本的主要特性都在 AArch32 执行状态中得以保留或进一步拓展。v8 指令体系结构主要面向高性能计算，目前主流智能手机的处理器，如 Cortex A72、A76 等，都采用的是 ARM v8 指令体系结构。

6.1.3　ARM 指令体系支持的数据类型

ARM 的 Load/Store 指令支持字节(Byte，8 位)、半字(Half Word，16 位)、字(Word，32 位)三种数据类型，其中字节和半字又分为有符号和无符号两种情况。ARM 的 Load/Store 指令区分有符号、无符号数据类型的原因在于 ARM 的寄存器都为 32 位，当以 8 位或 16 位从内存中取数时，存在寄存器的高 24 位或 16 位如何填充的问题。如果为有符号数，则高位用所取数据的符号位填充；如果为无符号数，则高位用 0 进行填充。

6.1.4　ARM 处理器的指令集

前面已经说过，ARM 处理器支持两类指令集，32 位的 ARM 指令集和 16 位 Thumb 指令集。这两类指令集的关系为：Thumb 指令集是 ARM 指令集的子集。也就是说，每一条 Thumb 指令集都有对应的 ARM 指令集；反之，则不一定。ARM 体系结构采用这种设计方式的目的在于减少程序代码需要的存储空间，因为完成同样功能的 Thumb 指令只需要 2 个字节，而 ARM 指令需要 4 个字节。这点对成本非常敏感的嵌入式系统设计非常重要，它可以有效降低整个系统的成本。表 6-1 给出了 ARM 指令集和 Thumb 指令集的不同点。

表 6-1　ARM 指令集和 Thumb 指令集的不同点

项　目	ARM 指令	Thumb 指令
指令工作标志	CPSR 的 T 位＝0	CPSR 的 T 位＝1
操作数寻址方式	大多数指令为 3 地址	大多数指令为 2 地址
指令长度	32 位	16 位
内核指令	58 条	30 条
条件执行	大多数指令	只有分支指令
数据处理指令	访问桶形移位器和 ALU	独立的桶形移位器和 ALU 指令
寄存器使用	15 个通用寄存器＋PC	8 个通用低寄存器＋2 个高寄存器＋PC
程序状态寄存器	特权模式下可读可写	不能直接访问
异常处理	能够全盘处理	不能处理

6.1.5　ARM 指令的条件码

ARM 指令可以条件执行，也就是根据 CPSR 中的条件标志位来决定是否执行某条指令。当条件满足时执行该指令，条件不满足时该指令被当作一条 NOP 指令（不完成任何实际操作，相当于在流水线中插入一个气泡）。

在 ARM v5 之前的版本中，所有的 ARM 指令都是条件执行的，从 ARM v5 版本开始引入一些无条件执行指令。条件码共有 16 个，各条件码的含义和助记符如表 6-2 所示。各条件执行的指令可以在其助记符的扩展域上和条件码助记符任意组合，从而得到在各种特定条件下执行的指令。

条件执行是 ARM 指令体系结构的特色之一，也特别有用。例如，如下的 C 语言代码：

```
if(a>b)
  a++;
else
  b++;
```

如果变量 a 分配给 R0 寄存器，变量 b 分配给 R1 寄存器，则可以用 3 条 ARM 汇编指令来实现，如下：

```
CMP     R0, R1      ;比较 R0 和 R1 的值，即比较 a 和 b 的大小
ADDHI   R0, R0, #1  ;如果 R0>R1，执行该语句，即 a++
ADDLS   R1, R1, #1  ;如果 R0≤R1，执行该语句，即 b++
```

CPSR 的条件标志位的具体设置方法请参考表 6-2 的内容和后续的指令详细介绍。

表 6-2 各条件码的含义和助记符

条件码	条件码助记符	含 义	CPSR 中条件标志位值
0000	EQ	相等	Z=1
0001	NE	不相等	Z=0
0010	CS/HS	无符号数大于/等于	C=1
0011	CC/LO	无符号数小于	C=0
0100	MI	负数	N=1
0101	PI	非负数	N=0
0110	VS	上溢出	V=1
0111	VC	没有上溢出	V=0
1000	HI	无符号数大于(higher)	C=1 且 Z=0
1001	LS	无符号数小于等于	C=0 且 Z=1
1010	GE	带符号数大于等于	N=1 且 V=1 或 N=0 且 V=0
1011	LT	带符号数小于	N=1 且 V=0 或 N=0 且 V=1
1100	GT	带符号数大于	Z=0 且 N=V
1101	LE	带符号数小于/等于	Z=1 或 N!=V
1110	AL	无条件执行	
1111	NV	该指令无条件执行	ARM v5 及以上版本

6.1.6　ARM 指令分类

ARM 指令集可以分为 5 大类，即数据处理指令、分支跳转指令、存储器访问（Load/Store）指令、协处理器指令和杂类指令。

（1）数据处理指令：使用片内算术逻辑部件（ALU）、桶形移位器和乘法器完成数据算术、逻辑、移位和乘法等运算。

（2）跳转指令：控制程序执行流程以及完成 ARM 代码和 Thumb 代码的切换。

（3）存储器访问指令：控制存储器和寄存器之间的数据传送，包括从存储器取数到寄存器（称为 Load）和将寄存器中的数存到存储器（称为 Store）。

（4）协处理器指令：用于控制外部协处理器，以开放和统一的方式扩展指令集的片外功能。

（5）杂项指令：包括中断调用、状态寄存器的读写等。

6.2　ARM 指令集

本节主要介绍 ARM v5T 版本中的数据处理指令、存储器访问指令、跳转指令和杂项指令，其他指令用法请参考 ARM 指令集手册。

6.2.1　数据处理指令

除传送指令和比较测试指令外，ARM 数据处理指令都为 3 操作数指令，包括 2 个源操作数和 1 个目的操作数，基本指令格式如下：

```
<opcode>{cond}{S}  <Rd>,{Rn},<shifter_operand>
```

上述 ARM 汇编指令语法格式中，"<　>"代表必需的部分，"{ }"代表可选的部分，每部分的具体含义如下：

（1）<opcode>为操作码，即指令要完成的操作，也称为指令助记符，如 ADD 表示算术加操作指令。

（2）{cond}为条件码，即指令执行的条件，见表 6 - 2，如 NE 代表不相等。

（3）{S}是更新状态标志，用来指示指令的操作是否影响 CPSR 的 N、Z、C 和 V 位。

（4）<Rd>为目标寄存器，即运算结果写入此寄存器。

（5）{Rn}为第 1 个源操作数寄存器，即参与运算的值来源于此寄存器。

（6）< shifter_operand >为第 2 个源操作数，可以为寄存器、立即数或寄存器移位后的值，具体见后续的寻址方式。

从上面指令编码中可以看出，数据处理指令的源操作数主要来源于寄存器，也可以来源于指令编码中的立即数，但是不能来源于内存。因此，ARM 指令采用的是面向寄存器的计算。当 ARM 数据处理指令有两个源操作时，一个操作数总是来源于寄存器，另一个操作数称为 shifter_operand，它可以是立即数，也可以来源于寄存器；当来源于寄存器时，还可以对其移位，故称为 shifter_operand。此外，比较测试指令仅更新 CPSR 的条件标志，其他指令把结果存储到目的寄存器，至于是否更新 CPSR 的条件标志是可选的，由指令助记符{S}显示指定。

1. 数据传送指令

数据传送指令用于向寄存器传入一个数，属于 2 操作数指令，有一个源操作数和一个目的操作数，包括 MOV 和 MVN 两条指令，指令语法格式如下：

    <opcode>{cond}{S} <Rd>,<shifter_operand>

指令编码格式如下：

31	28 27	26 25	24	21 20	19	16 15	12 11	0
cond	SBZ	I	opcode	S	SBZ	Rd	shifter_operand	

上面编码中 SBZ 代表全 0（下同）；opcode＝MOV|MVN，其对应的二进制码为 1101|1111；I 位（即 bit[25]）用来指定 shifter_operand 的形式，具体参见后续的指令寻址方式；S 位（即 bit[20]）为 1，代表该指令影响状态寄存器的条件标志位。

指令功能的伪码如下：

```
if ConditionPassed(cond) then    /*cond 条件成立*/
    if opcode==MOV then
        Rd = shifter_operand
    else
        Rd = NOT shifter_operand    /*对 shifter_operand 的按位取反*/
    endif
    if S == 1 and Rd == R15 then
        ifCurrentModeHasSPSR() then
            CPSR = SPSR
        else
            UNPREDICTABLE    /*结果不可预料*/
        endif
    else ifS == 1 then
        N Flag = Rd[31]
        Z Flag = if Rd == 0 then 1 else 0
        C Flag = shifter_carry_out
        V Flag = unaffected
    endif
endif
```

【例 6 - 1】 数据传送指令的用法举例。

```
MOV   R1, R2           ; R1＝R2
MOV   R1, ♯10          ; R1＝10
MOV   PC, LR           ;PC＝LR,该指令用于从子程序返回
MOV   R2, R2 LSL ♯2    ; R2＝R2≪2,该指令用于实现纯移位操作
MVN   R1, ♯0xFF        ;将 16 进制数 0xFF 按位取反传送到 R1, 即 R1＝0xFFFFFF00
MOVEQ R1, ♯10          ;条件标志 Z＝1 时 R1＝10,否则 R1 不变
```

2. 算术逻辑运算指令

该类指令用于加、减算术运算和与、或、异或等逻辑运算，属于 3 操作数指令，有两个源操作数和一个目的操作数。指令语法格式如下：

　　　　<opcode>{cond}{S}　<Rd>,<Rn>,<shifter_operand>

指令编码格式如下：

31	28	27	26	25	24		21	20	19		16	15		12	11		0
cond		SBZ		I	opcode			S	Rn			Rd			shifter_operand		

上面编码中 opcode＝ADD|ADC|SUB|RSB|SBC|RSC|AND|BIC|EOR|ORR，其对应的二进制码分别为 0100|0101|0010|0011|0110|0111|0000|1110|0001|1100；其他编码含义与数据传送指令相似。

1) ADD(加法指令)

指令功能为 Rd＝Rn＋shifter_operand。当 S＝1 且 Rd＝R15 时，CPSR 更新方式与数据传送指令类似；当 S＝1 且 Rd≠R15 时，条件标志更新方法如下：

```
N Flag = Rd[31]
Z Flag = if Rd == 0 then 1 else 0
C Flag = CarryFrom(Rn + shifter_operand)
V Flag = OverflowFrom(Rn + shifter_operand)
```

【例 6-2】 ADD 指令的用法举例。

```
ADD Rx, Rx, #1        ;Rx＝Rx+1
ADD Rd, Rx, Rx, LSL #n  ;Rd= Rx∗(2ⁿ+1)
ADD Rs, PC, #offset     ;生成基于 PC 的跳转指针
```

2) ADC(带进位加法指令)

指令功能为 Rd＝Rn＋shifter_operand＋C Flag。当 S＝1 时，ADC 的状态寄存器更新方法与 ADD 指令类似，唯一差别在于 C 和 V 位，要考虑到进位，即：

```
C Flag = CarryFrom(Rn + shifter_operand + C Flag)
V Flag = OverflowFrom(Rn + shifter_operand + C Flag)
```

ADC 指令和 ADD 指令联合使用，可以实现两个 64 位的操作数相加。例如，寄存器 R0 和 R1 中放置一个 64 位的源操作数，其中 R0 中放置低 32 位数值，寄存器 R2 和 R3 中放置另一个 64 位的源操作数，其中 R2 中放置低 32 位数值，则下面的指令序列实现了两个 64 位操作数的加法操作，运算结果存放在寄存器 R5 和 R4 中，其中 R4 保存低 32 位数值。

```
ADDS  R4, R0, R2  ;加低端的字
ADC   R5, R1, R3  ;加高端的字，带进位
```

3) SUB(减法指令)

指令功能为 Rd＝Rn－shifter_operand。当 S＝1 且 Rd＝R15 时，CPSR 更新方式与数据传送指令类似；当 S＝1 且 Rd≠R15 时，条件标志更新方法如下(NOT 代表取反)：

　　　　N Flag = Rd[31]

　　　　Z Flag = if Rd == 0 then 1 else 0

　　　　C Flag = NOT BorrowFrom(Rn−shifter_operand)

　　　　V Flag = OverflowFrom(Rn−shifter_operand)

【例 6 - 3】 SUB 指令的用法举例。

```
SUB  R0，R1，R2    ;R0=R1−R2
SUB  R0，R1，#256  ;R0=R1−256
```

4）SBC（带借位减法指令）

指令功能为 Rd=Rn−shifter_operand−NOT(C Flag)，其中 NOT 表示 CPSR 中 C 条件标志位的反码。当 S=1 时，SBC 的状态位更新方法与 SUB 指令类似，唯一差别在于 C 和 V 位，要考虑到借位，即：

　　　　C Flag = NOT BorrowFrom(Rn−shifter_operand−NOT(C Flag))

　　　　V Flag = OverflowFrom(Rn−shifter_operand−NOT(C Flag))

SBC 指令和 SUBS 指令联合使用，可以实现两个 64 位的操作数相减。例如寄存器 R0 和 R1 中放置一个 64 位的源操作数，其中 R0 中放置低 32 位数值，寄存器 R2 和 R3 中放置另一个 64 位的源操作数，其中 R2 中放置低 32 位数值，则下面的指令序列实现了两个 64 位操作数的减法操作。

```
SUBS  R4，R0，R2
SBC   R5，R1，R3
```

需要注意的是，在 SUBS 指令中，如果发生了借位操作，CPSR 中的 C 标志位设置成 0；如果没有发生借位操作，CPSR 中的 C 标志位设置成 1。这与 ADDS 指令中的进位指令正好相反，主要是为了适应 SBC 等指令的操作需要。

5）RSB（逆向减法指令）

指令功能为 Rd=shifter_operand−Rn。当 S=1 时，RSB 指令根据操作的结果更新 CPSR 中相应的条件标志位，更新方法与 SUB 指令类似。

【例 6 - 4】 RSB 指令的用法举例。

```
RSB  R0，R1，#0         ;Rd=−R1
RSB  R0，R1，R2         ;Rd=R2−R1
RSB  Rd，Rx，Rx，LSL #n  ;Rd=Rx * (2ⁿ−1)
```

6）RSC（带借位逆向减法指令）

指令功能为 Rd=shifter_operand−Rn−NOT(C Flag)，其中 NOT 表示 CPSR 中 C 条件标志位的反码。当 S=1 时，RSC 指令根据操作的结果更新 CPSR 中相应的条件标志位，具体更新方法与 SBC 指令类似。

【例 6 - 5】 RSC 指令的用法举例。

下面的指令序列可以求一个 64 位数值的负数。64 位数放在寄存器 R0 与 R1 中，其负数放在 R2 与 R3 中。其中 R0 与 R2 中放低 32 位值。

```
RSBS  R2，R0，#0
RSC   R3，R1，#0
```

需要注意的是，在 RSBS 指令中，如果发生了借位操作，CPSR 中的 C 标志位设置成 0；如果没有发生借位操作，CPSR 中的 C 标志位设置成 1。这与 ADDS 指令中的进位指令正好相反。

7) AND(逻辑与操作指令)

指令功能为 Rd＝Rn ＆ shifter_operand(按位与，如果 shifter_operand 为立即数，要扩展成 32 位)。如果 S＝1，还要根据操作的结果更新 CPSR 中相应的条件标志位。

指令功能的伪代码如下：

```
if ConditionPassed(cond) then
    Rd = Rn AND shifter_operand
    if S == 1 and Rd == R15 then
        if CurrentModeHasSPSR() then
            CPSR = SPSR
        else
            UNPREDICTABLE      /*结果不可预料*/
        endif
    else if S == 1 then
        N Flag = Rd[31]
        Z Flag = if Rd == 0 then 1 else 0
        C Flag = shifter_carry_out
        V Flag = unaffected
    endif
endif
```

8) ORR(逻辑或操作指令)

指令功能为 Rd＝Rn | shifter_operand(按位或)。如果 S＝1，还要根据操作的结果更新 CPSR 中相应的条件标志位，更新方法与 AND 指令相同。

9) EOR(逻辑异或操作指令)

指令功能为 Rd＝Rn ˆ shifter_operand(按位异或，即相异为 1，相同为 0)。如果 S＝1，还要根据操作的结果更新 CPSR 中相应的条件标志位，更新方法与 AND 指令相同。

10) BIC (位清除指令)

BIC 指令用于清除寄存器<Rn>的某些位，并把结果保存到目标寄存器<Rd>中。如果 S＝1，还要根据操作的结果更新 CPSR 中相应的条件标志位，更新方法与 AND 指令相同。

【例 6-6】 AND、ORR、EOR 和 BIC 指令的用法举例。

```
AND R0, R0, #3    ;该指令保持 R0 的 0、1 位，其他位清零
ORR R0, R0, #3    ;该指令将 R0 的 0、1 位置 1，其他位保持不变
EOR R0, R0, #3    ;该指令反转 R0 的 0、1 位，其他位保持不变
BIC R0, R0, #3    ;该指令将 R0 中的 0、1 位置 0，其他位保持不变
```

3. 比较测试指令

这类指令属于 2 操作数指令，有两个源操作数，没有目的寄存器，因而不保存运算结

果，只用于更新 CPSR 中相应的条件标志位(N、Z、C 和 V 位)，包括 CMP、CMN、TST、
TEQ 指令。指令语法格式如下：

$\qquad$ <opcode>{cond}　<Rn>,<shifter_operand>

指令编码格式如下：

31	28 27 26	25 24	21 20	19	16 15	12 11	0
cond	SBZ	I	opcode	1	Rn	SBZ	shifter_operand

opcode=CMP|CMN|TST|TEQ，其对应的二进制码分别为 1010|1011|1000|1001。

1) CMP(比较指令)

CMP 指令从寄存器<Rn>中减去< shifter_operand >表示的数值，根据操作的结果
更新 CPSR 中相应的条件标志位，后面的指令就可以根据 CPSR 中相应的条件标志位来判
断是否执行。

指令功能的伪码如下：

```
if ConditionPassed(cond) then    /* cond 条件成立 */
    alu _out=Rn−shifter_operand
        N Flag = alu_out[31]
        Z Flag = if alu_out == 0 then 1 else 0
        C Flag = NOT Borrowfrom(Rn−shifter_operand)
        V Flag = OverflowFrom(Rn−shifter_operand)
```

2) CMN(基于相反数的比较指令)

CMN 指令将寄存器<Rn>中的值加上< shifter_operand >表示的数值，根据操作的
结果更新 CPSR 中相应的条件标志位，后面的指令就可以根据 CPSR 中相应的条件标志位
来判断是否执行。

指令功能的伪码如下：

```
if ConditionPassed(cond) then    /* cond 条件成立 */
    alu _out=Rn+shifter_operand
        N Flag = alu_out[31]
        Z Flag = if alu_out == 0 then 1 else 0
        C Flag = CarryFrom(Rn+shifter_operand)
        V Flag = OverflowFrom(Rn+shifter_operand)
```

3) TST(位测试指令)

TST 指令将寄存器<Rn>的值与< shifter_operand >表示的数值按位做逻辑与操
作，根据操作的结果更新 CPSR 中相应的条件标志位。

指令功能的伪码如下：

```
if ConditionPassed(cond) then    /* cond 条件成立 */
    alu _out=Rn AND shifter_operand
        N Flag = alu_out[31]
        Z Flag = if alu_out == 0 then 1 else 0
        C Flag = shifter_carry_out
        V Flag = unaffected
```

4）TEQ（相等测试指令）

TEQ 指令将寄存器<Rn>的值与<shifter_operand >表示的数值按位做逻辑异或操作，根据操作的结果更新 CPSR 中相应的条件标志位。其中，条件标志位的更新方法同 TST 指令。

【例 6 - 7】　比较测试指令用法举例（设 R0＝8，R1＝4，R2＝10）

CMP　R1，R0	;根据 R1－R0 的结果设置 CPSR 标志位，N＝1，Z＝C＝V＝0
CMN　R1，♯100	;根据 R1＋100 的结果设置 CPSR 标志位，N＝Z＝C＝V＝0
TST　R1，♯3	;测试 R1 的第 0、1 位是否为 1，N＝C＝V＝0，Z＝1
TST　R1，R2，LSL ♯1	;测试 R1 的第 2、4 位是否为 1，N＝Z＝C＝V＝0
TEQ　R1，R2	;测试 R1 与 R2 是否相等，N＝Z＝C＝V＝0
TEQ　R1，♯4	;测试 R1 与 4 是否相等，N ＝C＝V＝0，Z＝1

4. 乘法指令与乘加指令

ARM v5T 支持的乘法指令与乘加指令共有 6 条，可根据运算结果分为 32 位和 64 位两类。与前面的数据处理指令不同，指令中所有的操作数、目的寄存器必须为通用寄存器，不能对操作数使用立即数或被移位的寄存器，同时，目的寄存器和操作数 1 必须是不同的寄存器。乘法指令和乘加指令包括 MUL、MLA、SMULL、SMLAL、UMULL、UMLAL 共 6 条。此外，对于乘法指令，源寄存器或目的寄存器不能为 R15 寄存器，否则执行结果不可预测。

1）MUL（32 位乘法指令）

MUL 指令实现两个 32 位的数（可以为无符号数，也可以为有符号数）的乘法，并将低 32 位结果存放到一个 32 位的寄存器中。如果 S＝1，可以根据运算结果设置 CPSR 中相应的条件标志位。

指令编码格式如下：

31　　28	27　　　　　　　21	20	19　　　16	15　　　12	11　　　　8	7　　　4	3　　0
cond	0 0 0 0 0 0	S	Rd	SBZ	Rs	1 0 0 1	Rm

指令语法格式如下：

　　MUL{<cond>}{S}　<Rd>，<Rm>，<Rs>

{S}决定指令的操作是否影响 CPSR 中的条件标志位 N 位和 Z 位的值。Rd 为目标寄存器，Rm 为第 1 个乘数寄存器，Rs 为第 2 个乘数寄存器，Rd 和 Rm 必须不同。

指令操作的伪代码：

```
if ConditionPassed(cond) then    / * cond 条件成立 * /
    Rd＝(Rm * Rs)[31:0]
    if S＝＝1 then
        N Flag ＝Rd[31]
        Z Flag ＝ if Rd ＝＝ 0 then 1 else 0
        C Flag ＝unaffected
        V Flag ＝ unaffected
    endif
endif
```

注：由于两个 32 位的数相乘结果为 64 位，而 MUL 指令仅仅保存了 64 位结果的低 32 位，所以对于有符号的和无符号的操作数来说，MUL 指令执行的结果相同。

2）MLA（32 位带加数的乘法指令）

MLA 指令实现两个 32 位的数（可以为无符号数，也可为有符号数）的乘积，再将乘积加上第 3 个操作数，并将结果存放到一个 32 位的寄存器。如果 S=1，根据运算结果更新 CPSR 中 N 和 Z 标志位，更新方法与 MUL 相同。

指令编码格式如下：

31　　28	27　　　　　　　21	20	19　　　　16	15　　　　12	11　　　　　8	7　　　4	3　　　0
cond	0 0 0 0 0 1	S	Rd	Rn	Rs	1 0 0 1	Rm

指令的语法格式如下：

MLA{<cond>}{S}　　<Rd>,<Rm>,<Rs>,<Rn>

指令功能为 Rd=(Rm * Rs)[31：0]+Rn。由指令功能可见，Rd、Rm、Rs 和 MUL 指令相同，Rn 为第 3 个操作数所在的寄存器，该操作数是一个加数。此外，可以看到此指令实际为一条 4 操作数指令，有 3 个源操作数和 1 个目的操作数。

3）SMULL、SMLAL、UMULL 和 UMLAL（64 位乘法指令）

SMULL、SMLAL、UMULL 和 UMLAL 为 4 条 64 位的乘法指令，指令语法格式如下：

<opcode>{cond}{S}　　<RdLo>,<RdHi>,<Rm>,<Rs>

其中：<RdHi>寄存器存放乘积结果的高 32 位数据，<RdLo>寄存器存放乘积结果的低 32 位数据。

指令编码格式如下：

31　　28	27　　　　　21	20	19　　　16	15　　　12	11　　　　8	7　　　4	3　　0
cond	opcode	S	RdHi	RdLo	Rs	1 0 0 1	Rm

opcode=SMULL|SMLAL|UMULL|UMLAL，其对应的二进制码分别为 0000110 | 0000111|0000100|0000101。

4）SMULL（64 位有符号数乘法指令）

SMULL 指令实现两个 32 位的有符号数的乘积，乘积结果的高 32 位存放到一个 32 位的寄存器<RdHi>中，乘积结果的低 32 位存放到另一个 32 位的寄存器<RdLo>中。如果 S=1，可以根据运算结果设置 CPSR 中 N 和 Z 条件标志位。

指令操作的伪代码如下：

```
    if ConditionPassed(cond) then    / * cond 条件成立 * /
        RdHi=(Rm * Rs)[63:32]
        RdLo=(Rm * Rs)[31:0]
        if S==1 then
          N Flag =RdHi[31]
          Z Flag = if (RdHi==0)and(RdLo == 0) then 1 else 0
```

```
        C Flag = unaffected
        V Flag = unaffected
    endif
endif
```

5）SMLAL（64 位带加数的有符号数乘法指令）

SMLAL 指令将＜Rm＞和＜Rs＞两个 32 位的有符号数的乘积结果与＜RdHi＞和 ＜RdLo＞中的 64 位数相加，结果的高 32 位存放到寄存器＜RdHi＞中，结果的低 32 位存 放到另一个寄存器＜RdLo＞中。如果 S＝1，可以根据运算结果设置 CPSR 中 N 和 Z 条件 标志位，更新方法与 SMULL 相同。

6）UMULL（64 位无符号数乘法指令）

UMULL 指令实现两个 32 位的无符号数的乘积，乘积结果的高 32 位存放到一个 32 位的寄存器＜RdHi＞中，乘积结果的低 32 位存放到另一个 32 位的寄存器＜RdLo＞中。 如果 S＝1，可以根据运算结果设置 CPSR 中 N 和 Z 条件标志位，更新方法与 SMULL 相同。

7）UMLAL（64 位带加数的无符号数乘法指令）

UMLAL 指令将两个 32 位的无符号数的 64 位乘积结果与＜RdHi＞和＜RdLo＞中的 64 位无符号数相加，结果的高 32 位存放到寄存器＜RdHi＞中，结果的低 32 位存放到另 一个寄存器＜RdLo＞中。如果 S＝1，可以根据运算结果设置 CPSR 中 N 和 Z 条件标志位， 更新方法与 SMULL 相同。

【例 6 - 8】　典型乘法指令的用法举例。

```
MUL    R0, R1, R2       ;R0=(R1 * R2)[31:0]
MULS   R0, R1, R2       ;R0=(R1 * R2)[31:0],同时设置 CPSR 中 N 位和 Z 位
MLA    R0, R1, R2, R3   ;R0=(R1 * R2)[31:0]+R3
SMULL  R1, R2, R3, R4   ;R1=(R3 * R4)[31:0], R2=(R3 * R4)[63:32]
SMLAL  R0, R1, R2, R3   ;R0=(R2 * R3)[31:0]+R0, R1=(R2 * R3)[63:32]+R1
UMULL  R1, R2, R3, R4   ;R1=(R3 * R4)[31:0], R2=(R3 * R4)[63:32]
UMLAL  R1, R2, R3, R4   ;R1=(R3 * R4)[31:0]+R1, R2=(R3 * R4)[64:32]+R2
```

6.2.2　存储器访问指令

RISC 处理器的一大特色就是 Load/Store 架构，即只有 Load/Store 指令才能访问存储 器。Load 指令用于从内存中读取数据放入寄存器中，Store 指令用于将寄存器中的数据保 存到内存。

ARM 的 Load/Store 指令包括如下 3 类：

（1）单寄存器传输指令：单向在寄存器和存储器之间传输一个数据，一般一个操作数 来源于寄存器，另一个操作数的寻址方式可以有多种。

（2）多寄存器传输指令：单向在寄存器和存储器之间传输多个数据，寄存器可以为任 意 16 个通用寄存器的组合，存储器必须为连续的内存单元，存储器地址变化方式由指令中 的寻址模式确定。

（3）数据交换指令：双向在存储器和寄存器之间交换一个数据，既取数据又存数据。

1. 单寄存器传输指令

单寄存器传输指令包括 LDR、LDRB、LDRH、LDRSB、LDRSH、STR、STRB、STRH，下面一一进行解释。

1）LDR/LDRB/STR/STRB

这 4 条指令的基本功能如表 6-3 所示。

表 6-3　LDR/LDRB/STR/STRB 指令功能

指　令	功　　　能
LDR	从存储器中将一个 32 位的字数据传送到目的寄存器中
LDRB	从存储器中将一个 8 位的无符号字节数据传送到目的寄存器中的低 8 位，高 24 位补 0
STR	将目的寄存器中的 32 位数据存储到存储器中
STRB	将目的寄存器中的低 8 位数据存储到存储器中

注：当程序计数器(PC)作为 LDR 指令的目的寄存器时，指令从存储器中读取的字数据被当作指令地址，从而可以实现程序流程的跳转。

这 4 条指令的编码格式为

31　　　　28	27 26	25	24	23	22	21	20	19　　　16	15　　12	11　　　　　　　　0
cond	0 1	I	P	U	B	W	L	Rn	Rd	addr_mode

上述编码中的符号代表的意义如下：

◇　cond 为条件码。

◇　I 为寻址模式指示位。1 代表 addr_mode 是寄存器移位寻址模式；0 代表 addr_mode 是 12 位立即数。

◇　P 为变址方式指示位。1 代表前变址；0 代表后变址。

◇　U 为运算指示位。1 代表做加法；0 代表做减法。

◇　B 为字节访问指示位。0 代表 32 位存储；1 代表 8 位存储。

◇　W 为回写指示位。0 代表地址不回写到 Rn；1 代表回写到 Rn。

◇　L 为加载指示位。1 代表为 Load 指令；0 代表为 Store 指令。

◇　Rn 为基址寄存器。存储器地址是 Rn 和 addr_mode 运算的结果。

◇　Rd 为目的寄存器。

◇　addr_mode 为另一个操作数的寻址模式，可以为 12 位立即数或寄存器移位寻址。

指令的语法格式为

<opcode>{<cond>}{B}　<Rd>,<addressing_mode>

opcode=LDR|STR。addressing_mode 用来指定存储器的地址，与 I、P、U 和 W 位的设置相关，一般为 Rn 和 addr_mode 运算的结果。

下面以 LDR 指令为例，介绍上述指令操作的伪码。LDR 指令操作的伪代码如下：

```
      if ConditionPassed(cond) then
        if (CP15_reg1_Ubit == 0) then          //如果支持未对齐的字访问
          data = Memory[address, 4] Rotate_Right (8 * address[1:0])
        else / * CP15_reg_Ubit == 1 */
          data = Memory[address, 4]             //从内存 address 处取 4 字节
        endif
        if (Rd is R15) then
          if (ARMv5 or above) then
            PC = data AND 0xFFFFFFFE            //PC 地址半字对齐,最低一位置 0
            T Bit = data[0]                     //设置 CPSR 的 T 位
          else
            PC = data AND 0xFFFFFFFC            //PC 地址字对齐,最低两位置 0
          endif
        else
          Rd = data
        endif
      endif
```

2) LDRH/LDRSH/LDRSB/STRH

这 4 条指令的基本功能如表 6-4 所示。

表 6-4　LDRH/LDRSH/LDRSB/STRH 指令功能

指　令	功　　能
LDRH	从存储器中将一个 16 位的无符号半字数据传送到目的寄存器低 16 位,高 16 位补 0
LDRSH	从存储器中将一个 16 位的有符号半字数据传送到目的寄存器低 16 位,高 16 位补符号位
LDRSB	从存储器中将一个 8 位的有符号字节数据传送到目的寄存器低 8 位,高 24 位补符号位
STRH	将目的寄存器中的低 16 位数据存储到存储器中

这 4 条指令的编码格式为:

31　　28	27 26 25	24	23	22	21	20	19　　16	15　　12	11　　8	7	6	5	4	3　　0
cond	0 0 0	P	U	I	W	L	Rn	Rd	addr_mode	1	S	H	1	addr_mode

上述编码中的符号代表的意义如下:

◇　cond 为条件码。

◇　P 为变址方式指示位。1 代表前变址;0 代表后变址。

◇　U 为运算指示位。1 代表做加法;0 代表做减法。

◇　I 为寻址模式指示位。1 代表 addr_mode 是 8 位立即数;0 代表 addr_mode 是寄存器寻址模式,此时 addr_mode[11:8]=SBZ。

◇　W 为回写指示位。0 代表地址不回写到 Rn;1 代表回写到 Rn。

◇　L 为加载指示位。1 代表为 Load 指令;0 代表为 Store 指令。

◇　Rn 为基址寄存器。存储器地址是 Rn 和 addr_mode 运算的结果。

◇　Rd 为目的寄存器。

◇　addr_mode 为另一个操作数的寻址模式，可以为 8 位立即数或寄存器寻址。

◇　S 为有符号加载指示位。1 代表有符号加载；0 代表无符号加载。

◇　H 为半字访问指示位。1 代表 16 位的数据传输；0 代表 8 位的数据传输。

指令的语法格式为

<opcode>{<cond>}<type><Rd>，<addressing_mode>

opcode=LDR|STR，type=H|SH|SB。addressing_mode 用来指定存储器操作数的地址，与 P、U、I 和 W 位的设置相关，一般为 Rn 和 addr_mode 运算的结果。

下面以 LDRSH 指令为例，介绍上述指令操作的伪码。LDRSH 指令操作的伪代码如下：

```
if ConditionPassed(cond) then
    if (CP15_reg1_Ubit == 0) then      //如果支持未对齐半字访问
        if address[0] == 0 then
            data = Memory[address, 2]
        else
            data = UNPREDICTABLE
        endif
    else /* CP15_reg1_Ubit == 1 */
        data = Memory[address, 2]   //从存储器 address 地址处取 2 个字节数据
    endif
    Rd = SignExtend(data[15:0])      //高 16 位用数据的符号位进行扩展
endif
```

【例 6-9】 设 R1=0x9008、R2=0xA5B45A4B、R3=0xFFFFFFFC，存储器内容如图 6-1 所示（16 进制表示，小端访问）。在不考虑指令前后影响条件下，下面每条指令执行后寄存器或存储器的值为多少？

地　址	0	1	2	3	4	5	6	7	8	9	A	B	C	D	E	F
00009000	70	71	72	73	80	81	82	83	00	00	FF	FF	4B	B4	B4	4B
00009010	A0	A1	A2	A3	B0	B1	B2	B3	FF	00	00	00	A5	A5	5A	5A

图 6-1　存储器内容

```
LDRR0，[R1]            ;R0←Mem[R1，4]，即 R0=0xFFFF0000
LDRR0，[R1，#12]        ;R0←Mem[R1+12，4]，即 R0=0xB3B2B1B0
LDRR0，[R1，R3]         ;R0←Mem[R1+R3，4]，即 R0=0x83828180
LDRR0，[R1，#16]!       ;R0←Mem[R1+16，4]，R1←R1+16，即 R0=0xFF，R1=0x9018
LDRR0，[R1]，#16        ;R0←Mem[R1，4]，R1←R1+16，即 R0=0xFFFF0000，R1=0x9018
LDRBR0，[R1，#2]        ;R0←ZeroExtend(Mem[R1+2，1])，即 R0=0xFF
STRR2，[R1，#4]         ;Mem[R1+4,4]←R2，即地址 0x900C 开始 4 个字节为 4B、5A、B4 和 A5
STRBR2，[R1，#9]!       ;Mem[R1+9,1]←R2[7:0]，R1←R1+9，即地址 0x9011 处为 4B,R1
                        =0x9011
```

```
LDRHR0,[R1]          ;R0←ZeroExtend(Mem[R1,2]),即 R0=0
LDRHR0,[R1,#2]       ;R0←ZeroExtend(Mem[R1+2,2]),即 R0=0xFFFF
LDRSH R0,[R1,R3]     ;R0←SignExtend(Mem[R1+R3,2]),即 R0=0xFFFF8180
LDRSH R0,[R1],#2     ;R0←SignExtend(Mem[R1,2]),R1←R1+2,即 R0=0,
                      R1=0x900A
LDRSB R0,[R1,#3]     ;R0←SignExtend(Mem[R1+3,1]),即 R0=0xFFFFFFFF
STRHR2,[R1,#6]       ;Mem[R1+6]←R2[15:0],即地址 0x900E 开始 2 个字节为 4B、5A
```

对上面指令补充说明以下 3 点：

(1) Mem[addr, n]代表存储器中从地址 addr 开始的 n 个字节。如 R0←Mem[R1, 4]的意思是以 R1 的内容为起始地址，从存储器中取 4 个字节，送到 R0 寄存器中。

(2) ZeroExtend(•)代表 0 扩展，即寄存器的高位补 0。如 R0←ZeroExtend (Mem[R1+2, 1])，由于 Mem[R1+2, 1]仅从存储器取了 1 个字节，而 R0 的宽度为 4 个字节，因此需要采用 0 扩展方式将 R0 的高 3 个字节补 0。

(3) SignExtend(•)代表符号扩展，即寄存器的高位补符号位。如 R0←SignExtend (Mem[R1, 2])，由于 Mem[R1, 2]仅从存储器取了 2 个字节，因此需要采用符号扩展方式将 R0 的高 2 个字节补成取出数的符号位，这样就能确保加载数据时不改变数据的正负号。

2. 多寄存器传输指令(批量数据加载/存储指令)

ARM 处理器支持批量数据加载/存储指令，可用一条指令实现在地址连续的存储器单元和多个寄存器之间传送多个字数据。具体来说，批量数据加载指令 LDM 可以从地址连续的存储器中读取多个字数据，传送到指令中指定的多个寄存器；批量数据存储指令 STM 可以将指令中寄存器列表中的各个寄存器的值写入地址连续的存储器中。LDM/STM 指令的常见用途是将多个寄存器的内容入栈或出栈。

LDM/STM 指令的编码格式为：

31	28	27 26 25	24	23	22	21	20	19	16	15	0
cond		1 0 0	P	U	0	W	L	Rn		register_list	

上述编码中的符号代表的意义如下：

◇　cond 为条件码。

◇　P 为变址方式指示位。1 代表前变址；0 代表后变址。

◇　U 为运算指示位。1 代表做加法；0 代表做减法。

◇　W 为回写指示位。0 代表地址不回写到 Rn；1 代表回写到 Rn。

◇　L 为加载指示位。1 代表为 LDM 指令；0 代表为 STM 指令。

◇　Rn 为基址寄存器。

◇　register_list 为寄存器列表，R0～R15 每个寄存器 1 位，总共 16 位。

指令语法格式为：

```
LDM|STM{<cond>}<addr_mode><Rn>{!},<register_list>{^}
```

LDM/STM 指令比较特殊的是有独特的 addr_mode，用来指示存储器地址如何变化。

addr_mode 必须为以下 8 种情况，其中，前 4 种用于数据块传送操作，称为块拷贝寻址模式；后 4 种用于堆栈操作，称为堆栈寻址模式。

　　IA：每次传送后地址加 4。

　　IB：每次传送前地址加 4。

　　DA：每次传送后地址减 4。

　　DB：每次传送前地址减 4。

　　FD：满递减堆栈。

　　ED：空递减堆栈。

　　FA：满递增堆栈。

　　EA：空递增堆栈。

　　<Rn>为指令寻址模式中的基址寄存器，存放地址块的基准地址值。基址寄存器不允许为 R15。

　　{!}为可选后缀，若使用该后缀，则当数据传送完毕后，将最后的地址写入基址寄存器，否则基址寄存器的内容不改变。

　　<registers_list>为寄存器列表。其中寄存器和内存单元的对应关系满足以下规则：编号低的寄存器对应内存中的低地址单元，编号高的寄存器对应内存中的高地址单元。寄存器列表可以为通用寄存器 R0～R15 的任意组合。LDM 指令的寄存器列表中包括 R15 和 Rn 时，要仔细确认是否会造成不可预料的结果。

　　{^}为可选后缀，当指令为 LDM 且寄存器列表包含 R15 时，使用该后缀表示除了正常的数据传送之外，还将 SPSR 复制到 CPSR。同时，该后缀还表示传入或传出的是用户模式下的寄存器而不是当前模式下的寄存器。

　　LDM 指令操作的伪代码：

```
case addr_mode of
    IA: start_address = Rn
        end_address = Rn + (Number_Of_Set_Bits_In(register_list) * 4) - 4
    IB: start_address = Rn+4
        end_address = Rn + (Number_Of_Set_Bits_In(register_list) * 4)
    DA: start_address = Rn - (Number_Of_Set_Bits_In(register_list) * 4) + 4
        end_address = Rn
    DB: start_address = Rn - (Number_Of_Set_Bits_In(register_list) * 4)
        end_address = Rn - 4
if ConditionPassed(cond) then
    address = start_address              //start_address 不一定从 Rn 开始
    for i = 0 to 14
        if register_list[i] == 1 then
            Ri = Memory[address, 4] / Ri 代表第 i 个通用寄存器，i 从低到高
            address = address + 4         //地址始终是从低到高
        endif
    endfor
    if register_list[15] == 1 then
        value = Memory[address,4]
```

```
    if (v5 or above) then
        pc = value AND 0xFFFFFFFE
        T Bit = value[0]
    else
        pc = value AND 0xFFFFFFFC
    endif
    address = address + 4
endif
if W==1 then
    Rn = Rn +/- (Number_Of_Set_Bits_In(register_list) * 4)
endif
assert end_address == address-4
endif
```

STM 指令操作的伪代码：

```
case addr_mode of
    IA: start_address = Rn
        end_address = Rn + (Number_Of_Set_Bits_In(register_list) * 4) - 4
    IB: start_address = Rn+4
        end_address = Rn + (Number_Of_Set_Bits_In(register_list) * 4)
    DA: start_address = Rn - (Number_Of_Set_Bits_In(register_list) * 4) + 4
        end_address = Rn
    DB: start_address = Rn - (Number_Of_Set_Bits_In(register_list) * 4)
        end_address = Rn - 4
if ConditionPassed(cond) then
    address = start_address
    for i = 0 to 15
        if register_list[i] == 1 then
            Memory[address,4] = Ri       //低寄存器的值存在低地址
            address = address + 4
        endif
    endfor
    if W==1 then
        Rn = Rn +/- (Number_Of_Set_Bits_In(register_list) * 4)
    endif
    assert end_address == address - 4
endif
```

在进行数据复制时，即从存储器中把一段数据复制到另外一个位置时，一般采用块拷贝寻址模式。此时，需要先设置好源指针和目标指针，然后使用块拷贝寻址指令 LDMIA/STMIA、LDMIB/STMIB、LDMDA/STMDA、LDMDB/STMDB 进行读取和存储。

在进行程序现场保护（即要把多个寄存器的值放入堆栈），或进行现场恢复（即从堆栈取出多个寄存器的值）时，一般采用堆栈寻址模式。此时，需要先设置好堆栈指针（SP），然后使用堆栈寻址指令 STMFD/LDMFD、STMED/LDMED、STMFA/LDMFA 和 STMEA/LDMEA 实现堆栈操作。

【例 6 - 10】 设 R4＝0x8010，分析下面块拷贝指令 STM 执行后 R4 及存储器的值（不考虑指令执行相互间的影响）。

STMIA	R4!，{R0 - R3}	;将寄存器列表中的{R0 - R3}存入基址寄存器 R4 指向的存储器中，每次传送后地址加 4，存储器值如图 6 - 2(a)所示，最后的地址写入基址寄存器 R4 中，R4＝0x8020
STMIB	R4!，{R0 - R3}	;将寄存器列表中的{R0 - R3}存入基址寄存器 R4 指向的存储器中，每次传送前地址加 4，存储器值如图 6 - 2(b)所示，最后的地址写入基址寄存器 R4 中，R4＝0x8020
STMDA	R4!，{R0 - R3}	;将寄存器列表中的{R0 - R3}存入基址寄存器 R4 指向的存储器中，每次传送后地址减 4，存储器值如图 6 - 2(c)所示，最后的地址写入基址寄存器 R4 中，R4＝0x8000
STMDB	R4!，{R0 - R3}	;将寄存器列表中的{R0 - R3}存入基址寄存器 R4 指向的存储器中，每次传送前地址减 4，存储器值如图 6 - 2(d)所示，最后的地址写入基址寄存器 R4 中，R4＝0x8000

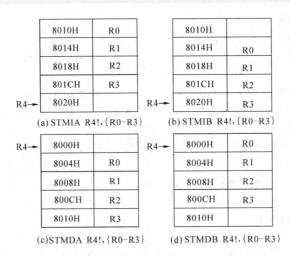

图 6 - 2　块拷贝批量数据存储指令的使用

【例 6 - 11】 设 SP＝0x8010，分析下面 STM 指令执行后 SP 及存储器的值（不考虑指令执行相互间的影响）。

STMEA	SP!，{R0 - R3}	;将寄存器列表中的{R0 - R3}存入基址寄存器 SP 指向的存储器中，每次传送后地址加 4，存储器值如图 6 - 3(a)所示，最后的地址写入基址寄存器 SP 中，SP＝0x8020
STMFA	SP!，{R0 - R3}	;将寄存器列表中的{R0 - R3}存入基址寄存器 SP 指向的存储器中，每次传送前地址加 4，存储器值如图 6 - 3(b)所示，最后的地址写入基址寄存器 SP 中，SP＝0x8020
STMED	SP!，{R0 - R3}	;将寄存器列表中的{R0 - R3}存入基址寄存器 SP 指向的存储器中，每次传送后地址减 4，存储器值如图 6 - 3(c)所示，最后的地址写入基址寄存器 SP 中，SP＝0x8000
STMFD	SP!，{R0 - R3}	;将寄存器列表中的{R0 - R3}存入基址寄存器 SP 指向的存储器中，每次传送前地址减 4，存储器值如图 6 - 3(d)所示，最后的地址写入基址寄存器 SP 中，SP＝0x8000

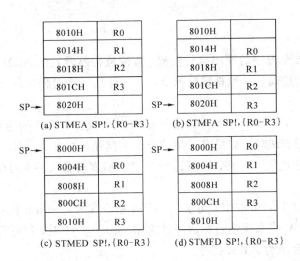

图 6 - 3　堆栈批量数据存储指令的使用

3. 数据交换指令

数据交换指令能在存储器和寄存器之间实现双向数据传输，既有存数据，也有加载数据。数据交换指令包括 SWP 和 SWPB，SWP 实现字数据(32 位)交换，SWPB 实现字节数据(8 位)交换。

指令的编码格式为：

31	28	27 26 25 24 23	22	21 20	19　　　　16	15　　　12	11　　　8	7　　　4	3　　　0
cond		0 0 0 1 0	B	0 0	Rn	Rd	0 0 0 0	1 0 0 1	Rm

指令编码中的 B 位(第 22 位)是交换宽度指示位，B＝1 代表 SWPB 指令，B＝0 代表 SWP 指令。

指令的语法格式为：

SWP{<cond>}{B}　<Rd>,<Rm>,<Rn>

指令中包含的三个寄存器的作用是：Rd 为目的寄存器，即从存储器取出的数据要放在此寄存器；Rm 为源寄存器，即此寄存器的数据要存到内存中；Rn 指向存储器某个地址，该位置的数据是 Rd 的源，是 Rm 的目的地址。

当 Rd 和 Rm 为同一个寄存器时，SWP 指令直接交换寄存器和存储器的数据。由于 SWPB 支持的数据宽度为字节，因此是从存储器取一个字节的数到 Rd 第 8 位，Rd 的高 24 位直接补 0；同样，只将 Rm 寄存器的低 8 位存到存储器中。此外，Rd、Rm 和 Rn 都不能为 R15(PC)寄存器，否则执行结果不可预料。

【例 6 - 12】SWP 指令用法举例。

```
SWP   R0,R1,[R2]      ;将 R2 所指向的存储器中的字数据传送到 R0,同时将 R1 中的字数
                        据传送到 R2 所指向的存储单元
SWPB  R0,R1,[R2]      ;将 R2 所指向的存储器中的字节数据传送到 R0,R0 的高 24 位清零,
                        同时将 R1 的低 8 位数据传送到 R2 所指向的存储单元
```

6.2.3　跳转指令

跳转指令用于改变程序的顺序执行流程，实现流程跳转。在 ARM v5 指令集中有两种方式可以实现程序的跳转：一种是跳转指令；另一种是直接向程序计数器 PC(R15)中写入目标地址值。

通过直接向 PC 寄存器中写入目标地址值可以实现在 4 GB 的地址空间中任意跳转，这种跳转指令又称为长跳转。如果在长跳转指令之前使用"MOV LR，PC"等指令，可以保存将来返回的指令地址值。可见，通过这种方式能够实现在 4 GB 的地址空间中的子程序调用。

在 ARM v5 及以上的版本中，可实现 ARM 指令集和 Thumb 指令集的混合使用。指令通过目标地址的 bit[0]来确定目标程序的类型。bit[0]=1 时，目标程序为 Thumb 指令；bit[0]=0 时，目标程序为 ARM 指令。

ARM 的跳转指令可以在当前指令向前或向后的 32 MB 的地址空间跳转。这类跳转指令有如下 4 种：

(1) B{cond}：最基本的跳转指令。如果没有 cond，该指令为无条件跳转指令，即一定发生跳转；如果设置了 cond，则只有 cond 成立，才会发生跳转，即此时为条件跳转。

(2) BX{cond}：带状态切换的跳转指令。与 B{cond}的差别在于跳转时改变处理器的状态。

(3) BL{cond}：带返回的跳转指令。与 B{cond}的差别在于跳转时将这条指令后面指令的地址写入 R14(LR)寄存器。

(4) BLX{cond}：带返回和状态切换的跳转指令。与 B{cond}的差别在于跳转时既发生处理器状态切换，也将这条指令后面指令的地址写入 LR 寄存器。

1. B/BL 指令

指令的编码格式：

31　　　28	27　　25	24	23　　　　　　　　　　　　　　　　　　　　　0
cond	1 0 1	L	signed_immed_24

上面编码中，L=1，代表为 BL 指令，否则为 B 指令。signed_immed_24 为有符号的 24 位立即数，代表相对当前 PC 的偏移数。

指令的语法格式：

```
B{L} {cond}   <target_address>
```

其中：

L 决定是否保存返回地址。当有 L 时，将紧跟在跳转指令之后指令的地址保存到 LR 寄存器中；当没有 L 时，跳转指令之后指令的地址将不会保存到 LR 寄存器中。

target_address 为指令跳转的目标地址，其计算方法如下：

(1) 将指令中的 24 位带符号的二进制立即数扩展为 30 位。

(2) 将此 30 位数左移两位以形成 32 位值。

(3) 将得到的值与 PC 寄存器的值做加法，即得到跳转的目标地址。

由上述计算方法可知，跳转的范围大致为 -32 MB$\sim +32$ MB。

指令操作的伪代码：

```
if ConditionPassed(cond) then
  if L == 1 then
    LR = address of the instruction after the branch instruction
  endif
  PC = PC + (SignExtend_30(signed_immed_24) << 2)
endif
```

【例 6 - 13】　B 及 BL 指令的使用。

```
B   WAITA        ;程序跳转到标号 WAITA 处执行
B   0x1234       ;程序跳转到绝对地址 0x1234 处
BL  Label        ;先将下一条指令的地址保存到 LR，再跳转到 Label 处
```

2. BX 指令

BX(Branch and Exchange)指令跳转到指令中指定的目标地址，目标地址处的指令可以是 ARM 指令，也可以是 Thumb 指令，具体由寄存器 Rm 的 bit[0]决定。

指令的编码格式：

31　　　28	27　　　　　　　　　　20	19　　　　　　　　　　　　8	7　　　4	3　　　　0
cond	00010010	SBO	0001	Rm

上面编码中，SBO 代表全 1(下同)。

指令的语法格式：

```
BX{<cond>} Rm
```

其中，Rm 寄存器中为跳转的目标地址。当 Rm 寄存器的 bit[0]=0 时，目标地址处的指令为 ARM 指令；当 bit[0]=1 时，目标地址处的指令为 Thumb 指令。

指令操作的伪代码：

```
if ConditionPassed(cond) then
  CPSR T bit = Rm[0]
  PC = Rm AND 0xFFFFFFFE
endif
```

指令的使用：

```
ADRL  R0, ThumbFun+1    ;将 Thumb 程序的入口地址加 1 存入 R0
BX    R0                ;跳转到 R0 指定的地址
```

3. BLX 指令

BLX 指令有两种形式，为方便讲述，将这两种形式记为 BLX(1)和 BLX(2)。

1) BLX(1)指令

不像大多数的 ARM 指令都可以条件执行，BLX(1)是无条件执行指令。这也就是说，BLX(1)指令一定会跳转到指令中指定的目标地址，并将程序状态切换为 Thumb 状态，同时将返回地址保存到 LR 寄存器中。通常，BLX(1)用于在 ARM 程序中调用 Thumb 指令

的子程序。

BLX(1)指令的编码格式如下：

31		28 27 26 25	24 23 22 21 20 19	16 15	12 11	8 7	4 3	0
1 1 1 1		1 0 1	H		signed_immed_24			

BLX(1)指令的语法格式：

> BLX　<target_address>

target_address 为指令跳转的目标地址，其计算方法如下：

(1) 将指令中的 24 位带符号的二进制立即数扩展为 30 位。

(2) 将此 30 位数左移两位以形成 32 位值。

(3) 将上步得到的 32 位数的 bit[1]设置为 H(H 即指令编码中的 bit[24])。

(4) 将上步得到的 32 位数与 PC 寄存器的内容做加法，结果即为跳转的目标地址。

BLX(1)指令操作的伪代码：

> LR = address of the instruction after the BLX instruction
> CPSR T bit = 1
> PC = PC + (SignExtend(signed_immed_24) << 2) + (H << 1)

2) BLX(2)指令

BLX(2)指令从 ARM 指令集跳转到指令中指定的目标地址，目标地址的指令可以是 ARM 指令，也可以是 Thumb 指令。目标地址放在寄存器 Rm 中，目标地址处的指令类型由 Rm 的 bit[0]决定。同时，该指令也将返回地址保存到 LR 寄存器中。

指令的编码格式：

31	28 27	20 19	8 7	4 3	0
cond	0 0 0 1 0 0 1 0	SBO	0 0 1 1	Rm	

BLX(2)指令的语法格式：

> BLX{<cond>}　Rm

其中，Rm 寄存器中为跳转的目标地址。当 Rm 的 bit[0]=0 时，目标地址处的指令为 ARM 指令；当 bit[0]=1 时，目标地址处的指令为 Thumb 指令。当 Rm 为 R15 时，会产生不可预知的结果。

指令操作的伪代码：

> if ConditionPassed(cond) then
> 　　target = Rm
> 　　LR = address of instruction after the BLX instruction
> 　　CPSR T bit = target[0]
> 　　PC = target AND 0xFFFFFFFE
> endif

6.2.4　杂项指令

本节介绍 3 条最常用的杂项指令，它们为软中断指令 SWI、状态寄存器读指令 MRS

和状态寄存器写指令 MSR。

1. SWI(软中断指令)

软中断指令 SWI 用于产生软件中断，ARM 通过这种机制实现在用户模式对操作系统中特权模式的程序的调用。操作系统在 SWI 的异常中断处理程序中提供相关的系统服务，并定义了参数传递的方法。通常有以下两种方法：

(1) 指令中的 24 位立即数指定了用户请求的服务类型，参数通过通用寄存器传递。

(2) 指令中的 24 位立即数被忽略，用户请求的服务类型由寄存器 R0 的数值决定，参数通过其他的通用寄存器传递。

指令的编码格式：

31　　28	27　　24	23　　　　　　　　　　　　　　　　0
cond	1 1 1 1	immed_24

指令的语法格式：

```
SWI{<cond>} <immed_24>
```

指令操作的伪代码：

```
if ConditionPassed(cond) then
    R14_svc = address of next instruction after the SWI instruction
    SPSR_svc = CPSR
    CPSR[4:0] = 0b10011 / * Enter Supervisor mode * /
    CPSR[5] = 0 / * Execute in ARM state * /
    CPSR[7] = 1 / * Disable normal interrupts * /
    PC = high vectors configured ? 0xFFFF0008 : 0x00000008
endif
```

指令的使用：

```
MOV  R0, #34    ;通过寄存器 R0 传递参数
SWI  12         ;产生软件中断,调用操作系统编号为 12 的系统例程
```

上述指令也可以改写为：

```
MOV  R0, #12    ;通过寄存器 R0 传递请求的系统例程
MOV  R1, #34    ;通过寄存器 R1 传递参数
SWI  10         ;产生软件中断
```

2. MRS(状态寄存器读指令)

MRS 指令用于将程序状态寄存器的内容传送到通用寄存器中。该指令一般用于以下两种情况。

(1) 当需要改变程序状态寄存器的内容时，可用 MRS 指令将程序状态寄存器的内容读入通用寄存器，修改后再写回程序状态寄存器。

(2) 当在异常中断或进程切换时，需要保存当前程序状态寄存器值，可先用 MRS 指令读出程序状态寄存器的值，然后保存。

指令的编码格式：

31	28	27	26	25	24	23	22	21	20	19		16	15		12	11		0
cond		0	0	0	1	0	R	0	0	SBZ			Rd			SBZ		

指令的语法格式：

  MRS{<cond>}　<Rd>,PSR

上述语法格式中，Rd 为通用寄存器，PSR 为当前状态寄存器(CPSR)或备份状态寄存器(SPSR)，由 R 位(即 bit[22])指定。

指令操作的伪代码如下：

```
if ConditionPassed(cond) then
    if R == 1 then
        Rd = SPSR
    else
        Rd = CPSR
    endif
endif
```

3. MSR(状态寄存器写指令)

MSR 指令用于将通用寄存器的内容或一个立即数传送到状态寄存器特定域中，即用于恢复状态寄存器的内容或者改变状态寄存器的内容。在使用时，建议在 MSR 指令中指明将要操作的域。

MSR 指令的编码格式如下：

31	28	27	26	25	24	23	22	21	20	19		16	15		12	11		8	7		0
cond		0	0	I	1	0	R	1	0	field_mask			SBO			Operand2					

上述编码中，I 位(即 bit[25])用来指定 Operand2 的形式，R 位用来指定是哪个状态寄存器，field_mask 用来指定操作的域。具体来说，I=1 则 Operand2 由 4 位循环右移立即数 rotate_imm_4 和 8 位立即数 imm_8 构成，I=0 则 Operand2 来源于 Rm 寄存器；R 位用法同 MRS 指令；field_mask(即 bit[19:16])每位依次代表操作状态寄存器的标志位域(PSR[31:24])、状态位域(PSR[23:16])、扩展位域(PSR[15:8])和控制位域(PSR[7:0])。

指令的语法格式：

  MSR{<cond>}　PSR _<fields>,<Operand2>

上述语法中，PSR=CPSR|SPSR，fields=f|s|x|c，Operand2= #immediate|Rm。

指令操作的伪代码如下：

```
if ConditionPassed(cond) then
    if opcode[25] == 1 then
        operand = 8_bit_immediate Rotate_Right (rotate_imm * 2)
    else
        operand = Rm
    endif
```

```
        if (operand AND UnallocMask) ! ==0 then
           byte_mask = (if field_mask[0]== 1 then 0x000000FF else 0x00000000) OR
                       (if field_mask[1]== 1 then 0x0000FF00 else 0x00000000) OR
                       (if field_mask[2]== 1 then 0x00FF0000 else 0x00000000) OR
                       (if field_mask[3]== 1 then 0xFF000000 else 0x00000000)
        endif
        if R == 0 then
           if InAPrivilegedMode() then
              if (operand AND StateMask) ! = 0 then
                 UNPREDICTABLE / * Attempt to set non-ARM execution state * /
              else
                 mask = byte_mask AND (UserMask OR PrivMask)
              endif
           else
              mask = byte_mask AND UserMask
              CPSR = (CPSR AND NOT mask) OR (operand AND mask)
           endif
        else / * R == 1 * /
           if CurrentModeHasSPSR() then
              mask = byte_mask AND (UserMask OR PrivMask OR StateMask)
              SPSR = (SPSR AND NOT mask) OR (operand AND mask)
           else
              UNPREDICTABLE
           endif
        endif
     endif
```

上述伪码中的 UnallocMask、UserMask、PrivMask 和 StateMask 在 ARM v5T 版本中对应的值依次为 0x0FFFFF00、0xF0000000、0x0000000F 和 0x00000020。此外，不能用 MSR 指令改变 PSR 的 T 位，否则结果不可预料。

<fields>设置程序状态寄存器中需要操作的位。状态寄存器的 32 位可以分为 4 个域。

【例 6 - 14】 MRS 和 MSR 指令使用举例。

```
    MRS R0, CPSR            ; 读 CPSR
    BIC R0, R0, #0xF0000000 ; 清除 CPSR 的 N、Z、C、V 标志位
    MSR CPSR_f, R0          ; 更新 CPSR 的 4 个标志位，即 N、Z、C、V 全为零
    MRS R0, CPSR            ; 读 CPSR
    ORR R0, R0, #0x80       ; 置 CPSR 的 I 位为 1
    MSR CPSR_c, R0          ; 更新 CPSR 的控制域，关闭 IRQ 中断
    MRS R0, CPSR            ; 读 CPSR
    BIC R0, R0, #0x1F       ; 清除 CPSR 的模式位
    ORR R0, R0, #0x11       ; 置 CPSR 的模式为 FIQ 模式
    MSR CPSR_c, R0          ; 更新 CPRS 的控制域，切换成 FIQ 模式
```

6.3　Thumb 指令集

6.3.1　Thumb 指令集概述

Thumb 指令集是对 ARM 指令集重新编码得到的子集，它旨在增强使用 16 位或更窄数据总线实现的 ARM 处理器的性能和提供比 ARM 指令集更好的代码密度。ARM 指令集的 T 变种同时包含 32 位的 ARM 指令集和 16 位 Thumb 指令集。在 ARM v6 及以上指令版本中，Thumb 指令集支持是必需的。

Thumb 指令集不改变底层 ARM 架构的编程模型，但对资源的访问做出了限制。所有的 Thumb 数据处理指令仍然支持 32 位的操作，指令和数据的寻址空间也仍然是 32 位。当读 R15 寄存器时，bit[0]恒为 0，bits[31:1]是指令的 PC。当写 R15 寄存器时，bit[0]会被忽略，bits[31:1]被写到 PC。此外，执行 Thumb 指令时，CPSR 的 T 位（即 bit[5]）为 1，此时是 16 位取指，同时每执行一条指令 PC 加 2。

当处理器执行 Thumb 指令集时，8 个通用寄存器（即 8 个低寄存器 R0～R8）可以访问，这与执行 ARM 指令集时访问的是相同的物理寄存器。有些 Thumb 指令可以访问 PC 寄存器（ARM 的 R15）、LR 寄存器（ARM 的 R14）和 SP 寄存器（ARM 的 R13）。还有少量指令可以访问 R8～R15（即 8 个高寄存器）。

由于 Thumb 指令集只实现 16 位的指令长度，因而也舍弃了 ARM 指令集的一些特性，如大多数 Thumb 指令是无条件执行的，大多数 Thumb 指令采用 2 地址格式。此外，要实现相同的程序功能，所需的 Thumb 指令的条数要比 ARM 指令多。一般而言，Thumb 指令与 ARM 指令的时间效率和空间效率的关系为：

◇　Thumb 代码所需的存储空间为 ARM 代码的 60%～70%。
◇　Thumb 代码使用的指令数比 ARM 代码多 30%～40%。
◇　若使用 16 位的存储器，Thumb 代码比 ARM 代码快 40%～50%。
◇　与 ARM 代码相比，使用 Thumb 代码，存储器的功耗会降低约 30%。

6.3.2　Thumb 指令集编码

本节仅给出 Thumb 指令集总体的编码方式，如图 6-4 所示，具体的每条 Thumb 指令的编码方式请参见 ARM 指令集手册。

图 6-4 中[]标注的具体意义如下：

[1] opcode 域在本行不允许为 11，其他行的 opcode 域可以为 11。
[2] cond 域在本行不允许为 1110 和 1111。
[3] 在 ARM v5T 之前的版本中，若 L=1，指令执行结果不可预料。
[4] 在 ARM v5T 之前的版本中，这是一条未定义指令。

比较 ARM 指令和 Thumb 指令的编码方式可以看出，由于 Thumb 指令集是 16 位编码，每条 Thumb 指令可编码的内容大幅度减少，每个编码方式能容纳的指令数也变少，造成 Thumb 指令的编码方式更多，这些都会使得 Thumb 指令的译码更加复杂。

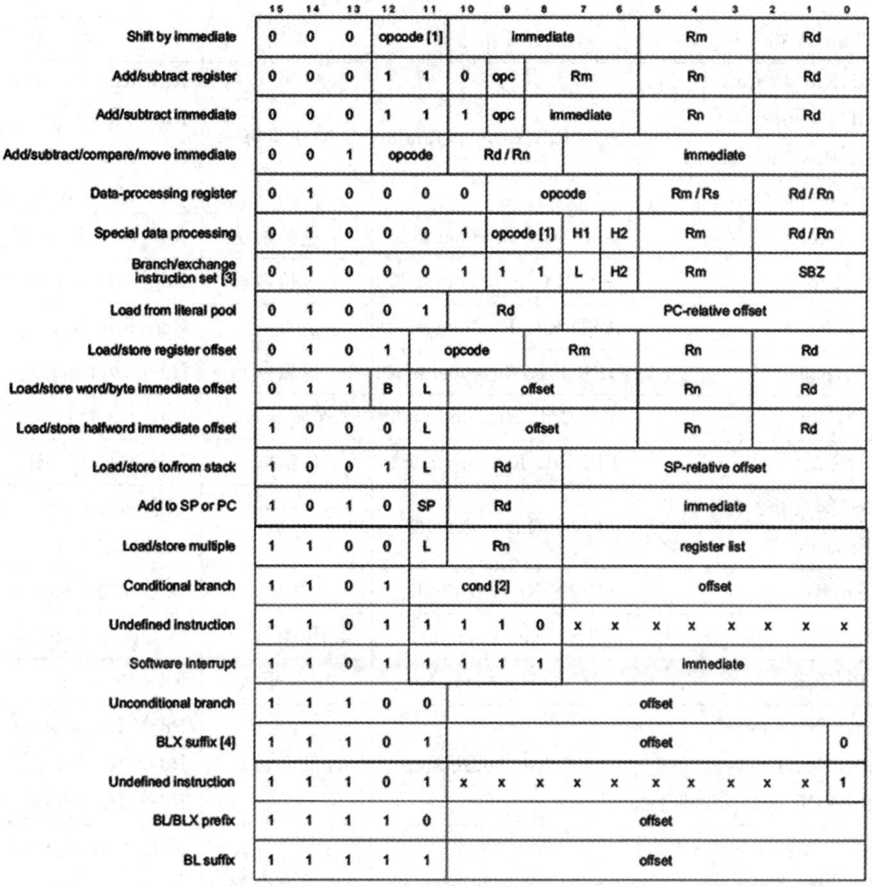

指令	15	14	13	12	11	10	9	8	7	6	5	4	3	2	1	0
Shift by immediate	0	0	0	opcode [1]		immediate					Rm			Rd		
Add/subtract register	0	0	0	1	1	0	opc	Rm			Rn			Rd		
Add/subtract immediate	0	0	0	1	1	1	opc	immediate			Rn			Rd		
Add/subtract/compare/move immediate	0	0	1	opcode		Rd / Rn			immediate							
Data-processing register	0	1	0	0	0	0	opcode				Rm / Rs			Rd / Rn		
Special data processing	0	1	0	0	0	1	opcode [1]		H1	H2	Rm			Rd / Rn		
Branch/exchange instruction set [3]	0	1	0	0	0	1	1	1	L	H2	Rm			SBZ		
Load from literal pool	0	1	0	0	1	Rd			PC-relative offset							
Load/store register offset	0	1	0	1	opcode			Rm			Rn			Rd		
Load/store word/byte immediate offset	0	1	1	B	L	offset					Rn			Rd		
Load/store halfword immediate offset	1	0	0	0	L	offset					Rn			Rd		
Load/store to/from stack	1	0	0	1	L	Rd			SP-relative offset							
Add to SP or PC	1	0	1	0	SP	Rd			immediate							
Load/store multiple	1	1	0	0	L	Rn			register list							
Conditional branch	1	1	0	1	cond [2]				offset							
Undefined instruction	1	1	0	1	1	1	1	0	x	x	x	x	x	x	x	x
Software interrupt	1	1	0	1	1	1	1	1	immediate							
Unconditional branch	1	1	1	0	0	offset										
BLX suffix [4]	1	1	1	0	1	offset										0
Undefined instruction	1	1	1	0	1	x	x	x	x	x	x	x	x	x	x	1
BL/BLX prefix	1	1	1	1	0	offset										
BL suffix	1	1	1	1	1	offset										

图 6 - 4　Thumb 指令集编码方式

6.3.3　Thumb 指令集举例

表 6 - 5 给出部分 Thumb 指令与 ARM 指令的对应关系，更多 Thumb 指令的细节请参考 ARM 指令集手册。

表 6 - 5　部分 Thumb 指令和 ARM 指令的对照表

Thumb 指令	ARM 指令	说明	操　作
MOV Rd, ♯expr8 MOV Rd, Rm	MOV Rd, operand2	数据传送	Rd←♯expr8 Rd←Rm
MVN Rd, Rm	MVN Rd, operand2	数据非传送	Rd←(∼Rm)

ADD Rd, Rn, ♯expr3
ADD Rd, ♯expr8
ADD Rd, Rn, Rm
ADD Rd, Rm
ADD Rd, Rp, ♯expr8 * 4
ADD SP, ♯expr7 * 4
	ADD Rd, Rn, operand2	加法运算	Rd←Rn+♯expr3
			Rd←Rd+expr8
			Rd←Rn+Rm
			Rd←Rd+Rm
			Rd←SP｜PC+expr8 * 4
			SP←SP+expr7 * 4

Thumb 指令	ARM 指令	说明	操作
SUB Rd，Rn，# expr3 SUB Rd，# expr8 SUB Rd，Rn，Rm SUB SP，# expr7 * 4	SUB Rd，Rn，operand2	减法运算	Rd←Rn− # expr3 Rd←Rd−expr8 Rd←Rn−Rm SP←SP−expr7 * 4
ADC Rd，Rm	ADC Rd，Rn，operand2	带进位加法	Rd←Rd+Rm+C
SBC Rd，Rm	SBC Rd，Rn，operand2	带进位减法	Rd←Rd−Rm−（NOT C）
AND Rd，Rm	AND Rd，Rn，operand2	逻辑与	Rd←Rd&Rm
ORR Rd，Rm	ORR Rd，Rn，operand2	逻辑或	Rd←Rd|Rm
EOR Rd，Rm	EOR Rd，Rn，operand2	逻辑异或	Rd←Rd˙Rm
BIC Rd，Rm	BIC Rd，Rn，operand2	位清除	Rd←Rd&（～Rm）
CMP Rn，# expr8 CMP Rn，Rm	CMP Rn，operand2	比较	状态标志←Rn− # expr8 状态标志←Rn−Rm
CMN Rn，Rm	CMN Rn，operand2	负数比较	状态标志←Rn+Rm
TST Rn，Rm	TST Rn，operand2	位测试	状态标志←Rn&Rm
MUL Rn，Rm	MUL Rd，Rm，Rs	32 位乘法	Rd←Rd * Rm
LDRRd，[Rn，# expr5 * 4] LDR Rd，[Rn，Rm] LDR Rd，[Rp，# expr8 * 4]	LDR Rd，addressing	加载字数据	Rd←[Rn，# expr5 * 4] Rd←[Rn，Rm] Rd←[PC|SP，# expr8 * 4]
STR Rd，[Rn，# expr5 * 4] STR Rd，[Rn，Rm] STR Rd，[SP，# expr8 * 4]	STR Rd，addressing	存储字数据	[Rn，# expr5 * 4] ←Rd [Rn，Rm] ←Rd [SP，# expr8 * 4] ←Rd

上表中，ARM 数据处理指令中的 operand2 就是前面指令介绍中的 shifter_operand，Load/Store 指令中的 addressing 代表内存操作数的寻址模式。此外，由于 Thumb 指令编码比特数只有 16 比特，故对寄存器和立即数有如下限制：

◇ Rd 表示目的寄存器，必须为 R0～R7 中的任一寄存器；
◇ Rm、Rn 表示源寄存器，必须为 R0～R7 中的任一寄存器；
◇ Rp 为源寄存器，必须是 PC 寄存器或 SP 寄存器；
◇ expr3 为 3 bit 立即数，即 0～7；
◇ expr5 为 5 bit 立即数，即 0～31；
◇ expr8 为 8 bit 立即数，即 0～255；
◇ expr7 * 4 为 7 bit 立即数，且为 4 的整数倍的数，即 −508～+508 中的 4 的整数倍的数。

从表 6-5 可以看出，部分 Thumb 指令比 ARM 指令更加复杂。例如，ADD 指令在 Thumb 指令中有 6 种语法形式，而对应的 ARM 指令只有 1 种语法形式。因此，与基于 ARM 指令集的汇编程相比，基于 Thumb 指令集的汇编编程更复杂，故在用 Thumb 指令编写汇编程序时，要注意选择合适的指令语法格式。

6.4　ARM 指令的寻址方式

寻址方式是指根据指令给出的地址信息得到操作数物理地址的方式。在 ARM 指令集中，共有立即数寻址、寄存器寻址、寄存器间接寻址、基址变址寻址、多寄存器寻址、寄存器移位寻址、相对寻址、堆栈寻址、块拷贝寻址 9 种寻址方式。

6.4.1　寻址方式的类型

1. 立即数寻址

立即数寻址是一种特殊的寻址方式，操作数就在指令编码中给出，只要取出指令也就得到了操作数，故而这个操作数被称为立即数。如下面指令：

```
MOV  R3, #0x3A      ;将十六进制数 3a 放到寄存器 R3 中，即 R3＝0x3A
```

在上面的指令中，第 2 个源操作数即为立即数，实际使用时以“#”符号作为前缀。十六进制的立即数在“#”后面加“0x”，以二进制表示的立即数在“#”后面加“%”，以十进制表示的立即数直接跟在“#”后。

2. 寄存器寻址

操作数的值在寄存器中，指令中的地址码字段指出的是寄存器编号，指令执行时直接取出寄存器值来操作。寄存器寻址是各类处理器经常采用的一种寻址方式。在下面所示的指令中，R2 即为寄存器寻址。

```
MOV  R1, R2       ;将 R2 的数值放到 R1 中
ADD   R0, R1, R2   ;将 R1 和 R2 中的数值相加，然后赋值给 R0
```

3. 寄存器间接寻址

寄存器间接寻址指令中的地址码给出的是一个通用寄存器的编号，所需的操作数保存在以寄存器的值作为地址的存储单元中，即寄存器为操作数的地址指针。如下面的指令：

```
LDR  R1, [R2]     ;将 R2 指向的存储单元的数据读出保存在 R1 中
```

4. 基址变址寻址

基址变址寻址方式就是将寄存器（该寄存器一般称为基址寄存器）的内容与指令中给出的地址偏移量相加/减，从而得到一个操作数的有效地址。基址寻址用于访问基址附近的存储单元，常用于查表、数组操作、功能部件寄存器访问等。寄存器间接寻址是偏移量为 0 的基址加偏移寻址。如下面的指令：

```
LDR  R0, [R1, #4]   ;将寄存器 R1 的内容加上 4 形成操作数的有效地址
LDR  R0, [R1], #4   ;将寄存器 R1 的值作为内存地址加载第 2 个操作数到 R0；加载
                      完成后，R1 的值加 4 保存
LDR  R0, [R1, R2]   ;将 R1＋R2 的值作为操作数的地址
```

5. 多寄存器寻址

多寄存器寻址是一次可以传送几个寄存器的值，允许一条指令传送 16 个寄存器的任何子集。如下面的指令：

```
    LDMIA R1!,｛R2－R7｝      ;｛R2－R7｝即为多寄存器寻址
    STMIA R0!,｛R2－R7｝      ;｛R2－R7｝即为多寄存器寻址
```

6. 寄存器移位寻址

寄存器移位寻址是 ARM 指令集特有的寻址方式。当第 2 个操作数是寄存器移位方式时，第 2 个寄存器操作数在与第 1 个操作数结合之前，选择进行移位操作。具体的移位有下面 5 种：

（1）LSL：逻辑左移，寄存器中字的低端空出的位补 0。

（2）LSR：逻辑右移，寄存器中字的高端空出的位补 0。

（3）ASR：算数右移，移位的对象是带符号数，移位过程中必须保持操作数符号位不变，即高端空出的位补符号位。因此，如果源操作数为正数，则字的高端空出位补 0，否则补 1。

（4）ROR：循环右移，由字的低端移出的位填入字的高端空出的位。

（5）RRX：带扩展的循环右移，操作数右移 1 位，高端空出的位用 CPSR 的 C 标志值填充。

这 5 种移位方式如图 6-5 所示。

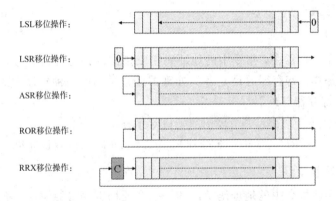

图 6-5　ARM 指令集支持的移位操作示意图

寄存器移位选址举例如下：

```
    MOV  R0, R1, LSL ♯3      ;"R1, LSL ♯3"代表对 R1 进行逻辑左移 3 位操作
    ANDS R1, R1, R2, LSR ♯3  ;"R2, LSR ♯3"代表对 R2 进行逻辑右移 3 位操作
```

7. 相对寻址

与基址变址寻址方式类似，但相对寻址由程序计数器 PC 提供基准地址，指令中的地址标号作为偏移量，两者相加后得到的地址即为操作数的有效地址。相对寻址指令举例如下：

```
        BL    SUBR1           ;调用到 SUBR1 子程序
        BEQ   LOOP            ;条件跳转到 LOOP 标号处
        ...
    LOOP                      ;LOOP 标号
        MOVR6, ♯1
        ...
    SUBR1                     ;子程序 SUBR1 的入口标号
        ...
```

8. 堆栈寻址

堆栈是一种数据结构，按先进后出（First In Last Out，FILO）的方式工作，使用一个称为堆栈指针的专用寄存器（ARM 指令中通常都采用 R13 寄存器作为堆栈寄存器 SP）指示当前的操作位置，堆栈指针总是指向栈顶。

根据生成方式，堆栈又可以分为递增堆栈（Ascending Stack）和递减堆栈（Decending Stack）。当堆栈由低地址向高地址生成时，称为递增堆栈；当堆栈由高地址向低地址生成时，称为递减堆栈。

根据堆栈指针指向的地址是否存有有效数据，堆栈又可以分为满堆栈（Full Stack）和空堆栈（Empty Stack）。当堆栈指针指向的地址存有有效数据时，称为满堆栈；否则，堆栈指针指向下一个要放入的空位置，称为空堆栈（Empty Stack）。

ARM 指令集具体支持的堆栈寻址方式有如下 4 种：

（1）满递增堆栈（FA）：堆栈指针指向最后压入的数据，且由低地址向高地址生成。

（2）满递减堆栈（FD）：堆栈指针指向最后压入的数据，且由高地址向低地址生成。

（3）空递增堆栈（EA）：堆栈指针指向下一个将要放入数据的空位置，且由低地址向高地址生成。

（4）空递减堆栈（ED）：堆栈指针指向下一个将要放入数据的空位置，且由高地址向低地址生成。

根据上面所述，可见堆栈寻址是指 LDM/STM 指令在使用 SP 作为基址寄存器时的存储器地址变化方式，用 FA、FD、EA 和 ED 显示指定，如下所示：

```
LDMFA SP!,{R2-R7}   ;FA 指定满递增堆栈方式
STMEA SP!,{R2-R7}   ;EA 指定空递增堆栈方式
```

9. 块拷贝寻址

块拷贝寻址与堆栈寻址类似，主要用于 LDM/STM 指令中的存储器地址的变化方式，只不过此时基址寄存器一般为 R0～R12 中的一个。块拷贝寻址模式在指令中用 IA、IB、DA 和 DB 显示指定，具体含义如下：

（1）IA：每次传送后地址加 4。

（2）IB：每次传送前地址加 4。

（3）DA：每次传送后地址减 4。

（4）DB：每次传送前地址减 4。

块拷贝寻址举例如下：

```
LDMIA R0!,{R2-R7}   ;IA 指定每次传送后地址加 4
STMIB R6!,{R2-R7}   ;IB 指定每次传送前地址加 4
```

6.4.2　具体寻址方式

1. 数据处理指令的第 2 操作数的具体形式

ARM 数据处理指令总共有 11 种具体的形式用于计算第 2 操作数 shifter_operand。

1）#<immediate>

可以采用立即数寻址方式指定 shifter_operand。此时，立即数 immediate 可以为 32 位

立即数。此时，12 位 shifter_operand 的编码为：bits[11:8]＝rotate_imm，bits[7:0]＝immed_8。实际的 shifter_operand 是将 immed_8 循环右移 2×rotate_imm 位的结果，具体计算方式如下：

```
shifter_operand = immed_8 Rotate_Right_Shift (rotate_imm * 2)
if rotate_imm == 0 then
    shifter_carry_out = C flag
else / *  rotate_imm != 0 */
    shifter_carry_out = shifter_operand[31]
```

可见，不是所有超过 8 位的立即数都是合法的立即数，只有通过上述计算方式得到的立即数才是合法立即数。

```
MOV R4，#0x8000000A        ;#0x8000000A 为合法立即数，可由 8 位的 0xA8 循环右移 4 位
                             得到
ADD R1，R2，#0x3F0          ; #0x3F0 可以由 0x3F 循环右移 28 位得到
ADD R1，R2，#0x3FF          ; #0x3FF 为非法立即数，此条指令汇编会报错
```

2）<Rm>

可以采用寄存器寻址方式指定 shifter_operand。此时，12 位 shifter_operand 的编码为：bits[3:0]＝Rm，其他 8 位全部为 0；shifter_operand 为 Rm 的值。

3）<Rm>，LSL #<shift_imm>

可以采用寄存器移位寻址方式指定 shifter_operand。这种寻址方式中，是对 Rm 的值逻辑左移 shift_imm 位。此时，12 位 shifter_operand 的编码为：bits[11:7]＝shift_imm，bits[3:0]＝Rm，bits[6:4]＝000。shifter_operand 具体计算方式如下：

```
if shift_imm == 0 then / *  Register Operand */
    shifter_operand = Rm
    shifter_carry_out = C Flag
else / *  shift_imm > 0 */
    shifter_operand = Rm Logical_Shift_Left shift_imm
    shifter_carry_out = Rm[32 - shift_imm]
```

4）<Rm>，LSL <Rs>

可以采用寄存器移位寻址方式指定 shifter_operand。这种寻址方式中，是对 Rm 的值逻辑左移，左移多少位由 Rs 的内容决定。此时，12 位 shifter_operand 的编码为：bits[11:8]＝Rs，bits[3:0]＝Rm，bits[7:4]＝0001。shifter_operand 具体计算方式如下：

```
if Rs[7:0] == 0 then
    shifter_operand = Rm
    shifter_carry_out = C Flag
else if Rs[7:0] < 32 then
    shifter_operand = Rm Logical_Shift_Left Rs[7:0]
    shifter_carry_out = Rm[32 - Rs[7:0]]
else if Rs[7:0] == 32 then
    shifter_operand = 0
    shifter_carry_out = Rm[0]
```

```
    else / * Rs[7:0] > 32 * /shifter_operand = 0
        shifter_carry_out = 0
```

5）<Rm>，LSR ♯<shift_imm>

可以采用寄存器移位寻址方式指定 shifter_operand。这种寻址方式中，是对 Rm 的值逻辑右移 shift_imm 位。此时，12 位 shifter_operand 的编码为：bits[11:7]= shift_imm，bits[6:4]=010，bits[3:0]=Rm。shifter_operand 具体计算方式如下：

```
    if shift_imm == 0 then
        shifter_operand = 0
        shifter_carry_out = Rm[31]
    else / *  shift_imm > 0 * /
        shifter_operand = Rm Logical_Shift_Right shift_imm
        shifter_carry_out = Rm[shift_imm - 1]
```

6）<Rm>，LSR <Rs>

可以采用寄存器移位寻址方式指定 shifter_operand。这种寻址方式中，是对 Rm 的值逻辑右移，右移多少位由 Rs 的内容决定。此时，12 位 shifter_operand 的编码为：bits[11:8]=Rs，bits[3:0]=Rm，bits[7:4]=0011。shifter_operand 具体计算方式如下：

```
    if Rs[7:0] == 0 then
        shifter_operand = Rm
        shifter_carry_out = C Flag
    else if Rs[7:0] < 32 then
        shifter_operand = Rm Logical_Shift_Right Rs[7:0]
        shifter_carry_out = Rm[Rs[7:0] - 1]
    else if Rs[7:0] == 32 then
        shifter_operand = 0
        shifter_carry_out = Rm[31]
    else / *  Rs[7:0] > 32 * /
        shifter_operand = 0
        shifter_carry_out = 0
    endif
```

7）<Rm>，ASR ♯<shift_imm>

可以采用寄存器移位寻址方式指定 shifter_operand。这种寻址方式中，是对 Rm 的值算术右移 shift_imm 位。此时，12 位 shifter_operand 的编码为：bits[11:7]= shift_imm，bits[6:4]=100，bits[3:0]=Rm。shifter_operand 具体计算方式如下：

```
    if shift_imm == 0 then
        if Rm[31] == 0 then
            shifter_operand = 0
            shifter_carry_out = Rm[31]
        else / *  Rm[31] == 1 * /
            shifter_operand = 0xFFFFFFFF
            shifter_carry_out = Rm[31]
```

```
            endif
        else / * shift_imm > 0 * /
            shifter_operand = Rm Arithmetic_Shift_Right <shift_imm>
            shifter_carry_out = Rm[shift_imm - 1]
        endif
```

8) <Rm>, ASR <Rs>

可以采用寄存器移位寻址方式指定 shifter_operand。这种寻址方式中，是对 Rm 的值算术右移，右移多少位由 Rs 的内容决定。此时，12 位 shifter_operand 的编码为：bits[11:8]＝Rs，bits[3:0]＝Rm，bits[7:4]＝0101。shifter_operand 具体计算方式如下：

```
        if Rs[7:0] == 0 then
            shifter_operand = Rm
            shifter_carry_out = C Flag
        else if Rs[7:0] < 32 then
            shifter_operand = Rm Arithmetic_Shift_Right Rs[7:0]
            shifter_carry_out = Rm[Rs[7:0] - 1]
        else / * Rs[7:0] >= 32 * /
            if Rm[31] == 0 then
                shifter_operand = 0
                shifter_carry_out = Rm[31]
            else / * Rm[31] == 1 * /
                shifter_operand = 0xFFFFFFFF
                shifter_carry_out = Rm[31]
            endif
        endif
```

9) <Rm>, ROR #<shift_imm>

可以采用寄存器移位寻址方式指定 shifter_operand。这种寻址方式中，是对 Rm 的值循环右移 shift_imm 位。此时，12 位 shifter_operand 的编码为：bits[11:7]＝ shift_imm，bits[6:4]＝110，bits[3:0]＝Rm。shifter_operand 具体计算方式如下：

```
        if shift_imm == 0 then
            shifter_operand = (C Flag Logical_Shift_Left 31) OR (Rm Logical_Shift_Right 1)
            shifter_carry_out = Rm[0]
        else / * shift_imm > 0 * /
            shifter_operand = Rm Rotate_Right shift_imm
            shifter_carry_out = Rm[shift_imm - 1]
        endif
```

10) <Rm>, ROR <Rs>

采用寄存器移位寻址方式指定 shifter_operand。这种寻址方式中，是对 Rm 的值循环右移，右移多少位由 Rs 的内容决定。此时，12 位 shifter_operand 的编码为：bits[11:8]＝Rs，bits[3:0]＝Rm，bits[7:4]＝0111。shifter_operand 具体计算方式如下：

```
if Rs[7:0] == 0 then
    shifter_operand = Rm
    shifter_carry_out = C Flag
else if Rs[4:0] == 0 then
    shifter_operand = Rm
    shifter_carry_out = Rm[31]
else /* Rs[4:0] > 0 */
    shifter_operand = Rm Rotate_Right Rs[4:0]
    shifter_carry_out = Rm[Rs[4:0] - 1]
endif
```

11) <Rm>, RRX

采用寄存器移位寻址方式指定 shifter_operand。这种寻址方式是将[C flag, Rm]一起循环右移一位，shifter_operand 具体计算方式如下：

```
shifter_operand = (C Flag Logical_Shift_Left 31) OR (Rm Logical_Shift_Right 1)
shifter_carry_out = Rm[0]
```

2. 字和无符号字节 Load/Store 指令的内存操作数的具体形式

ARM 字和无符号字节 Load/Store 的寻址方式都是基址变址寻址，但实际应用中，又有 9 种具体形式用于计算内存操作数的地址。

1) [<Rn>, #+/-<offset_12>]{!}

{!}是可选位，若有!，则指令编码的 W=1，否则为 0。因此，此种语法格式包括 W=0 或 1 两种具体方式。12 位 addr_mode 的编码为：bits[11:0]=offset_12。内存地址 address 计算方式为：

```
if U == 1 then
    address = Rn + offset_12
else /* U == 0 */
    address = Rn - offset_12
endif
if W ==1
    Rn = address
endif
```

2) [<Rn>, +/-<Rm>]{!}

{!}是可选位，若有!，则指令编码的 W=1，否则为 0。因此，此种语法格式包括 W=0 或 1 两种具体方式。12 位 addr_mode 的编码为：bits[3:0]=Rm，其他位全部为 0。内存地址 address 计算方式为：

```
if U == 1 then
    address = Rn + Rm
else /* U == 0 */
    address = Rn - Rm
endif
if W ==1
```

```
        Rn = address
    endif
```

3) [<Rn>, +/-<Rm>, <shift> #<shift_imm>]{!}

{!}是可选位,若有!,则指令编码的 W=1,否则为 0。因此,此种语法格式包括 W=0 或 1 两种具体方式。12 位 addr_mode 的编码为:bits[11:7]=shift_imm, bits[6:5]= shift,bit[4]=0,bits[3:0]=Rm。此处 shift_imm 用来指定移位值,shift 用来指定移位方式,Rm 用来指定移位源。具体的语法格式包括下面 5 种:

[<Rn>, +/-<Rm>, LSL #<shift_imm>]{!}

[<Rn>, +/-<Rm>, LSR #<shift_imm>]{!}

[<Rn>, +/-<Rm>, ASR #<shift_imm>]{!}

[<Rn>, +/-<Rm>, ROR #<shift_imm>]{!}

[<Rn>, +/-<Rm>, RRX]{!}

内存地址 address 计算方式为:

```
    case shift of
        0b00: index = Rm Logical_Shift_Left shift_imm          /* LSL */
        0b01: shift_imm == 0 ? index = 0 :
            index = Rm Logical_Shift_Right shift_imm    /* LSR */
        0b10: shift_imm == 0 ? (Rm[31] == 1 ? index = 0xFFFFFFFF : index = 0) :
            index = Rm Arithmetic_Shift_Right shift_imm   /* ASR */
        0b11: shift_imm == 0 ? index = (C Flag Logical_Shift_Left 31) OR (Rm
    Logical_Shift_Right 1) : index = Rm Rotate_Right shift_imm   /* RRX or ROR */
    endcase
    if U == 1 then
        address = Rn + index
    else /* U == 0 */
        address = Rn - index
    endif
    if W==1
        Rn = address
    endif
```

4) [<Rn>], # +/-<offset_12>

这种寻址模式的 12 位 addr_mode 的编码为:bits[11:0]=offset_12,其对应的内存地址 address 计算方式为:

```
    address = Rn
    if U == 1 then
        Rn = Rn + offset_12
    else /* U == 0 */
        Rn = Rn - offset_12
    endif
```

5) [<Rn>], +/-<Rm>

这种寻址模式的 12 位 addr_mode 的编码与"[<Rn>, +/-<Rm>]{!}"的 addr_

mode 的编码完全一样，差别在于整个指令编码的 bit[24] 和 bit[21] 位。当 LDR/ LDRB/ STR/STRB 采用这种寻址模式时，其 bit[24]＝0，代表后变址；此时 bit[21] 也强制为 0。这种寻址模式的内存地址 address 及 Rn 的变化方式为：

```
address = Rn
if U == 1 then
    Rn = Rn + Rm
else / * U == 0 * /
    Rn = Rn - Rm
endif
```

6）[<Rn>], ＋/－<Rm>, <shift> #<shift_imm>

这种寻址模式的 12 位 addr_mode 的编码与"[<Rn>, ＋/－<Rm>, <shift> #<shift_imm>]{!}"相同。差别在于先用 Rn 的值作为地址进行数据加载/存储，然后再改变 Rn 的值，Rn 的改变方法与"[<Rn>, ＋/－<Rm>, <shift> #<shift_imm>]!"雷同。

3. 半字/有符号字节 Load/Store 指令的内存操作数的具体形式

ARM 半字/有符号字节 Load/Store 的寻址方式也是基于基址变址寻址，但实际应用中，又有 6 种不同的具体形式，用于计算内存操作数的地址。

1）[<Rn>, # ＋/－<offset_8>]

该寻址形式中，指令编码中的 addr_mode 为 8 比特的立即数，称为 offset_8。内存地址 address＝Rn＋/－ offset_8。

2）[<Rn>, ＋/－<Rm>]

该寻址形式中，指令编码中的 addr_mode 为低 4 比特为 Rm 的编码，高 4 比特为 0。内存地址 address＝Rn＋/－ Rm。

3）[<Rn>, # ＋/－<offset_8>]!

该寻址形式中，指令编码中的 addr_mode 为 8 比特的立即数，称为 offset_8。内存地址 address＝Rn＋/－ offset_8，同时修改 Rn＝address。

4）[<Rn>, ＋/－<Rm>]!

该寻址形式中，指令编码中的 addr_mode 为低 4 比特为 Rm 的编码，高 4 比特为 0。内存地址 address＝Rn＋/－ Rm，同时修改 Rn＝address。

5）[<Rn>], # ＋/－<offset_8>

该寻址形式中，指令编码中的 addr_mode 为 8 比特的立即数，称为 offset_8。内存地址 address＝Rn，同时修改 Rn＝Rn＋/－ offset_8。

6）[<Rn>], ＋/－<Rm>

该寻址形式中，指令编码中的 addr_mode 为低 4 比特为 Rm 的编码，高 4 比特为 0。内存地址 address＝Rn，同时修改 Rn＝Rn＋/－ Rm。

4. LDM/STM 指令的内存操作数的具体形式

ARM 指令集中，LDM/STM 指令的内存操作数有块拷贝寻址和堆栈寻址两种方式，块拷贝寻址与堆栈寻址又各有 4 种具体形式，故 LDM/STM 指令的内存操作数的寻址方式有 8 种具体形式，它们的对应关系如表 6 - 6 所示。

表 6 - 6　LDM/STM 块拷贝寻址与堆栈寻址具体模式的对应关系

块拷贝寻址	堆栈寻址	L 位	P 位	U 位	说　明
LDMDA (Decrement After)	LDMFA (Full Ascending)	1	0	0	先取后减
LDMIA (Increment After)	LDMFD (Full Descending)	1	0	1	先取后加
LDMDB (Decrement Before)	LDMEA (Empty Ascending)	1	1	0	先减后取
LDMIB (Increment Before)	LDMED (Empty Descending)	1	1	1	先加后取
STMDA (Decrement After)	STMED (Empty Descending)	0	0	0	先存后减
STMIA (Increment After)	STMEA (Empty Ascending)	0	0	1	先存后加
STMDB (Decrement Before)	STMFD (Full Descending)	0	1	0	先减后存
STMIB (Increment Before)	STMFA (Full Ascending)	0	1	1	先加后存

上表中，L 位用来指示是 Load 指令还是 Store 指令，P 位用来指示是前变址还是后变址，U 位用来指示是做加法还是做减法。

6.5　ARM 伪指令与伪操作

6.5.1　ARM 伪指令

在 ARM 汇编语言程序里，有一些特殊指令助记符，这些助记符与指令系统的助记符不同，没有相对应的操作码，通常称这些特殊指令助记符为伪指令。实际上，伪指令不是真实的 ARM 指令集中的指令，它们是为了汇编编程方便而定义的。伪指令可以像真实 ARM 指令一样使用，但在汇编时这些指令将被等效的一条或多条真实 ARM 指令所代替。伪指令仅在汇编过程中起作用，一旦汇编结束，伪指令的使命就完成。下面将简单介绍 4 条 ARM 伪指令，分别为 ADR 伪指令、ADRL 伪指令、LDR 伪指令、NOP 伪指令。

1. ADR/ADRL 伪指令

伪指令 ADR 和 ADRL 都是将基于 PC 相对偏移的地址值或基于寄存器相对偏移的地址值加载到寄存器中。在汇编时，ADR 伪指令被替换成一条合适的指令，通常用 ADD 或 SUB 指令来实现该 ADR 伪指令的功能，若不能用一条指令实现，则产生错误。ADRL 伪指令被替换成两条合适的指令，即使一条指令可以完成该操作，编译器也产生两条指令，其中一条为多余指令。若不能用两条指令实现 ADRL 伪指令功能，则产生错误，编译失败。

ADR/ADRL 伪指令的语法格式为：

```
ADR{L}{cond}    Rd, expr
```

上述语法格式中，cond 是条件码，Rd 是目的寄存器，expr 是地址表达式。ADR 与 ADRL 的区别在于，ADR 为小范围的地址读取，ADRL 是中范围的地址读取，它们的地址读取范围如表 6 - 7 所示。

表 6 - 7　ADR 和 ADRL 地址读取范围

地址值的对齐方式	ADR 的地址读取范围	ADRL 的地址读取范围
地址值非字对齐	−255 B∼255 B	−64 KB∼64 KB
地址值字对齐	−1020 B∼1020 B	−256 KB∼256 KB

指令的使用：

(1) 用 ADR 伪指令加载地址，实现查表。

```
    ...
    ADR R0, DISP_TAB    ;加载标签 DISP_TAB 的地址到 R0
    LDRB R1, [R0, R2]   ;使用 R2 作为参数，进行查表
    ...
DISP_TAB
    DCB 0xC0,0xF9,0xA4,0xB0,0x99,0x92,0x82,0xF8,0x80,0x90
```

(2) ADRL 伪指令举例如下：

```
    ...
    ADRL    R1, Delay    ;加载标签 Delay 的地址到 R1
    ...
Delay
    MOV     R0, r14
```

通过上面两个例子可以看出，ADR 与 ADRL 指令非常类似，唯一差别就在于地址取指范围不同。

2. LDR 伪指令

LDR 伪指令用于加载 32 位的立即数或一个地址值到指定寄存器。在汇编编译源程序时，LDR 伪指令被编译器替换成一条合适的指令。若加载的常数未超出 MOV 或 MVN 的范围，则使用 MOV 或 MVN 指令代替该 LDR 伪指令，否则汇编器将常量放入数据缓冲区，并使用一条程序相对偏移的 LDR 指令从数据缓冲区读出常量。

LDR 伪指令的语法格式：

```
LDR{cond}   Rd, =[expr | label - expr]
```

上述语法格式中，cond 为条件执行码，Rd 为加载的目标寄存器，expr 为任意 32 位立即数，label - expr 为基于 PC 的地址表达式或外部表达式。

注：LDR 指令既是真实的 ARM 指令，也是 ARM 伪指令。区分到底是真实指令还是伪指令的方法是看 LDR 语法格式中是否有"="。若有，则是伪指令；反之，则是真实 ARM 取数指令。

指令的使用：

```
    ...
    LDR     R1, =InitStack      ;加载标签 InitStack 的地址值到 R1
    ...
InitStack
    LDR     SP, =0xFF005000     ;加载 32 位立即数 0xFF005000 到 SP
    ...
```

事实上，LDR 伪指令可以看成一条指令"MOV Rd，♯imm_32"，只不过不像真正的 MOV 指令对立即数 imm_32 有严格限制，LDR 伪指令可以加载任意的 32 位立即数。LDR 伪指令在 ARM 汇编程序设计中经常用到。

3. NOP 伪指令

NOP 伪指令在汇编时将会被代替成 ARM 中的空操作，即该条指令的执行不改变处理器任何状态，比如可用"MOV R0，R0"指令实现 NOP 伪指令。NOP 通常用于延时操作。指令的使用：

```
    MOVR1, ♯0x1234
Delay
    NOP                    ;空操作
    NOP
    NOP
    SUBS    R1, R1, ♯1     ;循环次数减 1
    BNE     Delay          ;如果循环没有结束，跳转 Delay 继续
    MOV     PC, LR         ;子程序返回
```

6.5.2　ARM 伪操作

在 ARM 汇编语言程序中，有一些特殊助记符，这些助记符没有相应的操作码，它们所完成的操作称为伪操作。在汇编源程序设计中，伪操作的作用是为完成汇编程序做各种准备工作。不同的汇编程序所支持的伪操作不完全相同，本书仅列举部分常用的伪操作。

1. 符号定义伪操作

符号定义伪操作用于定义 ARM 汇编程序中的变量、对变量赋值及定义寄存器的别名等操作。常见的符号定义伪操作有如下几种。

1) GBLA、GBLL 和 GBLS

GBLA 伪操作声明一个全局的算术变量，并将其初始化为 0。

GBLL 伪操作声明一个全局的逻辑变量，并将其初始化成{FALSE}。

GBLS 伪操作声明一个全局的串变量，并将其初始化为空串" "。

语法格式：

```
    <gblx> variable
```

其中：<gblx>是以下 3 种伪操作之一：GBLA、GBLL 或者 GBLS；variable 是所说明的全局变量的名称，在其作用范围内必须唯一。

注：如果用这些伪操作重新声明已经声明过的变量，则变量的值将被初始化成后一次声明语句中的值。全局变量的作用范围为包含该变量的源程序。

2) LCLA、LCLL 和 LCLS

LCLA、LCLL 和 LCLS 分别与 GBLA、GBLL 和 GBLS 类似，只不过它们声明的是局部变量，其作用范围为其所在的 AREA 段。

3) SETA、SETL 和 SETS

SETA、SETL 和 SETS 分别用于对算术、逻辑和字符串变量赋值。

用法示例：

```
Test1 SETA 0xaa        ;将该算术变量赋值为 0xaa
Test2 SETL {TRUE}      ;将该逻辑变量赋值为真
Test3 SETS "Testing"   ;将该字符串变量赋值为"Testing"
```

4）RLIST

RLIST 伪指令可用于对一个通用寄存器列表定义名称，该伪指令定义的名称可在 ARM 指令 LDM/STM 中使用。

使用示例：

```
RegList RLIST {R0-R5，R8，R10}   ;将寄存器列表名称定义为 RegList
LDMIA R11!，RegList              ;LDM 指令中使用此名称
```

2. 数据定义伪操作

数据定义伪操作一般用于为特定的数据分配存储单元，同时可完成已分配存储单元的初始化。常见的数据定义伪指令有如下几种：

DCB：用于分配一片连续的字节存储单元并用指定的数据初始化。

DCW：用于分配一片连续的半字存储单元并用指定的数据初始化。

DCD：用于分配一片连续的字存储单元并用指定的数据初始化。

SPACE：用于分配一片连续的存储单元。

语法格式：

```
标号< DCB/DCW/DCD>表达式
```

使用示例：

```
TABLEI   DCB 0xC0,0xF9,0xA4,0xB0   ;分配连续 4 字节的存储单元并初始化
DataSpace SPACE 100                 ;分配连续 100 字节的存储单元并初始化为 0
```

3. 汇编控制伪操作

汇编控制伪操作用于控制汇编程序的执行流程，常用的汇编控制伪操作包括以下几种。

1）IF、ELSE、ENDIF

IF、ELSE、ENDIF 伪指令能根据条件的成立与否决定是否执行某个指令序列。当 IF 后面的逻辑表达式为真，则执行指令序列 1；否则执行指令序列 2。

语法格式如下：

```
IF 逻辑表达式
   指令序列 1
ELSE
    指令序列 2
ENDIF
```

2）WHILE、WEND

WHILE、WEND 伪指令能根据条件的成立与否决定是否循环执行某个指令序列。当 WHILE 后面的逻辑表达式为真，则执行指令序列，该指令序列执行完毕后，再判断逻辑表达式的值，若为真则继续执行，一直到逻辑表达式的值为假。

语法格式如下：

```
WHILE 逻辑表达式
    指令序列
WEND
```

3) MACRO、MEND

MACRO、MEND 伪操作可以将一段代码定义为一个整体，称为宏指令，然后就可以在程序中通过宏指令多次调用该段代码。

语法格式如下：

```
MACRO
$标号 宏名 $参数1，$参数2，……
指令序列
MEND
```

其中，"$标号"在宏指令被展开时，会被替换为用户定义的符号。宏指令可以使用一个或多个参数，当宏指令被展开时，这些参数被相应的值替换。

宏指令的使用方式和功能与子程序有些相似，子程序可以提供模块化的程序设计、节省存储空间并提高运行速度。但在使用子程序结构时需要保护现场，从而增加了系统的开销。因此，在代码较短且需要传递的参数较多时，可以使用宏指令代替子程序。

4. 其他伪操作

1) AREA

AREA 伪操作用于定义一个代码段或数据段，语法格式如下：

```
AREA 段名属性1，属性2，……
```

其中，段名若以数字开头，则该段名需用"|"括起来，如|1_test|。属性字段表示该代码段（或数据段）的相关属性，多个属性用逗号分隔。常用的属性如下：

CODE 属性：用于定义代码段，默认为 READONLY。

DATA 属性：用于定义数据段，默认为 READWRITE。

READONLY 属性：指定本段为只读。

READWRITE 属性：指定本段为可读可写。

ALIGN 属性：使用方式为"ALIGN 表达式"，即按"$2^{表达式}$"对齐。

一个汇编语言程序至少要包含一个段，当程序太长时，也可以将程序分为多个代码段和数据段。

使用示例：

```
AREA Init, CODE, READONLY, ALIEN＝3     ;声明 Init 代码段，只读，指令8字节对齐
```

2) CODE32/CODE16

CODE16 伪操作指示编译器，其后的指令序列为 16 位的 Thumb 指令。

CODE32 伪操作指示编译器，其后的指令序列为 32 位的 ARM 指令。

3) ENTRY、END

ENTRY 和 END 伪操作分别用来指定汇编程序的入口点和汇编程序的结束点。在一

个完整的汇编程序中至少要有一个 ENTRY(也可以有多个，当有多个 ENTRY 时，程序的真正入口点由链接器指定)，但在一个源文件里最多只能有一个 ENTRY(可以没有)。

使用示例：

```
AREA Init, CODE, READONLY      ;声明 Init 代码段
ENTRY                          ;指定程序入口点
指令序列
END                            ;指定程序结尾，其后指令不汇编
```

4) EQU

EQU 伪操作用于为程序中的常量、标号等定义一个等效的字符名称，类似于 C 语言中的 ♯define 关键字。EQU 的语法格式如下：

```
名称 EQU 表达式{，类型}
```

使用示例：

```
NUM EQU 50                   ;定义 NUM 的值为 50
FIQAddr EQU 0x100, CODE32    ;定义 FIQAddr 的值为 0x100，且该处为 32 位的 ARM 指令
```

5) EXPORT、IMPORT

EXPORT 用于通知编译器在本源文件中声明的符号可以在其他文件中引用，IMPORT 用于通知变压器当前符号的定义不在本源文件中。这两个符号在多文件的汇编编程中一般要配合使用。

语法格式如下：

```
EXPORT/IMPORT 符号
```

6.6　ARM 汇编程序设计

6.6.1　汇编语言结构

ARM 汇编语言源程序中语句由指令、伪操作和宏指令组成。其中，指令包括 ARM、Thumb 和伪指令。伪操作不像指令那样由目标处理器执行，它是在汇编程序对源程序汇编期间由汇编程序处理的。宏指令是一段独立的程序代码，它是通过伪操作定义的。使用宏指令可以提高程序的可读性，使代码维护变得更容易。

每条 ARM(Thumb)汇编语言的语句格式为：

```
{标号}{指令或伪指令}{;注释}
```

在汇编语言程序设计中，每一条指令的助记符可以全部用大写或全部用小写，但不能在一条指令中大、小写混用。同时，如果一条语句太长，可将该长语句分为若干行来书写，在行的末尾用"\"表示下一行与本行为同一条语句。

在汇编语言程序设计中，经常使用各种符号代替地址、变量和常量等，以增加程序的可读性。尽管符号的命名由编程者决定，但建议遵守下面的规则：

(1) 符号区分大小写，同名的大、小写符号会被认为是两个不同的符号。

（2）符号在其作用范围内必须唯一。

（3）自定义的符号名不能与系统的保留字相同。

（4）符号名不应与指令或伪指令同名。

在 ARM(Thumb)汇编语言程序中，以程序段为单位组织代码。段是相对独立的指令或数据序列，具有特定的名称。段可以分为代码段和数据段，代码段的内容为执行代码，数据段存放代码运行时需要用到的数据。一个汇编程序至少应该有一个代码段，当程序较长时，可以分割为多个代码段和数据段，多个段在程序编译链接时最终形成一个可执行的映像文件。

可执行映像文件通常由以下几部分构成：

◇　一个或多个代码段，代码段的属性为只读。

◇　零个或多个包含初始化数据的数据段，数据段的属性为可读写。

◇　零个或多个不包含初始化数据的数据段，数据段的属性为可读写。

链接器根据系统默认或用户设定的规则，将各个段安排在存储器中的相应位置。因此源程序中段之间的相对位置与可执行的映像文件中段的相对位置一般不会相同。

以下是一个汇编语言源程序的基本结构：

```
        AREA Init, CODE, READONLY      ;声明 Init 代码段
        ENTRY                          ;程序入口点
Start                                  ;标签 Start，其值为下面这条指令的地址
        LDR R0, =0x3FF5000             ;此处 LDR 指令为伪指令
        MOV R1, #0xFF                  ;立即数寻址
        STR R1, [R0]
        ...
        END                            ;指示汇编结束
```

上面程序中，AREA 伪指令定义一个段，并说明所定义段的相关属性，本例定义一个名为 Init 的代码段，属性为只读。ENTRY 伪指令标识程序的入口点，接下来为指令序列。程序的末尾为 END 伪指令，告诉编译器源文件结束，每一个汇编程序段都必须有一条 END 伪指令，指示代码段的结束。

6.6.2　汇编语言程序示例

下面给出了一个遍历内存拷贝示例程序，该程序将源地址处连续的 20 个字的绝对值存储到目的地址处，绝对值函数采用子程序实现。此外，该示例程序中 Stop 后面的 3 条指令用来指示应用程序执行完成。在用仿真器仿真时，执行这 3 条指令后仿真器就会停止仿真，正常退出。

【例 6-15】　内存拷贝示例。

```
        AREA Word, CODE, READONLY      ;声明代码段
num     EQU   20                       ;定义常量 num
        ENTRY                          ;指示程序入口点
        CODE32                         ;指示 32 位的 ARM 编码
Start   LDR r0, =src                   ;设置源指针
        LDR   r1, =dst                 ;设置目的指针
```

```
        MOV   r2, #num              ;设置拷贝的字数
        MOV   r7, #0                ;r7 置 0
Loop   LDRr3, [r0], #4             ;从源地址加载一个数
        BL   abs                   ;调用子程序求这个数的绝对值
        STR   r3, [r1], #4          ;将数据存到目的地址
        SUBS  r2, r2, #1           ;拷贝数量减 1
        BNE   Loop                 ;拷贝完成否, 未完成到 Loop
Stop   MOV  r0, #0x18            ;设置软中断功能号
        LDR   r1, =0x20026        ;设置软中断参数
        SWI   0x123456            ;调用 SWI 指示仿真完成
abs   CMP r3, r7                 ;比较 r3 和 r7
        SUBLT r3, r7, r3           ;r3 小于 r7 时执行减法
        MOV  pc, lr                ;从子程序返回
        AREA BlockData, DATA, READWRITE   ;声明数据段
src   DCD   1,-2,-3,4,5,6,-7,8,-9,10,11,-12,-13,-14,15,16,-17,18,-19,20
                                  ;用上述值初始化连续的 20 个字, 首地址为 src
dst   SPACE 80                    ;用 0 初始化连续的 80 个字节, 首地址为 dst
```

【例 6－16】 冒泡排序示例。

冒泡排序的示例 C 代码如下:

```
#define N 5
int main(void)
{    int a[N] = {9,5,3,1,7};
     int  i, j, t;
     for (i = 0; i < N-1; i++)
     {  for (j = 0; j < N - i - 1; j++)
        {   if (a[j] > a[j + 1])
            {   t = a[j];
                a[j] = a[j + 1];
                a[j + 1] = t;
            }
        }
     }
}
```

上述 C 代码对应的 ARM 程序如下:

```
AREA main, CODE, READONLY
N        EQU          5
ENTRY
        CODE32
Start
        MOV   r1, #N
        SUBr1, r1, #1
        MOV   r2, #0
```

```
    LOOPi
        LDR     r0, =a
        MOV     r3, #0      LOOPj
        LDR     r4, [r0]
        LDR     r5, [r0, #4]
        CMP     r4, r5
        STRGT   r5, [r0]
        STRGT   r4, [r0, #4]
        SUB     r6, r1, r2
        ADD     r3, r3, #1
        CMP     r6, r3
        ADD     r0, r0, #4
        BGT     LOOPj
        ADD     r2, r2, #1
        CMP     r1, r2
        BGT     LOOPi
    Stop
        MOV     r0, #0x18
        LDR     r1, =0x20026
        SWI     0x123456
    AREA Array, DATA, READWRITE
        DCD     9, 5, 3, 1, 7
        END
```

上面代码中，Stop 后面的 3 条指令用于通知仿真器或系统该段程序已经执行完成，可以停止仿真或退出。

6.6.3　汇编语言与 C/C++ 的混合编程

在嵌入式系统的应用程序设计中，若所有的编程任务均用汇编语言来完成，其工作量非常大，同时也不利于系统升级或应用软件移植。事实上，当前流行的嵌入式应用程序设计主要以 C/C++ 编程为主，只有系统引导代码、关键算法代码、异常处理等才涉及汇编程序设计。因此，ARM 体系结构也支持 C/C++ 与汇编语言的混合编程。

汇编语言与 C/C++ 的混合编程通常有以下几种方式：

(1) 在 C/C++ 代码中嵌入汇编指令。

(2) 在汇编程序和 C/C++ 的程序之间进行变量的互访。

(3) 汇编程序、C/C++ 程序间的相互调用。

在以上的几种混合编程技术中，必须遵守一定的调用规则，如物理寄存器的使用、参数的传递等。在实际编程应用中使用较多的方式是：程序的初始化部分用汇编语言完成，然后用 C/C++ 完成主要的编程任务，程序在执行时首先完成初始化过程，然后跳转到 C/C++ 程序代码中，汇编程序和 C/C++ 程序之间一般没有参数的传递，也没有频繁的相互调用，因此，整个程序的结构显得相对简单，容易理解。

1. 在 C/C++代码中嵌入汇编指令

C 内嵌汇编的语法格式如下：

```
__asm__ [__volatile__]
(
    代码列表
    :输出运算符列表
    :输入运算符列表
    :被更改的资源列表
)
```

"__asm__"关键字指出要进行内嵌汇编，在 asm 的修饰下，代码列表、输出运算符列表、输入运算符列表和被更改的资源列表这 4 个部分被 3 个":"分隔。"__volatile__"关键字是可选的，其作用是禁止编译器对后面编写的汇编指令再进行优化。在 C/C++程序中嵌入汇编程序，可以实现一些高级语言没有的功能，提高程序的执行效率；但是嵌入的汇编程序不具备可移植性。

一个简单的示例程序如下：

```
void test(void)
{
    int tmp=5;
    __asm (
        "mov r4,%0\n" ::"r"(tmp) :"r4"
    );
}
```

上面的示例代码中，仅有一条 mov 汇编指令，该指令将%0 赋值给 r4。这里，符号%0代表出现在输入运算符列表和输出运算符列表中的第一个值，即代表"r"(tmp)这个表达式的值。在"r"(tmp)这个表达式中，tmp 代表的正是 C 语言向内联汇编输入的变量，操作符"r"则代表 tmp 的值会通过某一个寄存器来传递。

2. C/C++程序调用汇编程序

以下是一个这种结构程序的基本示例：

C 程序：

```
extern void strcpy(char * d,const char * s);//指出该函数为外部函数
int main(void)
{
    ...
        strcpy(dest, src);                //调用汇编函数
    ...
}
```

汇编程序代码：

```
AREA Example, CODE, READONLY
EXPORT strcpy          ;EXPORT 对外声明汇编中的函数，表示其可被调用
strcpy
        LDRB    r2, [r1], #1
        STRB    r2, [r0], #1
        CMP     r2, #0
        BNE     strcpy
        MOV     pc, lr
        END
```

在 C/C++中调用汇编子程序时，一定要指出汇编子程序为外部函数，传参时默认依次为 R0～R3 这 4 个寄存器，如果超出 4 个参数，必须要用堆栈进行传递。本例中，r0 用于传递 dest，r1 用于传递 src。汇编程序如果有返回值，需要通过 r0 返回。

3. 汇编程序调用 C/C++程序

以下是一个这种结构程序的基本示例：

汇编程序：

```
        IMPORT Main                ;通知编译器该标号为一个外部函数
        AREA Init, CODE, READONLY  ;定义一个代码段
        ENTRY                      ;定义程序的入口点
        LDR R0, =0x3FF0000         ;初始化系统配置寄存器
        LDR R1, =0xE7FFFF80
        STR R1, [R0]
        LDR SP, =0x3FE1000         ;初始化用户堆栈
        BL Main                    ;跳转到 Main()函数处的 C/C++代码执行
        END                        ;标识汇编程序的结束
```

C 程序：

```
void Main(void)
{
    ...                //用 C/C++设计的应用程序
}
```

上例中，汇编程序段完成一些简单的初始化，然后跳转到 Main()函数所标识的 C/C++代码处执行主要的任务，此处 Main 仅为一个标号，也可使用其他名称。

习　　题

1. 简述 ARM 指令体系的特点。

2. 简述 ARM 指令集和 Thumb 指令集的区别和联系，并论述两种指令集的优点与缺点。

3. 简述 ARM 指令的分类和功能，并举例说明。

4. ARM 处理器支持的数据类型有哪些？字对齐与半字对齐的内涵是什么？

5. 在 Load/Store 指令寻址中，试分析字、无符号字节的 Load/Store 指令寻址和半字、

有符号字节寻址之间的差别。

6. 如何实现两个 64 位数的加法及减法操作？如何求一个 64 位数的负数？

7. CPSR 的条件标志位如何受指令执行的影响？

8. ARM 指令系统支持几种常见的寻址方式？试举例说明。

9. 什么是伪指令？什么是伪操作？

10. 哪些指令可以实现 ARM 状态和 Thumb 状态的切换？试举例说明。

11. ARM 指令支持哪些移位操作？

12. ARM 数据处理指令中的合法立即数应满足什么要求？

13. 小端存储与大端存储的内涵是什么？

14. 存储器从 0x5000 开始的 100 个单元存放着 ASCII 码，编写程序，将其所有的小写字母转换成大写字母，对其他的 ASCII 码不做变换。

15. 用 ARM 指令编写代码，求一个数组中的最大值、最小值和平均值。

16. 用 ARM 指令编写代码，求一个矩阵的转置。

17. 试分析下面 ARM 汇编程序的执行结果。

```
AREA CDO,CODE,READONLY
CODE32
ADD_SIX
    GLOBAL   ADD_SIX
    STMFD    R13,{R4,R5}
    LDR      R4,[R13]
    LDR      R5,[R13,#4]
    ADD      R0,R0,R1
    ADD      R0,R0,R2
    ADD      R0,R0,R3
    ADD      R0,R0,R4
    ADD      R0,R0,R5
    SUN      R3,R13,#8
    LDMFD    R13,{R4,R5}
    MOV      R15,R14
    END
```

18. 试分析下列指令源操作数的寻址方式。

(1) LDR R1,[R0,#0x12]

(2) LDR R1,[R0]

(3) LDR R1,[R0,R2]

(4) LDR Rd,[Rn, #0x04]!

(5) LDR Rd,[Rn],#0x04

(6) LDMIA R0!,{R2 - R9}

(7) STMIA R1!, {R2 - R9}

(8) MVN R0, #0xFF00

(9) SUB R3,R1,R2

第 7 章　Linux 操作系统

操作系统(Operating System，OS)是计算机系统的基本系统软件。在计算机系统中，它负责控制、管理计算机的所有软件、硬件资源，也是唯一直接和硬件系统交互的软件；OS 还要为应用软件使用硬件提供接口，为用户使用计算机提供良好的人机界面。本章简要介绍嵌入式系统设计中常用的 Linux 操作系统，需要重点掌握 Linux 操作系统及其内核的主要特点，以及 Linux 核心模块的组成与原理。

7.1　Linux 操作系统简介

7.1.1　Linux 的发展历程

Linux 操作系统的诞生、发展和成长过程始终依赖着以下四个重要支柱：UNIX 操作系统、GNU 计划、MINIX 操作系统和 POSIX 标准。

1. UNIX 操作系统

UNIX 操作系统由肯·汤普森(Ken Thompson)和丹尼斯·里奇(Dennis Ritchie)发明。它的部分技术来源可追溯到从 1965 年开始的 Multics 工程计划，该计划由美国贝尔实验室、麻省理工学院和通用电气公司联合发起，目标是开发一种交互式的、具有多道程序处理能力的分时操作系统，以取代当时广泛使用的批处理操作系统。虽然 Multics 工程计划并不成功，但 Thompson 和 Ritchie 等人员吸取了 Multics 工程计划的经验教训，最终于 1969 年实现了一种分时操作系统的雏形，1970 年该系统正式取名为 UNIX。UNIX 主要特点包括支持多用户、多任务、多平台，同时具有高可靠性，目前在商业领域得到广泛应用。

2. GNU 计划

GNU 是"GNU's Not UNIX"的递归缩写，GNU 计划是由 Richard M. Stallman 在 1983 年公开发起的，目标是创建一套完全自由的类 UNIX 操作系统。1985 年，Richard M. Stallman 又创立了自由软件基金会(Free Software Foundation，FSF)来为 GNU 计划提供技术、法律以及财政支持。为了保证 GNU 软件可自由地使用、复制、修复、修改和发布，所有 GNU 软件必须遵守 GNU 的通用公共许可证(General Public License，GPL)。

GNU GPL 创造性地提出了"反版权(Copyleft)"，这是一个不同于商业软件"版权所有(Copyright)"的法律概念，它不否认版权，也不反对发布软件时收取费用或取得利益。它的核心是必须把发布者的一切权利给予接受者，同时必须保证接受者能得到源代码，并将 GNU GPL 条款附加到软件的版权声明中，使接受者知道自己的权利。

到 20 世纪 90 年代初，GNU 项目已经开发出许多高质量的免费软件，其中包括有名的 Emacs 编辑系统、Bash Shell 程序、GCC 系列编译程序、GDB 调试程序等。这些软件为

Linux 操作系统的开发创造了一个合适的环境，是 Linux 能够诞生的基础之一，以至于目前许多人都将 Linux 操作系统称为"GNU/Linux"操作系统。

3. MINIX 操作系统

MINIX 是一种类 UNIX 计算机操作系统，原意是小型 UNIX(mini-UNIX)。MINIX 由荷兰的 Andrew S. Tanenbaum 教授于 1987 年开发，全部程序码共约 12 000 行，并置于他的著作 *Operating Systems：Design and Implementation* 的附录里作为范例。MINIX 最早开放全部源代码供大学进行教学和研究，后来改为 BSD(Berkeley Software Distribution)许可，成为自由和开放源码软件。作为操作系统，MINIX 并不是成功者，但它开创了开源操作系统的先河，同时提供用 C 语言和汇编语言编写的操作系统源代码。

4. POSIX 标准

可移植操作系统接口(Portable Operation System Interface，POSIX(X 表明其 API 的传承))最初由电气与电子工程师学会(Institute of Electrical and Electronics Engineers，IEEE)开发。POSIX 基于已有的 UNIX 实践和经验，描述了操作系统的调用服务接口，用于保证编制的应用程序可以在源代码级别上在多种操作系统中移植运行。POSIX 委员会完成了 UNIX 系统的标准化，并按其定义重新实现 UNIX。标准 UNIX 意味着一个可以运行 UNIX 应用软件的平台，它为用户提供一个标准的用户界面，而不在于系统内部如何实现。

然而，POSIX 并不局限于 UNIX，许多其他的操作系统，例如 DEC OpenVMS 也支持 POSIX 标准，尤其是 IEEE Std. 1003.1—1990(简称为 POSIX.1，1995 年修订)，它提供了源代码级别的 C 语言应用编程接口(API)给操作系统的服务程序，方便了应用程序和操作系统的独立开发。由于 POSIX.1 的成功，国际标准化组织 ISO(International Standards Organization)将其接受并命名为 ISO/IEC 9945-1:1990 标准。

5. Linux 操作系统的诞生

1981 年，IBM 公司推出享誉全球的个人计算机(Personal Computer，PC)。在之后的 10 年里，MS-DOS 操作系统一直是 PC 操作系统的主流。在此期间，虽然计算机硬件价格逐年下降，但软件价格居高不下。即使当时苹果公司有性能最好的 Mactonish 操作系统，但因其价格昂贵也一直没有流行开。

操作系统的另一个阵营是 UNIX 系统。然而，UNIX 大都是商用的，PC 小用户承受不了其高昂的成本。另外，在实验室许可约束下，虽然在大学教学中可以讲授 UNIX 源码，但在其他应用场景下 UNIX 源码也不许公开。

在这种背景下，出现了 MINIX 操作系统，并有一本书详细介绍它的实现原理。很多计算机爱好者都通过这本书来学习操作系统的工作原理，其中也包括 Linux 的创始者 Linus。MINIX 虽然很好，但它只是一个用于教学目的的 OS，而不是一个功能很强的实用 OS。此外，到 1991 年，虽然 GNU 计划已经开发出许多工具软件，如 GNU C 编译器，但还没有开发出免费的 GNU 操作系统。

1991 年初，Linus 开始在一台 386 兼容微机上学习 MINIX 操作系统。通过学习，他逐渐不满足于 MINIX 系统的现有性能，并开始酝酿开发一个新的操作系统。1991 年 10 月 5 日，Linus 在 comp.os.minix 新闻组上发布消息，正式向外宣布 Linux 内核系统的诞生(Free minix-like kernel sources for 386-AT)。

最初，Linux 操作系统并未被称为 Linux，Linus 给他的 OS 取名为 freex，意为 free 的 UNIX。在他将新的操作系统上传到 FTP(File Transfer Protocol)服务器时，管理员认为既然是 Linus 的操作系统，就取其谐音 Linux 作为该 OS 的名字，于是 Linux 这个名称就开始流传下来。

7.1.2　Linux 系统组成与主要特点

1. Linux 系统组成

基于 Linux 的计算机软件系统通常由 Linux 内核、Shell 命令解释器、应用程序三部分组成。

1) Linux 内核

内核是操作系统的灵魂，也是操作系统最核心的部分，主要由管理处理器、存储器、文件、外设和系统资源的程序组成。具体到 Linux 操作系统，其内核包括进程调度、内存管理、进程间通信、虚拟文件系统和网络接口 5 大模块。

Linux 内核一个突出优点是采用模块化设计，内核功能可以通过增加和减少模块来进行裁剪和配置。这种模块化的设计方便设计者在系统封闭、开放与效率之间取得平衡，避免在配置功能时改变系统的结构，使得代码结构既保持稳定和良好的性能，又易于修改、优化和扩展等。

2) Shell 命令解释器

Linux 内核不能直接接收来自终端的用户命令。Shell 为用户使用 Linux 系统提供接口，即通过在终端输入 Shell 命令，操作系统响应用户的输入并执行操作。此外，还可以使用 Shell 编写的程序(称为 Shell 脚本)实现更复杂的操作。因此，Shell 既是命令语言，也是命令解释程序及程序设计语言。

当用户成功登录 Linux 系统时，系统自动启用 Shell，为用户配置操作计算机的环境，此 Shell 称为用户主 Shell。当用户在终端输入正确的 Shell 命令，Shell 调用相应的命令和程序，通过内核执行用户所需要的操作。用户主动执行的 Shell 脚本称为子 Shell (Sub-Shell)，用于完成用户指定的功能。

3) 应用程序

应用程序指为解决特定的问题而专门开发的程序，例如：为文档编辑开发的 Office 软件、为音视频播放开发的媒体播放器、为社交应用而开发的 QQ 和微信等。这些年，随着 Linux 的发展，Linux 下的应用程序也越来越丰富，Linux 系统的应用越来越广，最典型的莫过于基于 Android 系统的各种应用程序。

2. Linux 系统的主要特点

从 Linux 系统的发展过程可以看出，Linux 从最开始就是一个开放的系统，并且它始终遵循源代码开放的原则，并逐渐发展成为一个功能全面、性能强大的操作系统。其主要特点如下。

1) 完全免费且开源

商业 UNIX、Windows 操作系统价格昂贵，并且还不开源。Linux 使用 GNU 版权，几乎是全免费，同时源代码开放性又允许任何人获取并修改 Linux 的源码。这样一方面大大降低开发的成本，另一方面又可以提高产品开发的效率。当然，Linux 有时会因为价格低廉的原因导致支持服务不到位的情况。但是，因特网上丰富的 Linux 文档资源、庞大的 Linux 爱好者、众多的 Linux 社区等在很大程度上能够弥补支持服务不足的问题。

2）良好的可移植性

所谓软件可移植性，是指只需要对软件重新编译，就可以在不同硬件体系结构之上运行。由于 Linux 的 C 源码开源特性和遵从 POSIX 标准，因此只要使用针对不同硬件体系结构的编译器重新编译，就可以完成相应硬件体系结构的 Linux 移植。目前，Linux 可支持 x86、ARM、Alpha、MIPS 等多种体系结构，并且已经被移植到多种硬件平台。这对于经费、时间受限的研究与开发具有极大的吸引力。特别是在嵌入式系统应用领域，Linux 操作系统也已经成为主流操作系统之一，如面向智能手机应用的安卓（Android）操作系统，其内核也是开源的 Linux 内核。

3）可定制的内核

Linux 具有独特的内核模块机制，它可以根据用户的需要，实时地将某些模块插入内核中或者从内核中移走，并能根据嵌入式设备的个性需要量体裁衣。例如，经裁剪的 Linux 内核最小可低于 150 KB，特别适合嵌入式系统领域中资源受限的实际情况。

4）性能优异

Linux 系统内核精简、高效和稳定，能够充分发挥硬件的功能，因此 比其他操作系统的运行效率更高。Linux 非常适合在嵌入式系统领域中应用，对比其他操作系统，它占用的资源更少，运行更稳定，速度更快。

5）良好的网络支持

Linux 是最早实现 TCP/IP 协议栈的操作系统，它的内核结构在网络方面非常完整，提供了对十兆位、百兆位及千兆位的以太网，还有无线网络、光纤甚至卫星网络的支持，这对需要网络支持的嵌入式系统来说是很好的选择。

6）丰富的应用软件

几乎所有的 Linux 发行版本都包含丰富的应用软件，而且大部分软件遵循 GNU 规则，因而能够非常方便地完成移植工作。另外，在 Linux 发行版本中还包括大量的软件开发工具，能够开发出更多的应用程序。

7.1.3　Linux 的版本

1993 年 3 月 14 日，Linux 推出第一个正式的核心版本 1.0，首次成为一个完整的操作系统。在后来的发展中，Linux 核心版本一直遵从×.×.×的命名规则，即核心版本号由 3 组数字组成，例如 2.6.34、5.2.5 等。第一组数字表示主版本号，数字越大版本越高。只有内核发生较大改变时，主版本号才发生改变，目前最高主版本号为 5。第二组数字表示次版本号，次版本号为偶数时，代表是一个可以使用的稳定版本；为奇数代表是一个测试版或开发版，这个版本中有一些新内核特性加入。第三组数字表示版本的修正序号，每个新内核版本发布，这个数字都会跟着变化。

在已安装的 Linux 操作系统中，可以使用命令"uname-r"或"cat /proc/version"查看内核版本号。最新的 Linux 内核版本号可以在 https://www.kernel.org/网址上查到和免费下载。在查询 Linux 内核版本时，会碰到 mainline、longterm、stable、linux-next、snapshot 这些术语，其内涵是：mainline 指由 Linus Torvalds 亲自制作的内核发布版，是官方当前最新的版本，一般每十周正式发布一个新版本；longterm 是 Long Term Support 的缩写，代表长期维护版本；stable 代表稳定版；linux-next 和 snapshot 都是代码提交周期结束之前生成的快照，用于给 Linux 代码贡献者们做测试，一般为非稳定版。

目前，Linux 的开发与发布基本形成了如下工作模式：核心源码由核心组成员负责更新和开发，Linux 的缔造者 Linus Torvalds 本人担任核心组成员的联络员，其亲自发布的内核被称为 mainline 版。驱动程序和应用软件则由全世界众多 Linux 爱好者自行编写和移植，并放到众多的 FTP 站点供其他人免费下载。越来越多的商业软件商如 Oracle、Netscape、Sybase 等也支持 Linux 操作系统，他们为 Linux 开发的软件有些是免费的，有些是收费的。总的说来，目前 Linux 及其上运行的大部分软件都遵守 GNU 的通用公共许可证（General Public License，GPL），以保证共享和修改软件的自由。GPL 关于软件版权使用方法的两段话可以给读者提供使用此许可证的一些基本概念：

（1）"您可以对取得的源代码做任何您喜欢的修改，也可以将之出售以获利，但您的收受人若要求您提供源代码，您不能拒绝，或者至少应该告知在何处可以找到源代码。

（2）"您有权采用收费或免费的方式发布该软件，但您也必须告知您的收受人，他们同样拥有此权利，即采用收费或免费的方式再次发布新软件，您不得要求收受人放弃此权利。"

由此可见，Linux 及其上的软件大部分都是开放源码的免费软件。对于用户来说，只需付出极小的代价，就能得到一套功能强大的操作系统和应用软件；对于开发者来说，既可以欣赏世界一流程序员的杰作，又可以在这些源代码的基础上做出改动。因此，不难想象，在二十世纪商业软件流行的时代，Linux 为什么能够迅速得到发展，甚至引领了开源软件的发展方向。

当然，Linux 的发展，还得益于一批专业的系统发布商。他们专门在因特网上收集各种 Linux 相关的最新软件和信息，连同自己开发的管理软件做成光盘按"制作成本价"出售（称之为 Linux 发行版）。Linux 发行版可以免去用户自己搜寻、下载软件的麻烦，而且其包括的软件都经过整理，条理清晰、文档丰富，用户安装、使用都很方便。Linux 有众多（多达几百个）的发行版，在这些发行版中，下面 4 个版本比较具有代表性。

1. Red Hat Linux

Red Hat Linux 俗称红帽子，以管理软件齐全、界面友好、使用方便而著称。Red Hat Linux 最后一个版本是 2003 年发布的 9.0 版。之后，RedHat 公司只发布企业版 Linux（RHEL），它是面向商业应用的收费版本。在个人操作系统方面，RedHat 9.0 之后，RedHat 和开源社区合作启动 Fedora 计划，用于发行免费的 Linux。Fedora 对于用户而言是一套功能完备、更新快速的免费操作系统，而对 RedHat 公司而言，它是许多新技术的测试平台，测试成功的技术会加入 RHEL 中。目前，Fedora 最新版本为 Fedora 33，其官方网站是 http://fedoraproject.org/。如果想继续深入学习 Linux 的话，建议读者使用 Fedora。此外，由于 RHEL 是收费的操作系统，因而国内外许多企业选择 CentOS。CentOS 与 RHEL 功能基本一致，可以认为是 RHEL 的复制版，但是免费。

2. Debian

Debian 是一个致力于创建自由操作系统的合作组织及其作品，因而它也是到目前为止最遵循 GNU 规范的 Linux 系统。由于 Debian 以 Linux 内核为主，而且其绝大部分基础工具也都来自 GNU 工程，因此 Debian 也被称为 GNU 发行版。Debian 的 Dpkg 被誉为最强大的 Linux 软件包管理工具，配合 Apt-Get，在 Debian 上安装、升级、删除等管理软件变得非常容易。Debian 的官方主页是 http://www.debian.org/。

3. Ubuntu

Ubuntu 是 Debian 的进化版，拥有 Debian 所有的优点，再加上自己所加强的优点。因而，Ubuntu 的出现改变了许多用户对 Linux 操作系统的看法，主要包括两个方面。第一，改变了 Linux 难以安装和使用的传统观念。Ubuntu 基于 Debian，拥有 Debian 的所有优点，包括 Apt-Get；Ubuntu 被誉为对硬件支持最全面、最好的 Linux 发行版，许多在其他 Linux 发行版上无法使用或者默认配置无法使用的硬件在 Ubuntu 上都可以使用。第二，改变了 Linux 人机界面与交互差的传统观念。Ubuntu 默认采用 GNOME 桌面系统，界面简易而不失华丽。Ubuntu 的安装也与 Windows 系统一样人性化，只需要按提示一步一步地进行。Ubuntu 的官方主页是 http://www.ubuntuLinux.org/。

4. Slackware

Slackware 创建于 1992 年，是历史最悠久的 Linux 发行版。相比其他的 Linux 发行版更接近"UNIX 风格"，一直以来以简洁、安全和稳定著称，它以灵活性和稳定性作为主要目标，但是缺少其他 Linux 发行版本中那些为发行版定制的配置工具。它曾经非常流行，但当 Linux 逐渐普及后，由于新用户变多，而其依然固执地追求系统的效率，要求用户通过配置文件进行系统配置，这使得它逐渐被人们遗忘。Slackware 的官方主页是 http://www.slackware.com/。

7.2　Linux 内核

7.2.1　Linux 内核的位置和作用

1. Linux 内核在系统中的位置

Linux 的内核不是孤立的，必须把它放在整个计算机系统中去研究，图 7-1 显示了 Linux 内核在整个计算机系统中的位置。由图 7-1 可以看出，计算机系统由 4 个主要子系统组成。

图 7-1　Linux 内核在系统中的位置

（1）用户进程/应用程序。用户进程是指用户应用程序，只不过进程是动态的，程序是静态的。当一个用户应用程序在操作系统之上运行时，它就成为系统中的一个进程。事实上，用户应用程序是运行在 Linux 系统中最高层的一个庞大的软件集合。

（2）Shell 与系统调用接口。Shell 与系统调用接口是应用程序和操作系统内核之间的桥梁。具体来说，在应用程序中，可通过系统调用接口来调用内核中进程，以实现特定的服务。用户操作计算机时，可以通过 Shell 来实现系统调用，以完成特定的操作。例如，无论是应用程序还是用户，通过 Shell 都可以使用 fork（）系统调用；该系统调用执行后，Linux 内核便会创建一个新进程。需要指出的是，系统调用接口本身也是 Linux 操作系统的一部分，它运行在内核模式。

（3）Linux 内核。这是本章要讨论的重点，是操作系统的灵魂。它负责管理磁盘上的文件、内存、CPU，负责启动并运行程序，负责从网络上接收和发送数据包等。事实上，Linux 内核也可以被理解为是抽象的资源操作到具体硬件操作之间的接口。

（4）硬件包括 Linux 安装和运行时需要的所有可能的物理设备，是软件存储和运行的物理载体。硬件包括处理器、内存、硬盘、网络、键盘、鼠标等。

2. Linux 内核在系统中的作用

首先，从程序员的角度来讲，操作系统的内核提供了一个与计算机硬件等价的扩展或虚拟的计算平台。它抽象了许多硬件细节，程序可以以某种统一的方式进行数据处理，而不需要关心实际的硬件细节。其次，从普通用户的角度来讲，操作系统内核是一个资源管理器和执行器，在它的帮助下，用户可以以某种易于理解的方式使用这些资源来完成自己的工作，并和其他人共享资源。最后，Linux 内核以统一的方式支持多任务，而这种方式对用户进程是透明的，每一个进程运行起来就好像只有它一个进程在计算机上运行一样，独占内存和其他的硬件资源。而实际上，内核在并发地运行几个进程，并且能够让几个进程公平合理地使用硬件资源，也能使各进程之间互不干扰以安全地运行。

7.2.2　Linux 内核组成及各子系统的作用

Linux 内核由五大部分组成：进程调度、内存管理、进程间通信、虚拟文件系统、网络接口。这五个部分也称为五个子系统，其关系如图 7 - 2 所示，本章重点介绍前四个子系统。

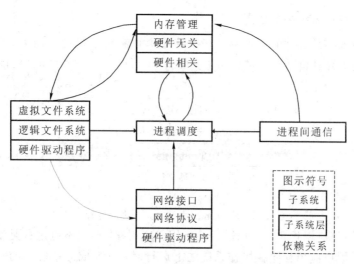

图 7 - 2　Linux 内核子系统及其之间的关系

1. 进程调度(SCHED)子系统

进程调度控制着进程对 CPU 的访问。当需要选择一个进程运行时，由调度程序根据某种调度算法从就绪进程集合中选择进程。进程调度是 Linux 内核的心脏，它具有以下功能：

(1) 允许进程建立自己的新拷贝。

(2) 决定哪一个进程将占用 CPU，使得就绪进程轮流使用 CPU。

(3) 接受中断并把它们发送到合适的内核子系统。

(4) 发送信号给用户进程。

(5) 管理定时器硬件。

(6) 当进程结束后，释放进程所占用的资源。

(7) 支持动态装入或卸载内核模块。

2. 内存管理(MM)子系统

内存管理允许多个进程安全地共享使用物理内存区域。Linux 的内核管理支持虚拟内存，即在计算机中运行的程序，其代码、数据和堆栈的总量可以超过实际内存的大小，操作系统只将当前使用的程序保留在物理内存中，其余的程序块则保留在辅存上。必要时，操作系统负责在辅存和内存之间交换程序块。

内存管理主要提供以下功能：

(1) 扩大地址空间。对运行在系统中的进程而言，可用的内存总量可以超过系统的物理内存总量，甚至可以达到好几倍。运行在通用 CPU 平台上的 Linux 进程，其虚拟地址空间可达 3 GB。

(2) 进程保护。每个进程拥有自己的虚拟地址空间，这些虚拟地址对应的物理地址完全和其他进程的物理地址隔离，从而避免进程之间的互相影响。

(3) 内存映射。利用内存映射，可以将程序或数据映射到进程的虚拟地址空间中，对虚拟内存的访问与访问物理内存单元一样。

(4) 公平的物理内存分配。虚拟内存机制可保证系统中运行的进程平等分享系统中的物理内存。

(5) 内存共享。利用虚拟内存可以方便隔离各进程的地址空间，也可将不同进程的虚拟地址映射到同一物理地址，则可实现内存共享。

3. 虚拟文件系统(VFS)子系统

VFS 向上为所有设备访问提供了统一的接口，向下则支持数十余种不同的物理文件系统。具体来说，Linux 通过 VFS 可以支持更多种类的物理设备，这些设备的特性和操作方式相差甚大；也可以通过 VFS 支持不同的逻辑文件系统，使得它与其他操作系统相互操作更容易。Linux 文件系统具有下列功能：

(1) 支持多种硬件设备——可以对很多不同的硬件设备进行存取。

(2) 支持多种逻辑文件系统——支持很多种不同的逻辑文件系统。

(3) 支持可执行文件格式——支持几种不同的可执行文件格式。

(4) 统一性——为各种文件系统和所有的硬件设备提供统一的接口。

(5) 高性能——对文件进行高速存取。

（6）安全性——不丢失数据或不破坏数据。

（7）文件保护——限制用户对文件的存取权限。

4. 进程间通信（IPC）子系统

为使多个进程能够共同完成某一项任务，它们彼此之间必须互相通信，即能够进行信息传输。为更灵活地实现进程间通信，Linux 支持多种不同形式的进程间通信（IPC）机制，这些 IPC 机制各有自己的优缺点和使用范围。常用的 IPC 机制包括信号、文件锁、管道、队列、共享内存、套接口等。

Linux 支持的 IPC 机制具有以下功能：

（1）支持信号。信号是发送给进程的异步信息。

（2）支持等待队列。等待队列提供了一种机制，它让等待操作完成的进程处于睡眠状态。

（3）支持文件锁。这种机制允许进程把文件的一个区域或整个文件声明为只读，所有进程只能对声明的区域进行读，除了拥有锁的进程。

（4）支持管道和命名管道。信息传输的一种有连接方式，使得两个进程可以采用面向连接的双向通信。

（5）支持 System V IPC 机制，包括消息队列、信号量和共享内存三种方式。

5. 网络接口（NET）子系统

网络接口子系统提供了对各种网络标准的存取和各种网络硬件的支持。网络接口可分为网络协议和网络驱动程序两部分。网路协议部分负责实现每一种可能的网络传输协议，网络设备驱动程序负责与硬件设备进行通信。一般而言，每一个硬件设备都有自己独特的设备驱动程序。

7.2.3 Linux 内核的特征

1. 宏内核结构

Linux 内核采用宏内核结构，这是相对微内核而言的。所谓宏内核也称单内核，就是从整体上把内核作为一个大过程来实现。进程调度、内存管理、进程间通信等是宏内核中的一个个模块，模块之间可以直接调用相关的函数，而没有进行封装。微内核实质是在宏内核的基础上进一步精简，只保留了更贴近硬件的核心软件，如基本的内存管理、进程调度、进程间通信机制等，这样做有利于提高内核的可扩展性和可移植性。但微内核与文件管理、设备驱动等上层模块之间具有较高的通信开销，只适合设计成功能简单的操作系统。

2. 内核模块化

整个 Linux 内核由很多模块组成，每个模块可以独立编译，然后用链接程序将其连接在一起成为一个单独的目标程序，并且每个模块对其他模块是可见的。这样使得内部结构简单，子系统间易于互相访问。此外，模块化结构还使得内核很容易增加一个新的模块，而无需重新编译。

3. 可动态加载或裁剪内核模块

为保证更方便地支持新设备、新功能，又不会无限地扩大内核规模，Linux 支持动态加载内核模块。具体来说，Linux 系统对设备驱动或新文件系统等采用模块化的方式，用户在需要时可以现场动态加载，使用完毕后可以立即卸载。同时，用户也可以对内核进行定制，选择适合自己的功能，将不需要的部分剔除出内核。这个特点保证了 Linux 内核的精简性和可裁剪性，只保留内核中需要使用到的功能，从而使得内核更精简，占用的空间更少，运行效率更高。

4. 支持虚拟文件系统

Linux 创新地实现了一种抽象文件模型，即虚拟文件系统（Virtual File System，VFS）。VFS 是 Linux 的特色之一，通过使用 VFS，内核屏蔽了各种物理文件系统的内在差别，使得应用程序可以通过统一接口访问不同格式的文件系统。

5. 分模式的被动提供服务

Linux 内核执行时，运行在内核空间（3 GB～4 GB），称为内核模式。应用程序（用户进程）执行时，运行在用户空间（0 GB～3 GB），称为用户模式。所谓被动提供服务，是指内核为用户提供服务的唯一方式是应用程序通过系统调用来请求在内核空间完成某种任务。内核本身也是函数和数据的集合，不存在运行着的内核进程为用户提供服务。

7.3　进程与进程调度

7.3.1　进程的基本概念

1. 程序与进程

程序是指令、数据及其组织形式的描述，在计算机中一般以文件的形式存在。进程是正在运行的程序的实例，在计算机中是操作系统动态执行的基本单元。可以这么说，程序是用户完成某工作的计划和步骤，它还停留在纸面上，而没有开始具体实现。进程则是程序在计算机中的具体实现。进程是运行中的程序，它除了包含程序中的所有内容外，还包括一些额外数据，如系统数据（寄存器值、堆栈、被打开的文件与设备的状态等）。举个生活中的例子，程序可以看成是对如何制作一道菜的工序描述，而进程则是实际制作这一道菜。

进程的明确定义为：进程是由代码段、用户数据段以及系统数据段共同组成的一个执行环境。具体解释如下：

（1）代码段。有的书上也将代码段称为正文段，用于存放被执行的机器指令（代码）。通常这个段只读，它允许系统中正在运行的多个进程共享这个段。例如，系统中有多个用户都在使用同一个音乐播放器，在内存中仅需要保存一个音乐播放器的指令的副本，然后所有用户共享这个副本。

（2）用户数据段。用户数据段用于存放进程在执行时直接进行操作的所有数据，包括进程使用的全部变量。通常这个段可以读写，但不能在多个进程间共享，因而它是用户的专用数据段。例如，上面的音乐播放器中，每个用户播放的歌曲一般都放在用户数据段里面。

（3）系统数据段。系统数据段用于存放本进程执行时的运行环境，这也正是程序和进程的区别所在。程序是代码段和用户数据段组成的静态事物，而进程是代码段、用户数据段和系统数据段组成的动态事物。

Linux 是一个多任务操作系统，它允许多个程序同时装进内存并运行，并为每个程序建立一个运行环境即创建进程。从逻辑上说，每个进程都拥有自己的虚拟 CPU，但真实的情况是 CPU 在各进程之间快速地来回切换。从某一时间段来看，多个任务同时执行；从某一时刻来看，只有一个进程在运行。有些书上称之为伪并行，以区别于多核 CPU 上在某一时刻也有几个任务并行执行的情况。

在 Linux 系统中，可以用 ps 命令来查看系统中的进程及相关信息。例如，使用"ps -e"命令，结果如下：

```
$ ps -e
PID        TTY          TIME         CMD
  1        ?            00:00:03     init
  2        ?            00:00:00     kthreadd
...        ...          ...          ...
3497       pts/0        00:00:00     bash
3514       pts/0        00:00:00     ps
```

注：这里 PID 代表进程标识符（进程号），TTY 代表进程相关的终端（? 表示进程不需要终端），TIME 代表进程已经占用 CPU 的时间，CMD 代表启动进程的程序名。

2. 进程状态

进程是一个动态的实体，它具有生命周期。进程状态用于描述进程从创建到消亡整个生命周期内所经历的形态。一般而言，不同的操作系统定义的进程状态数量和对进程状态的描述不一样。对于 Linux 来说，其进程状态如下：

（1）运行态：指进程正在 CPU 上执行的状态。由于任一时刻在 CPU 上运行的进程最多只能有一个，因而任意时刻处于运行态的进程也最多只有一个。

（2）就绪态：指进程已经满足执行所需的全部条件，等待进行 CPU 资源分配的状态。因为任意时刻在 CPU 上运行的进程最多有一个，而且处于就绪状态，可以运行的进程可能有若干个，为管理上的方便，将这些进程统一放到就绪队列里面进行管理，因此有时把运行态和就绪态合二为一，统称为就绪态。

（3）睡眠（等待）态：指进程正在等待某个事件发生或某种资源分配时所处的状态。它又可分为两种：可中断睡眠状态（又称为浅度睡眠）和不可中断等待状态（又称为深度睡眠）。处于浅度睡眠状态的进程可以在资源有效时或由其他进程通过信号或时钟中断唤醒；处于深度睡眠状态的进程只能等待资源有效分配时被唤醒。

（4）停止态：指进程暂时停止运行，接受某种处理时所处的状态。比如，一个进程受其他进程的跟踪调用，暂时将 CPU 资源让给跟踪它的进程，此时就处于这种状态。该进程只能被其他进程的信号唤醒。

（5）僵死态：指进程使用系统调用 exit() 自我消亡时的状态。此时，子进程向父进程发信号并释放其所占资源，但尚未释放其进程控制块（PCB）。

图 7-3 给出 Linux 进程的状态及转换关系。

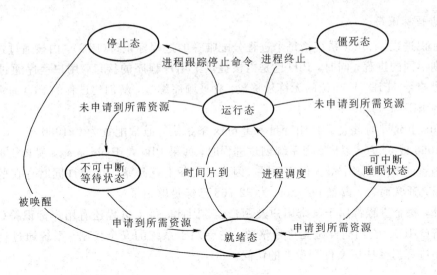

图 7-3　Linux 进程的状态及转换图

3. Linux 进程树

在 Linux 中，通过 fork() 系统调用来创建一个新的进程，而新创建的子进程也能调用 fork()，所以就会形成一棵进程树。Linux 中每个进程只有一个父进程，但可以有多个子进程。

Linux 在启动时就会创建一个名为 init 的特殊进程，这个进程是起始进程，是所有其他进程的祖先，以后诞生的所有进程都是它的后代。init 进程为每个终端（TTY）创建一个新的管理进程 tty1、tty2、⋯，这些进程在终端上等待用户的登录。当用户正确登录后，系统会再为每一个用户启动一个 shell 进程，由 shell 进程等待并接收用户输入的命令信息，形成一棵进程树，如图 7-4 所示。此外，init 进程还负责管理系统中的"孤儿"进程。如果某个进程创建子进程之后就终止，而子进程还"活着"，那么这个子进程就成为孤儿进程。init 进程负责"收养"孤儿进程，保持进程树的完整性。

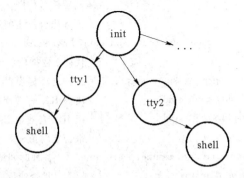

图 7-4　进程树

在 Linux 系统中，可以使用 pstree 命令来查看当前系统中的进程树，以清楚地查看进程之间的相互关系。该命令的结果也展示了 init 进程的特殊性，它是系统中唯一一个没有父进程的进程。

4. 进程标识符

为标识进程，Linux 系统给每个进程分配唯一的进程标识符（PID），内核通过这个标识符来识别不同的进程。同时，PID 也是内核提供给用户程序的接口，用户程序通过 PID 对进程发号施令。PID 是 32 位的无符号整数，它被顺序编号，新创建进程的 PID 通常是前一个进程的 PID 加 1。

Linux 上允许的最大 PID 由变量 pid_max 来指定，通常配置为 0x1000 或 0x8000，即 PID 在 4096 或 32 768 以内。当系统创建进程时，如果 PID 大于 pid_max，就必须重新开始使用已闲置的 PID。这个最大值很重要，因为它实际上就是系统中允许同时存在的进程的最大数目。通常而言，设置 pid_max 为 32 768 已经足够用了。

此外，每个进程都属于某个用户及用户组。因此，每个进程还有用户标识符（UID）和组标识符（GID）。它们同样是无符号整数，主要用于系统的安全控制。系统通过这两种标识符控制进程对系统中文件和设备的访问。

7.3.2　进程控制块

操作系统为了对进程进行管理，就必须对每个进程在其生命周期内涉及的所有事情进行全面的描述。例如，进程当前处于什么状态，它的优先级是什么，它是正在 CPU 上运行还是因为某件事情而被阻塞，给它分配了什么样的地址空间，允许它访问哪个文件等。所有这些信息在内核中可以用一个结构体来描述——进程控制块（Process Control Block，PCB），其结构如下：

```
struct task_struct
{
    long state;                                  /*进程的运行状态*/
    long counter;                                /*运行时间片计数器(递减)*/
    long priority;                               /*进程优先级*/
    long signal;                                 /*信号*/
    struct sigaction siganction[32];             /*信号执行属性结构*/
    long blocked;                                /*掩蔽信号位图*/
    int exit_code;                               /*任务执行停止的退出码*/
    unsigned long start_code, end_code, end_data, brk, start_stack;
                                                 /*代码、数据段的地址等*/
    long pid, father, pgrp, session, leader;     /*各种进程标识符*/
    unsigned short uid, euid, suid;              /*用户ID、有效用户ID、保存的用户ID*/
    unsigned short gid, egid, sgid;              /*组ID、有效组ID、保存的组ID*/
    long alarm;                                  /*报警定时值*/
    long utime, stime, cutime, cstime, start_time; /*各种时间统计*/
    unsigned short used_math;                    /*标志:是否使用协处理器*/
    int tty;                                     /*终端号,当没有终端号时tty=-1*/
    unsigned short umask;                        /*文件创建属性屏蔽位*/
    struct m_inode * pwd;                        /*当前工作目录i结点结构*/
    struct m_inode * root;                       /*根目录i结点结构*/
```

```
struct m_inode * executable;        /* 执行文件 i 结点结构 */
unsigned long close_on_exec;        /* 执行时关闭文件句柄位图标志 */
struct file * filp[NR_OPEN];         /* 进程使用的文件表结构 */
struct desc_struct ldt[3];           /* 本任务的局部描述符表 */
struct tss_struct tss;               /* 本进程的任务状态段信息结构 */
}
```

上述信息可以分为下面几类：

(1) 各种标识符——用简单的数字对进程进行标识，如进程标识符、用户标识符。

(2) 状态信息——描述进程动态的变化，如就绪态、停止态、僵死态等。

(3) 链接信息——描述进程的亲属关系，如父进程、养父进程、子进程等。

(4) 进程间通信信息——描述多个进程在同一任务上协作工作，如管道、消息队列、共享内存、套接字等。

(5) 时间和定时器信息——描述进程在生存周期内使用 CPU 时间的统计、计费等信息。

(6) 文件系统信息——对进程使用文件情况进行记录，如文件描述符、系统打开文件表、用户打开文件表等。

(7) 虚拟内存信息——描述每个进程拥有的虚地址空间，也就是进程编译连接后形成的空间。

(8) CPU 环境信息——描述进程的执行环境，如 CPU 的各种寄存器以及堆栈等，这是体现进程动态变化最明显的特征。

(9) 调度信息——描述进程优先级、调度策略等信息。

在进程的整个生命周期中，系统内核是通过 PCB 对进程进行控制的，也就是说，系统内核是根据进程的 PCB 感知进程的存在。例如，当内核要调度某进程执行时，要从该进程的 PCB 中查出其运行状态和优先级；在某进程被选中开始运行时，要从其 PCB 中取出 CPU 环境信息，恢复其运行现场；进程在执行过程中，当需要和与之合作的进程实现同步、通信或访问文件时，也要访问 PCB；当进程因某种原因而暂停执行时，又需将其断点的 CPU 环境保存在 PCB 中。因此，PCB 与进程是一一对应的，它是进程存在和运行的唯一标志。

7.3.3　与进程控制相关的系统调用

系统调用实质就是函数调用，只是调用的函数是操作系统的函数，执行时处于内核态而已。用户程序在调用系统调用时会向内核传递一个系统调用号，然后系统调用处理程序通过此调用号找到相应的内核函数执行，最后从内核态返回。下面介绍四个与进程控制相关的系统调用。

1. fork 系统调用

前面已经提到，fork()系统调用用来创建进程，并为新创建的进程分配一个进程控制块（其数据结构为 task_struct）。实际上，fork()系统调用的作用是从调用处开始复制一个进程。当一个进程调用它时，就出现两个几乎一模一样的进程。当用户进程执行 fork()系统调用后，就会陷入内核执行内核中的 do_fork()函数。

fork 可能有以下三种不同的返回值：

(1) 父进程中，fork 返回新创建子进程的进程 ID；

(2) 子进程中，fork 返回 0；

(3) 如果出现错误，fork 返回一个负值。

fork 出错可能有两种原因：① 当前的进程数已经达到了系统规定的上限；② 系统内存不足。

2. exec 系统调用

采用 fork()系统调用产生的子进程和父进程几乎完全一样，而 Linux 系统中产生新进程唯一的方法就是 fork，那怎样才能产生与父进程不一样的子进程呢？这就要通过执行 exec()系统调用来实现。exec 实际代表一个函数簇，包括 execl、execlp、execlv、execv、execvp 和 execve 等。

exec 函数簇的作用是根据指定的文件名找到可执行文件，并用它来取代调用进程的内容。换句话说，就是在调用进程内部执行一个可执行文件。这里的可执行文件既可以是二进制文件，也可以是任何 Linux 下可执行的脚本文件。与一般情况不同，exec 函数簇的函数执行成功后不会返回，因为调用进程的实体，包括代码段、数据段和堆栈等都已经被新的内容取代，只留下进程 ID 等一些表面上的信息仍保持原样。

具体的 Linux 下产生与父进程不同的子进程的方法如下：每当有进程认为自己不能为系统和用户做出任何贡献时，它就可以发挥最后一点余热，调用任何一个 exec，让自己以新的面貌重生；或者，更普遍的情况是，如果一个进程想执行另一个程序，它就可以 fork 出一个新进程，然后调用任何一个 exec，这样看起来就好像通过执行应用程序而产生了一个新进程一样。

3. wait 系统调用

进程一旦调用了 wait，就立即阻塞自己，由 wait 自动分析是否当前进程的某个子进程已经退出，如果它找到了这样一个已经变成僵尸的子进程，wait 就会收集这个子进程的信息，释放其 PCB，并把它彻底销毁后返回；如果没有找到这样一个子进程，wait 就会一直阻塞在这里，直到一个子进程出现为止。

wait()系统调用的原型为：pid_t wait(int * status)。其中参数 status 用来保存被收集进程退出时的一些状态，它是一个指向 int 类型的指针。如果我们对这个子进程如何死掉毫不在意，只想把这个僵尸进程消灭，就可以设定这个参数为 NULL。

4. exit 系统调用

从 exit 的名字可以看出，这个系统调用是用来终止一个进程的。无论 exit 在程序中处于什么位置，只要执行到该系统调用就陷入内核，执行该系统调用对应的内核函数 do_exit()。该函数回收与进程相关的各自内核数据结构，然后将进程的状态置为 TASK_ZOMBIE(僵死态)，并把其所有的子进程都托付给 init 进程，最后调用 schedule()函数，选择一个新的进程运行。

exit 函数的原型为：void exit(int status)。

exit 系统调用带有一个整数类型的参数 status，可以利用这个参数传递进程结束时的状态，比如说，该进程是正常结束的，还是出现某种意外而结束的。一般来说，0 表示没有意外的正常结束；其他的数值表示进程非正常结束，出现了错误。这里要说明的是，在一个进程调用 exit()之后，该进程并非马上就消失，而是仅仅变为僵死态。僵死态的进程(称其为僵尸进程)是非常特殊的，它虽然已经放弃了几乎所有内存空间，没有任何可执行代码，也不能被调度，但它的 PCB 还没有被释放。

5. 进程举例

前面已经说过，Linux 系统中通过 fork()系统调用来创建进程。此时，调用进程称为父进程(Parent)，被创建进程称为子进程(Child)。

【例 7 - 1】 进程的创建和并发执行示例(取名为 fork_example)。

```
#include <unistd.h>          /* 系统调用 */
#include <stdio.h>           /* 基本输入输出 */
int main()
{int pid, npid;
  int n=0;
  printf("PID before fork() is %d. \n",getpid());   /* getpid 用于得到进程号 */
  pid=fork();
  npid=getpid();
  if(pid<0)                  /* pid<0 代表进程创建失败 */
     perror("Fork error.\n");
  else if(pid==0)            /* pid=0 代表子进程 */
     while(n<2) {
         printf("I am child process, PID is %d.\n", npid);
         sleep(2);           /* 睡眠 2s */
         n++;
     }
  else                       /* 代表父进程 */
     while(n<4) {
         printf("I am father process, PID is %d.\n",npid);
         sleep(2);
         n++;
     }
  return 0;
}
```

在 Linux 上运行的每个进程都有唯一的进程标识符(PID)，它是进程的身份证号码。系统调用 getpid()用于得到进程的 PID，sleep(2)用来让进程睡眠 2 s。上面程序采用命令"gcc fork_example.c - o fork_example"编译通过后，可以采用下面方式来运行，运行结果如下：

```
$ ./fork_example
PID before fork() is 3944.
I am father process, PID is 3944.
I am child process, PID is 3945.
```

```
I am child process, PID is 3945.
I am father process, PID is 3944.
I am father process, PID is 3944.
I am father process, PID is 3944.
```

可以看出，父进程和子进程的 PID 不一样，而且是不规则出现，这体现了 Linux 的进程的创建和并发执行。事实上，fork()就像细胞裂变，新创建进程与父进程除少量属性外几乎完全相同。上例中，子进程里面的 PID 变量的值为 0，父进程里面的 PID 变量的值为其 PID。创建完成后，都从创建处的下一条语句开始执行。

7.3.4　进程调度

1. 基本原理

如前所述，进程运行需要各种各样的系统资源，如内存、文件、打印机和 CPU 等，因而调度的实质就是资源的分配。系统通过不同的调度算法来实现这种资源的分配。通常来说，选择什么样的调度算法取决于需求。我们不准备在这里详细说明各种调度算法，只介绍几种 Linux 支持的调度算法及这些算法的原理。一般而言，一个好的调度算法应当考虑以下几个方面：

（1）公平：保证每个进程得到合理的 CPU 时间。

（2）高效：使 CPU 保持忙碌状态，即总是有进程在 CPU 上运行。

（3）响应时间：使交互用户的响应时间尽可能短。

（4）周转时间：使批处理用户等待输出的时间尽可能短。

（5）吞吐率：使单位时间内处理的进程数量尽可能多。

很显然，这 5 个目标不可能同时实现。所以，不同的操作系统会在以上指标中做出相应的取舍，从而确定自己的调度算法，譬如 UNIX 采用动态优先数调度，BSD 采用多级反馈队列调度，Windows 采用抢占式多任务调度等。

2. 调度算法

1）时间片轮询调度算法

在 OS 进程调度中，时间片（Time Slice）是分配给进程连续运行的一段时间。在分时系统中，为了保证人机交互的及时性，系统使每个进程依次地按时间片轮流的方式执行。轮询调度算法具体实现方法如下：系统将所有的可运行（即就绪）进程按先来先服务的原则排成一个队列，每次调度时把 CPU 分配给队首进程，并令其执行一个时间片（时间片的大小从数毫秒到数百毫秒不等）。当进程执行的时间片用完时，系统发出信号，通知调度程序，调度程序便据此信号来停止该进程的执行，并将它插入到可运行队列的末尾，等待下一次执行。然后，把处理机分配给就绪队列中新的队首进程，同时也让它执行一个时间片。这样周而复始，就可以保证可运行队列中的所有进程轮流得到一个时间片的 CPU 执行时间。

2）优先权调度算法

时间片轮询调度算法保证了每个可运行进程能够公平地得到 CPU。但是，在实际系统中，有些进程需要立即执行，有些进程可以稍晚执行。于是，为了处理这种情况，提出优先权调度算法，即调度程序选择具有最高优先级的进程放在 CPU 上执行。优先权调度算法具体实现时，又进一步可以分为两种：

(1) 非抢占式优先权算法。非抢占式优先权算法又称不可剥夺调度。在这种方式下，系统一旦将 CPU 分配给可运行队列中优先权最高的进程后，该进程便一直执行下去，直至该进程执行完成，或因发生某事件使该进程放弃 CPU。此后，系统方可将 CPU 分配给另一个优先权高的进程。这种调度算法主要用于批处理系统，也可用于某些对实时性要求不高的实时系统。

(2) 抢占式优先权调度算法。抢占式优先权调度算法又称可剥夺调度。该算法的本质就是系统中当前运行的进程永远是可运行进程中优先权最高的那个。在这种方式下，系统同样是把处理机分配给优先权最高的进程，使之执行。但是只要出现了另一个优先权更高的进程，调度程序就暂停原最高优先权进程的执行，而将处理机分配给新出现的优先权最高的进程，即剥夺当前进程的运行。因此，采用这种调度算法时，每当出现一新的可运行进程，就将它和当前运行进程进行优先权比较，如果高于当前进程，将触发进程调度。

这种方式的优先权调度算法，能更好地满足紧迫进程的要求，故常用于要求比较严格的实时系统以及对性能要求较高的批处理和分时系统中。Linux 也支持这种调度算法。

3) 多级反馈队列调度

多级反馈队列调度是一种折中的调度算法。其本质是综合了时间片轮询调度和抢占式优先权调度的优点。具体实现方式如下：设有 N 个队列 (Q_1, $Q_2 \cdots Q_N$)，每个队列可以包括多个优先级相同的进程，而不同队列中的进程的优先级不一样。不失一般性，假设优先级 Priority(Q_1) > Priority(Q_2) > $\cdots$ > Priority(Q_N)。对于优先级最低的队列来说，里面遵循时间片轮询法。也就是说，队列 Q_N 中有 M 个作业，它们的运行时间是通过 Q_N 这个队列所设定的时间片来确定的；对于其他队列，遵循的是先来先服务算法，每一进程分配一定的时间片，若时间片运行完时进程未结束，则进入下一优先级队列的末尾。各个队列的时间片不一样，其随着优先级的增加而减少，也就是说，优先级越高的队列中它的时间片就越短。同时，为了便于那些超大作业的完成，最后一个队列 Q_N 的时间片一般很大。此外，若低优先级队列中的进程在运行时，又有新到达的作业，此时须立即把正在运行的进程放回当前队列的队尾，然后把 CPU 分给高优先级进程。

4) 实时调度

实时调度不是一个调度算法，而是一类调度算法的总称，如最早截止时间优先 (Earliest Deadline First, EDF)、最低松弛度优先 (Least Laxity First, LLF) 算法等。换而言之，实时调度是实时系统中的调度算法的总称。这里，所谓实时系统指的是系统不仅要求任务的输出结果正确，还要求在规定的时限内输出结果。在实时系统中，广泛采用抢占调度方式，特别是对于那些要求严格的实时系统。这种调度方式的优点是既具有较大的灵活性，又能获得很小的调度延迟；缺点是比较复杂。

3. 其他关键问题

1) 时间片和优先级设定

时间片是进程被抢占前所能持续运行的时间，时间片过大或过小都不好。时间片过大能够减少调度开销，但会导致系统交互性变差，让用户觉得系统并发执行程序的能力弱，甚至不能并发执行。时间片过小显然会增加进程切换带来的 CPU 时间开销，使得用于执行实际进程的 CPU 时间变少。

在基于抢占的调度算法中，必须给每个进程一个优先级。事实上，固定优先级的调度算法保证了效率，但很难保证公平性。具体来说，高优先级的进程能够抢占低优先级的进程，使得低优先级的进程能够在 CPU 上得到运行的机会非常少，特别是在任务负载很重时。显然，这对低优先级的进程来说是不公平的。解决方案就是采用动态优先级，但是如何设计一个能够兼顾调度基本原理所述的 5 个指标的动态优先级方案仍然是一个难题。

2）调度时机

调度时机是指在何时进行进程调度。Linux 的调度时机主要有以下几种：

（1）进程状态转换的时刻，如进程终止、睡眠等。此时，进程会调用 sleep（）或 exit（）等函数，这些函数执行时会主动调用调度程序。

（2）当前进程的时间片用完。此时会产生一个时钟中断来通知进程时间片用完，然后系统会主动调用调度程序。

（3）设备驱动程序运行时。当设备驱动程序执行长而重复的任务时，直接调用调度程序。在每次反复循环中，驱动程序都检查调度标志，如果必要，则调用调度程序主动放弃 CPU。

（4）从内核态返回到用户态时。不管是从中断、异常还是系统调用返回，都需要调用 ret_from_sys_call（），而这个函数会进行调度标志的检测，如果必要，则调用调度程序。

7.4　内　存　管　理

内存管理是现代操作系统的核心功能，Linux 操作系统也不例外。理想情况下，内存储器应该具有容量大、速度快、内容非易失和价格便宜的特点。但是，第三章的内容已经告诉我们，现有的存储器不能兼顾上述所有的特点。因此，内存仍然是一种需要仔细管理的重要资源。

7.4.1　内存管理基础

1. 物理地址、虚拟地址与线性地址

物理地址（也称实地址）指的是物理内存的存储单元的编号，它与物理内存的存储单元是一对一的关系，CPU 通过物理地址访问指定的物理存储单元。此外，从 CPU 的角度来看，物理地址空间是一维的，即一个物理地址对应一个存储单元。也就是说，CPU 要想访问某个存储单元，只需要给出其对应的唯一的物理地址。

虚拟地址（也称为逻辑地址或虚地址）是用户程序访问虚拟内存单元的编号，它与虚拟内存单元是一对一的关系。实际上，为简化用户程序编程，在操作系统的支持下虚拟内存才出现。在虚拟内存的支持下，用户程序不再需要考虑物理内存的大小及信息的实际存放位置，它只需要规定好互相关联信息的相对位置，这极大地减少了用户程序编程的工作量。

此外，在有些处理器（如 Intel 的 CPU）里面，还有一个线性地址的概念，并且虚拟地址首先采用段机制映射到线性地址，然后再采用页机制将线性地址映射到物理地址。

Linux 操作系统为简化虚拟地址到物理地址的转换，对于 32 位 CPU，规定段的基地址为 0，段的界限为 4 GB，这使得虚拟地址可以直接映射到线性地址，即虚拟地址和线性地址是同一地址。

2. 内核空间和用户空间

由于 Linux 的虚地址与线性地址是同一地址，而 32 位 CPU 的线性地址为 4 GB 的固定大小，因而 Linux 的虚拟地址空间也为 4 GB。Linux 将这个 4 GB 划分为两部分：最高的 1 GB 供内核使用，称为内核空间；较低的 3 GB 供用户进程使用，称为用户空间。由于每个进程都可以通过系统调用进入内核，因而内核空间由所有进程共享。从用户进程来看，它拥有 4 GB 的虚拟地址空间（即虚拟内存），其中 1 GB 与其他进程共享，3 GB 为自己的私有空间，如图 7-5 所示。

图 7-5 进程虚拟地址空间

图 7-5 表明，用户的私有空间是被进程隔离的。具体来说，每个进程对自己私有空间某个地址的访问，与另外一个进程对其私有空间相同地址的访问是不冲突的，访问的结果也是不一样的。例如，一个进程从其私有空间访问虚地址 0x10000000 处读出数 A，另外一个进程从其私有空间访问虚地址 0x10000000 处读出数 B。这背后的原因在于，不同进程的私有用户空间一般被映射到不同的物理地址。

3. 关于虚拟地址空间的讨论

在任意一个时刻，在单核 CPU 上只能有一个进程运行。因此，对于 CPU 来说，每个时刻系统里只存在一个 4 GB 的虚拟地址空间，虚拟地址空间是进程相关的。也就是说，当进程发生切换时，低 3 GB 的虚拟地址空间也随着切换。由此可以看出，虽然每个进程都有自己的独立的 3 GB 的虚拟地址空间，但只有这个进程运行时，CPU 才能感知它的虚拟地址空间。在其他时刻，其虚拟地址空间对于 CPU 来说是不可知的。

此外，一个程序编译链接后形成的地址空间是一个虚拟地址空间，用户程序在低 3 GB 内，内核程序在高 1 GB 内。我们又知道，程序运行必须将程序装载到物理内存。因此，程序给出的任何虚地址最终必须转换为物理地址，这就是所谓的虚实地址映射问题。现代 CPU 中，一般需要有一个称为内存管理单元（Memory Management Unit，MMU）的硬件，操作系统才能支持虚拟内存空间。

4. Linux 的页机制的原理

在 Linux 内核中，通过页机制完成虚实地址映射，这里介绍其基本原理。页机制将虚拟地址空间划分为若干大小相等（一般为 4 KB）的子空间，称为页（Page），并从 0 开始加以编号，如第 0 页、第 1 页等。相应地，也把物理地址空间按同样大小划分为若干存储块，称为页面(Page Frame)或物理页。同样，也从 0 开始编号。

如图 7-6 所示，图中用箭头把虚拟地址空间中的页与对应的物理地址空间中的页面联系起来，表示该虚拟页在实际的物理页面的位置。

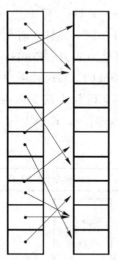

虚拟地址空间 物理地址空间

图 7-6　虚拟页与物理页的映射关系

注意，虚拟页到物理页是一个全映射关系，即一个虚拟页可以放在任意一个物理页；反之，一个物理页可以容纳任意一个虚拟页。此外，在任意时刻，虚拟页与物理页是一对一映射关系，但在不同时刻，可能多个虚拟页映射到同一个物理页。此外，Linux 中把图 7-6 所示的虚拟页与物理页的映射关系用页表进行描述，也就是说，页表是把虚拟地址映射到物理地址的一种数据结构。页表中每项内容如下：

(1) 物理页面基地址：虚拟地址空间中的一个页装入内存后所对应的物理页面的起始地址。

(2) 页的属性：表示页的特性。例如该页是否在内存中，是否可被读出或写入等。

进一步，4 GB 的虚拟地址空间可以被划分为 1 M 个 4 KB 大小的页，每个页表项占 4 个字节，则 1 M 个页表项的页表需要 4 MB 连续空间。在内存较小时开销过大，因此，Linux 实际采用两级页表来实现，以减小页表存储的内存开销。

7.4.2　主要机制及相互关系

Linux 为实现虚拟内存到物理内存的转化采用了多种机制，这些机制及相互间的关系如图 7-7 所示。

图 7-7 所示机制的主要作用如下：

地址映射机制：用来将虚拟地址映射到物理地址。

请页机制：请页机制是一种动态内存分配技术，它把页面的分配推迟到不能再推迟为止。也就是说，一直推迟到进程要访问的页不在物理内存时为止，由此引起一个缺页错误。

内存分配和回收机制：用于分配一个物理页面给请求的虚拟页，如果此时物理页面已经用完，就需要从已分配的物理页面中回收一个页面。

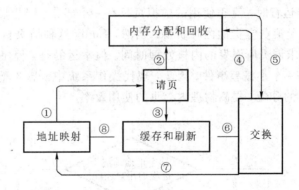

图 7-7　虚拟内存实现机制及之间的关系

交换机制：用于把一些不常用的内存页面暂时存储到磁盘上，腾出来的内存页面留作他用，在交换出去的页面需要的时候再从磁盘中读入内存。

缓存和刷新机制：用于页表项的缓存和刷新。更具体地说，用于决定翻译后援缓冲 (Translation Lookaside Buffer，TLB)的存储内容和保证 TLB 的内容与进程页表的内容一致。

具体流程如下：首先内核通过映射机制把虚拟地址映射到物理地址，如果在进程运行期间，内核发现进程需要访问的虚拟页没有在物理内存时，就发出请页请求(①)；如果此时有空闲的内存可供分配，则请求分配内存(②)，并把分配的结果记录在页缓存中(③)；如果没有足够的内存可供分配，则先要调用交换机制，腾出足够的空间用于请求页的分配(④、⑤)。此外，地址映射中要通过 TLB 来寻找物理页(⑧)；交换机制中也要更新 TLB 缓存(⑥)，并且把物理页内容交换到交换文件后也要修改页表的映射地址(⑦)。

7.4.3　内存管理的请页机制

当一个进程运行时，CPU 访问的地址是用户空间的虚拟地址。当这个地址对应的虚拟页不在内存中时，激发 Linux 内存管理的请页机制。本质上，Linux 采用请页机制的原因在于节约物理内存，它仅把当前要使用的用户空间中的少量虚拟页载入到物理内存。因此，当访问的虚拟页没有载入物理内存时，CPU 向 Linux 报告一个页故障以及对应的原因。页故障的产生有以下三种原因：

(1) 程序出现错误。例如，处于用户态的进程要访问的虚地址在 0～3 GB 之外，则该地址无效，Linux 将向该进程发送一个信号并终止进程的运行。

(2) 虚拟地址有效，但其对应的页当前不在物理内存中，产生缺页异常，Linux 必须从磁盘或交换文件(此页被换出)中将其载入物理内存。绝大部分页故障都是在这种情况下产生的，事实上这是一种正常情况。

(3) 要访问的虚拟地址被写保护，即保护错误。此时，Linux 必须判断写保护的原因，并进行针对性的处理。

Linux 的缺页异常处理程序的总体方案如图 7-8 所示。

本质上，Linux 的请页机制是采用动态内存分配技术，将页面的分配推迟到进程要访问该页为止，并产生一个缺页异常。采用这种方案的原因在于：第一，进程运行时并不访问其虚地址空间中的全部地址，事实上，有一部分地址进程永远不使用；第二，程序的局部性原理使得进程在运行时，真正使用的虚拟页只有一小部分，因此临时用不着的页根本没必要调入内存，以免浪费宝贵的内存资源。当然，Linux 这种请页机制也会付出额外开销，即缺页异常后请求调页所引发的内核处理时间。但幸运的是，程序局部性原理保证了缺页异常出现其实是一个小概率事件。因此，现代操作系统中，基本都会采用类似的请页机制延迟实际物理页的分配，提高物理内存页的使用效率。

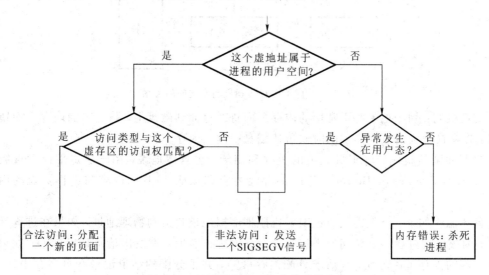

图 7-8　缺页异常处理程序的总体方案

7.4.4　物理内存分配与回收

如前所述，Linux 程序给出的访问地址是其虚拟空间的虚地址，不是物理内存中的实地址。因此，对于内存页面的管理，程序在编译和链接时建立自己的虚拟内存空间，在执行时由操作系统为此虚拟内存空间分配相应的物理内存空间，并建立虚拟页到物理页的映射。

1. 物理页描述符

大部分时间而言，内存管理的最小单位就是页。在 32 位 CPU 中，通常一个页的大小为 4 KB。Linux 内核用 struct page 结构描述每个物理页，它也被称为页描述符，具体内容如下：

```
struct page{
    page_flags_t              flags;
    atomic_t                  _count;
    atomic_t                  _mapcount;
    unsigned long             private;
    struct_address_space      * mapping;
    pgoff_t                   index;
    struct list_head          lru;
    void                      * virtual;
};
```

上述结构中几个重要成员的解释如下：

◇ flags：页的状态，如页是否"脏"，是否锁定在内存中等。flags 每一位都单独表示一种状态，因此至多可以表示 32 种不同的状态。

◇ _count：页引用计数，即这一页被引用了多少次。当值变为 0 时，就说明当前内核并没有引用这一页，该页可以被回收。

◇ _mapcount：被页表映射的次数，也就是说该 page 同时被多少个进程共享。

◇ mapping：指定该页的映射方式。0 代表该页属于交换缓存；不为 0 但其最低位为 0，代表该页属于页缓存或文件映射，指向文件的地址空间；最低位不为 0，代表该页为匿名映射，指向 anon_vma 结构体对象。

◇ index：在映射的虚拟空间内的偏移。

◇ private：私有数据指针，由应用场景确定其具体的含义。

◇ lru：当页属于伙伴系统、slab 和页缓存时，指向相应链表头。

◇ virtual：页的虚拟地址。

上述页结构描述中的 atomic_t 代表原子操作，即该成员属于临界资源(参 7.5.1 小节)，对该成员的访问不能被打断。此外，需要说明的是上述页结构只与物理页相关，与虚拟页不相关。在进程执行过程中，随着物理页的分配和使用，物理页的作用经常发生变化，因而该页的描述是短暂的。即使页中所包含的数据继续存在，但是由于交换等原因，它们可能并不再和同一个页结构相关联。

2. 伙伴算法

随着用户程序的执行和结束，需要不断地为其分配和释放物理页面。频繁地请求和释放不同大小的内存，必然导致内存碎片问题的产生，结果就是当再次要求分配连续的内存时，即使整体内存是足够的，也无法满足连续内存的需求。该问题也称为外碎片问题。Linux 采用著名的伙伴(Buddy)算法来解决外碎片问题。

伙伴算法把所有的空闲页面分为 10 个块链表，第 i 个链表中的块大小为 2^i 个页面，我们把这种块叫作"页块"或简称"块"。例如，第 0 个链表中块的大小都为 2^0，第 9 个链表中块的大小都为 2^9(512 个页面)。伙伴算法的核心数据结构是 free_area_struct，其定义如下：

```
struct free_area_struct{
    struct page * next;
    struct page * prev;
    unsigned int * map;
}free_area[10];
```

该结构中包含 3 个成员：next、prev 和 map。指针 next、prev 用于将物理页面结构 struct page 链接成一个双向链表，其值为内存块的起始页面号；map 指向一个位图。例如，图 7-9 中大小为 1(2^0)的页块有 1 个，为第 0 个页；为 4(2^2)的页块有两个，一块从第 4 页开始，一块从 56 页开始。

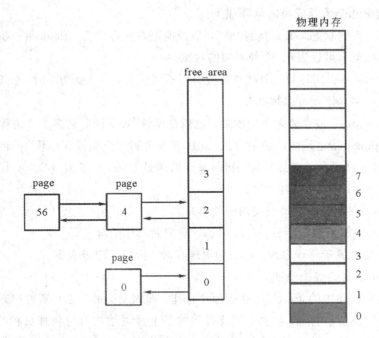

图 7 - 9　伙伴系统使用的数据结构

【**例 7 - 2**】　请叙述采用伙伴算法分配 128 个连续物理内存页面的工作过程。

该算法先在块大小为 128 个页面的链表(即第 7 个链表)中查找,看是否存在空闲块。如果有,就直接分配;如果没有,该算法会查找下一个更大的块,即在第 8 个链表(该链表中每个块的大小为 256 个页面)中查找是否存在块。如果有,内核就把这 256 个页面分为两等份,一份分配出去,另一份插入到第 7 个链表中。如果还是没有找到空闲块,就继续找更大的块,即 512 个页面的块。如果存在这样的块,内核就从 512 个页面的块中分出 128 个页面响应分配请求,然后从 384 个页面中取出 256 个页面插入到第 8 个链表,剩余的 128 个页面插入到第 7 个链表。如果 512 个页面的链表中还没有空闲块,该算法就放弃分配,并发出出错信号。

以上过程的逆过程就是块的释放过程,这也是该算法名字的由来。满足以下条件的两个块称为伙伴:

(1) 两个块的大小相同;

(2) 两个块的物理地址连续。

伙伴算法把满足以上条件的两个块合并为一个块,该算法是迭代算法,如果合并后的块还可以跟相邻的块进行合并,那么该算法就继续合并。

3. 物理页面的分配

伙伴算法能有效地解决连续的物理页块的分配和回收问题。只要系统有满足需要的足够的空闲页面,就会在 free_area 数组中查找满足需要大小的一个页块,并进行分配。Linux 内核的具体物理内存页块分配函数为_get_free_pages(),其定义如下:

　　　unsigned long _get_free_ pages(int gfp_mask, unsigned long order)

其中 gfp_mask 是分配标志,表示对所分配内存的特殊要求,常用的标志为 GFP_KERNEL

和 GFP_ATOMIC，前者表示在分配内存期间可以睡眠，在进程中使用；后者表示不可以睡眠，在中断处理程序中使用。order 是指数，所请求的页块大小为 2 的 order 次幂个物理页面，即页块在 free_area 数组中的索引。

该函数所做的工作可以概括如下：

（1）检查所请求的页块大小是否能够满足；

（2）检查系统中空闲物理页的总数是否已低于允许的下界；

（3）正常分配，即从 free_area 数组的第 order 项开始执行物理页分配；

（4）换页。调用函数 try_to_free_pages() 启动换页进程。

4. 物理页面的回收

Linux 内核在分配物理页块的过程中，会将大的页块分为小的页块，使得空闲内存块变得零散。物理页面的回收过程正好与页分配过程相反，它尽可能地将小页块合并成大的页块，直到页块大小为 512 个页为止。

Linux 的页回收函数为 free_pages()，其定义如下：

    void free_pages(unsigned long addr, unsigned long order)

其中，addr 是要回收的页块的首地址；order 是要回收的页块的大小，为 2^{order} 个物理页。

该函数所做的工作如下。

（1）根据 addr 算出该页块的第一页在 mem_map 数组中的索引。

（2）如果该页是保留的（内核在使用），则不允许回收。

（3）将页块第一页对应的页结构中的 _count 域减 1，如果 _count 值不为 0，说明还有进程在使用该页块，因此不能回收它，简单地返回。

（4）将该页块进行回收，主要是更新结构体 page、free_area 以及全局变量 nr_free_pages（空闲页数）的值。

例如，在图 7-9 中，如果第 1 页释放，因为此时它的伙伴（第 0 页）已经空闲，因此可以将它们合并成一个大小为 2 页的块（0、1），并将其加入 free_area[1] 的链表中，并把第 0 页从 free_area[0] 链表中取下；因为新块（0、1）的伙伴（2.3）不在 free_area[1] 链表中，所以不需要进行进一步的合并。

5. Slab 分配机制

采用伙伴算法分配物理内存时，每次至少分配一个页面，即 4 KB。但当请求分配的内存为几十个字节或几百个字节时，如果还采用伙伴算法进行分配，就会存在极大的内存开销，影响了内存的使用效率。为此，Linux 从 2.2 版本开始，引入了一种叫作 Slab 的分配机制，用于解决小内存区的分配和回收问题。

Slab 的核心要点包括：

（1）引入对象概念。所谓对象是存放一种数据结构的内存区，并为对象创建构造和解析函数，构造函数用于初始化数据结构所在内存区，解析函数用于回收相应内存区。

（2）对对象分类处理。为频繁使用的对象在内存中创建专用缓冲区，让其常驻；为不频繁使用的对象在内存中创建通用缓冲区，减少内存碎片的产生。

7.4.5　内存管理的交换机制

当物理内存出现不足时，Linux 内核需要释放部分物理内存页面，该任务由内核的守护进程 kswapd()完成。kswapd()在内核初始化时启动，并周期地运行，以保证系统中有足够的空闲物理页面。

1. 交换的基本原理

虽然每个进程实际使用的物理空间并不大，一般不会超过几 MB，大多数情况下为几百 KB 甚至只有几十 KB。可是，当系统的进程数达到几百甚至上千个时，对物理内存空间的总需求就变得很大。为应付这种情况，操作系统设计者提出了内存交换技术，即把内存的内容暂存到一个专用的磁盘空间，需要时再从这个专用空间交换到内存。

在 Linux 中，把用作交换的磁盘空间叫作交换文件或交换区，交换的单位是页面而不是进程。此外，交换本质上是一种以时间换空间的机制，即通过磁盘的交换空间虚拟出一块物理内存，扩大了内存空间；但是，交换操作本身及管理交换都需要耗去许多 CPU 时间，此外交换也使得进程的执行时间具有了较大的不确定性。因而，在一些实时系统中，通常不会引入交换机制。

在内存管理的页面交换机制设计中，必须要考虑以下三个问题：

(1) 如果要进行页面交换，选择哪个页面进行交换。

(2) 交换出的页面怎么存放在磁盘交换区。

(3) 如何选择交换的时机。

还需要指出的是，这里所讲的页面交换，仅指其中存放的数据，不涉及页结构体本身。因此，页面交换实质是指该物理页的数据在内存和磁盘之间的换入或换出。

2. 交换时机确定

在交换机制设计的三个问题中，交换时机是最难设计的。这里简单介绍一下可选的交换时机。

策略一：需要时才交换。每当缺页异常发生时，就给它分配一个物理页面。如果发现没有空闲的页面可供分配，就触发页面交换。这种交换触发策略优点是简单，但它属于被动的触发，因而会大幅度增加触发交换的进程的执行时间。

策略二：系统空闲时交换。与策略一相比较，这是一种积极的交换策略，即在系统空闲时，预先换出一些不经常使用的页面，以在内存中维持一定的空闲页面供应量，使得在缺页异常发生时总有空闲页面可供使用。这种策略的缺点在于很难准确地预测页面的访问，极端情况下会造成页面"抖动"。

策略三：换出但并不立即释放。当系统挑选出若干页面进行换出时，将相应的页面写入磁盘交换区中，并修改相应页表中页表项的内容(把 Present 标志位置为 0)，但是并不立即释放，而是将其 Page 结构留在一个缓冲(Cache)队列中，使其从活跃(Active)状态转为不活跃(Inactive)状态。至于这些页面的最后释放，要推迟到必要时(需要分配此页面时)进行。

策略四：把页面换出推迟到不能再推迟为止。实际上，策略三还有可改进之处。首先，在换出页面时不一定要把它的内容写入磁盘，例如一个页面自从最近一次换入后并没有被写过(如代码)，那么这个页面是"干净的"，就没有必要把它写入磁盘。其次，对于"脏"页面，也没有必要立即写出去，可以采用策略三，直到不能延迟为止；至于"干净"页面，可以一直缓冲到必要时才加以回收。

3. 页面交换守护进程

为避免在缺页异常发生时临时搜索可供换出的页面和执行换出，Linux 内核定期地检查系统内的空闲页面数是否小于预定义的极限。当该情况被检查出后，就预先将若干页面换出，以减轻缺页异常发生时系统所承受的负担。当然，由于无法确切地预测页面的使用，因而这种机制也不能完全避免缺页异常发生时没有足够的空闲页面供分配这种情况的发生，但确实可以大幅度降低这种情况出现的概率。为此，Linux 内核设置了一个定期将页面换出的守护进程 kswapd()。

从原理上说，kswapd 也是一个进程，它有自己的进程控制块，也与其他进程一样接受内核的调度，只不过调度程序一般只在系统相对空闲时才调度它。与普通进程相比，kswapd 也有其特殊性。它没有自己独立的地址空间，所以在近代操作系统理论中把它称为"线程"或"守护进程"以与普通进程相区别。在 Linux 2.4 内核中，kswapd 一般每秒钟被调用一次。此外，还需要强调的是，kswapd 在执行过程中要贯彻平衡思想，它既要保证空闲页面的余量，满足新的页面分配请求；又要避免过度回收，造成性能上的损失。

7.5　进 程 通 信

并发执行的进程为了协调一致地完成某项任务，彼此之间必须要交换数据或信息，称为进程间通信。进程间通信时，传输的数据量可大可小，通常将小量的数据传输称为低级通信，大量的数据传输称为高级通信。低级通信由于数据量小，通常用于进程交换控制信息或状态信息，常采用变量、数组等方式实现。高级通信由于数据量大，通常用于进程交换数据，常采用消息缓冲、信箱、管道通信和共享内存等方式实现。

7.5.1　互斥和同步

互斥和同步在进程并发执行后经常能遇到，低级通信经常用来解决进程的互斥和同步。

1. 进程的互斥

并发进程可以共享系统中的各种资源，但是有些资源不能任意时刻都进行共享，这样的资源称为临界资源(critical resource)。例如，计算机系统中的打印机就属于临界资源，它只能让多个进程分时共享使用，即一个进程提出打印申请并得到许可后，打印机一直被它单独占用直到该进程完成打印任务；此后，下一个进程才能使用打印机。

系统中不仅物理设备具有临界属性，软件中的数据等也可能具有临界属性，从而成为临界资源。例如，假设在一个售票系统中，某一时刻数据库中票数变量 count＝3，有两个窗口的售票进程需要对其访问，一个窗口卖出去一张票，因而 count 应该减 1，一个窗口退了一张票，因而 count 应该加 1，这两个进程如果用 ARM 汇编来实现，对应的汇编程序如下：

```
LDR   R2, count;        LDR    R1, count;
SUB   R2, R2, 1;        ADD    R1, R1, 1;
STR   R2, count;        STR    R1, count;
```

如果让售票进程和退票进程顺序执行，无论谁在前，最终 count 的值仍然为 3，因此结果是正确的。但如果按下面的方式并发执行：

```
LDR   R2, count;    (R2 = 3)
SUB   R2, R2, 1;    (R2 = 2)
LDR   R1, count;    (R1 = 3)
STR   R2, count;    (count = 2)
ADD   R1, R1, 1;    (R1 = 4)
STR   R1, count;    (count = 4)
```

可以看到，最终 count 的值为 4，这与期望的结果不一致。造成这个问题的根源在于这两个进程共享了变量 count，而又对进程的并发执行未做任何限制。此例中 count 就属于临界资源。解决此问题的关键就是要将变量 count 作为临界资源进行处理，让售票进程和退票进程对变量 count 进行处理的那段代码不能并行执行。

操作系统中，把进程中访问临界资源的那段代码称为临界区（critical section）。涉及同一临界资源的不同进程中的临界区称为同类临界区。以后不如加特别说明，均指同类临界区。

有了临界区的概念后，进程的互斥就可以描述为：一组并发进程中的两个或多个程序段，因共享某一资源使得这组并发进程不能同时进入临界区的关系称为进程的互斥。

2. 进程的同步

在并发系统中，除了对共享资源的竞争而引起的进程互斥外，还存在着直接的制约关系，如生产者—消费者进程等，影响了进程的并发执行。

【例 7-3】 在某个系统中包括两个进程，第一个进程为采集进程 collection()，其任务是周期地把所采集的数据送入一个缓冲区中；第二个进程为计算进程 calculate()，它的任务是从缓冲区中取出数据进行计算。此外，这两个任务具有以下约束关系：数据采集进程未把数据放入缓冲区，即缓冲区空时，计算进程不应执行取数任务；同样，当缓冲区满即计算进程还未执行时，数据采集进程也不能执行放数任务。

上述例子其实就是要求这两个进程必须按采集、计算、采集、计算的顺序周而复始地执行。上述两个进程的伪代码描述如下：

```
int buf;                    //定义一个全局缓冲区
int flag = 0;               //定义一个缓冲区状态标志，0 表示空，1 表示满
void collection()           //数据采集过程向缓冲区送入数据
{
    while(TRUE)
    {
        采集数据;
        while(flag == 1);   //重复测试缓冲区是否满
        将采集的数据放入 buf;
        flag = 1;
    }
}
void calculate()
```

```
    {
        while(TRUE)
        {
            while(flag == 0);//重复测试缓冲区是否空
            从 buf 中取出数据；
            flag = 0;
            计算过程；
        }
    }
```

这里，为简化问题，先不考虑两个进程共享变量 flag 的互斥访问。显然，上述进程的并发执行会造成 CPU 执行时间的极大浪费（见上述伪代码中的黑体 while 循环），这是操作系统设计不允许的。在计算机处理实际任务时，类似上述例子，进程执行存在相互制约关系实际上经常出现。

操作系统中，把异步环境下的一组并发进程在某些程序段上需互相合作、互相等待，使得各进程在某些程序段上必须按一定的顺序执行的制约关系称为进程同步，具有同步关系的一组并发进程称为合作进程。

7.5.2　同步机制

从以上讨论可知，为了保证进程并行执行的结果正确，操作系统中必须引入一种机制来控制进程间的互斥和同步，这个机制统称为同步机制。大多数同步机制采用一个物理实体，如锁、信号量等实现通信，并提供相应的原语。系统通过这些原语来控制对共享资源或公共变量的访问，以实现进程的同步与互斥。这里原语的概念是指该操作具有不可分割性，即原语的执行必须是连续的，在执行过程中不允许被中断。

1. 加锁/开锁原语及其应用

一种简单有效的办法是对临界区加锁以实现互斥。当某个进程进入临界区时，首先测试该临界区是否上锁，如果该临界区已被锁住，则该进程需要等待锁打开；反之，如果该临界区未上锁，则它进入该临界区并上锁，直到退出临界区时再解锁。为此，操作系统通常提供加锁/开锁原语来保证进程的互斥执行。

用一个变量 W 来代表某种临界资源的状态。W=1 表示某资源可用，可进入临界区；W=0 表示资源正在被使用（临界区正在被执行）。

加锁原语 LOCK(W)定义如下：

（1）测试 W 是否为 1。

（2）若 W=1，则 0→W。

（3）若 W=0，则返回(1)。

开锁原语 UNLOCK(W)只有一个动作，即 1→W。

利用加锁/开锁原语，可以很方便地实现进程互斥。当某进程要进入临界区时，首先执行 LOCK(W)原语。这时，若 W=1，表示没有别的进程进入此临界资源的临界区，于是它可进入并同时设置 W=0，禁止其他进程的进入；若 W=0，则表示有进程正在访问此临界资源，它需循环测试等待。当一个进程退出临界区时，必须执行 UNLOCK(W)原语，使得其他进程可以继续使用该共享资源。加锁/开锁机制的优点是简单、易实现；缺点是循环测试锁可能浪费较多的 CPU 时间，使得进程陷入"忙等"。

加锁/解锁原语解决临界区访问的程序伪码如下：

```
Pro()
{       ...
        LOCK(W)
        <临界区>
        UNLOCK(W)
        ... }
```

2. 信号量与 P、V 原语及其应用

在操作系统中，利用信号量（semaphores）来表征一种资源或状态，通过对信号量值的改变来表征进程对资源的使用状况，或根据信号量的值来控制进程的状态。

信号量最早由荷兰学者 E. W. Dijkstra 在 1965 年提出，用于解决进程互斥和同步管理。Dijkstra 将信号量定义为一个整型变量，具有两个基础原语，并用荷兰语命名为 Prolangen（降低）和 Verhogen（升起）操作，简称 P、V 原语。

信号量 S 定义如下：

（1）S 是一个整型变量而且初值非负。

（2）对信号量仅能实施 P(S) 操作和 V(S) 操作，也只有这两个原语操作才能改变 S 的值。

（3）每一个信号量都对应一个等待队列，队列中的进程处于等待状态。

上述信号量定义中，关键是 P(S)、V(S) 原语操作。

P(S) 原语操作的主要动作是：先将 S 减 1，若 S 减 1 后仍大于或等于零，进程可以继续执行；若 S 减 1 后小于零，则该进程被阻塞并进入该信号的等待队列中，然后转进程调度。

V(S) 原语操作的主要动作是：先将 S 加 1，若相加结果大于零，说明该信号量无等待进程，本进程继续执行；若相加结果小于或等于零，则从该信号量的等待队列中唤醒一个进程，然后再返回原进程继续执行或转进程调度。

需要指出的是，P、V 操作具有严格的不可分割性，这包含两层含义：

（1）由于信号量是多个进程的共享变量，因此，P、V 操作的执行不允许被中断，以保证在任一时刻只能有一个进程对某一信号量进行操作。换言之，对某一信号量的操作必须是互斥的。

（2）P、V 操作是一对操作，若有对信号量 S 的 P 操作，必须也有对信号量 S 的 V 操作，反之亦然。

实际应用中，信号量的初值一般用来表示系统中同类资源的可用数目。因此 S=0 表示没有空闲的资源可用；S<0 时，|S| 表示因请求该资源而被阻塞的进程数。每执行一次 P 操作意味着请求分配一个单位的该类资源，因此需要 S=S−1；若 S<0 则表示已无该类资源可供分配，因此需要把该进程插入到与该 S 相关的等待队列中。进程使用完某类资源必须执行一次 V 操作，意味着释放一个单位的该类资源，因此描述为 S=S+1。S≤0 表示已有进程在等待该类资源，因此唤醒等待队列中的第一个或优先级最高的进程，允许其使用

该类资源。

【例 7 - 4】 用 P、V 原语实现数据采集进程和计算进程的同步执行。

对于数据采集进程 collection()，每次存数之前要确保缓冲区为空。因此，为其设置一个信号量 Buf_Empty，代表缓冲区是否为空(可用)，其初始值为 1。对于计算进程 calculate()，每次取数之前要确保缓冲区不为空。因此，为其设置一个信号量 Buf_Full，代表缓冲区是否装满数据，其初始值为 0。

采用 P、V 原语后的程序描述如下：

```
int buf;                        //定义一个全局缓冲区
semp Buf_Empty = 1;             //设置信号量 Buf_Empty，表示缓冲区是否为空
semp Buf_Full = 0;              //设置信号量 Buf_Full，表示缓冲区是否装满数据
void collection()               //数据采集进程向缓冲区送数
{
    while(TRUE)
    {
      采集数据；
      P(Buf_Empty);             //申请一个空的缓冲区
      将采集的数据存入 buf；
      V(Buf_Full);              //释放一个满的缓冲区
    }
}
void calculate()                //计算进程从缓冲区中取走数据
{
    while(TRUE)
    {
      P(Buf_Full);              //申请一个满的缓冲区
      从 buf 中取出数据；
      V(Buf_Empty);             //释放一个空的缓冲区
      计算处理；
    }
}
```

上述代码解释如下：collection()进程在往 buf 存数时，先执行 P(Buf_Empty)操作，确认缓冲区为空。执行 P 操作后，若 Buf_Empty<0，表示缓冲区不为空，collection()阻塞；否则，则把数据存入 buf。把数据存入 buf 后，执行 V(Buf_Full)释放一个满的缓冲区，表示 buf 中有数可取。calculate()进程在取数前先执行 P(Buf_Full)操作，确认缓冲区为满。若 Buf_Full<0，表示缓冲区为空，calculate()阻塞；否则，则取走数据。把数据从 buf 取走后，执行 V(Buf_Empty)，表示 buf 已空，唤醒进程 collection()存数。

7.5.3　高级通信方式

进程间高级通信方式包括传统的共享存储器、消息缓冲和管道通信，以及随着网络发展而出现的套接字、远程调用等方式。本节简要介绍前 3 种方式。

1. 共享存储器

顾名思义，共享存储器指在进程之间共享一段存储区，进程之间通过这段共享空间交换信息。具体实现时，可以通过一个共享数据结构或共享缓冲实现。当然，无论具体实现方式是哪种，本质上都是需要通信的进程能够访问同一段存储区。采用共享存储器方式进行进程通信，共享存储区的设置及进程间的同步机制实现都是程序员的职责，操作系统只需要提供共享存储器。这种方式无疑增加了程序员的负担，实际应用较少。

2. 消息缓冲

不论是单机系统、多机系统还是计算机网络，消息缓冲都是应用最广泛的一种进程间通信的机制。在消息缓冲系统中，进程间的信息交换是以格式化的消息（message）为单位的。程序员直接利用操作系统提供的一组通信命令进行通信。操作系统隐藏了通信的实现细节，大大降低了进程间通信程序编程的复杂性，因面使得消息缓冲通信方式获得广泛的应用。

3. 管道通信

所谓管道，是指用于连接一个读进程和一个写进程以实现它们之间通信的一个共享文件，又名管道文件。向管道（共享文件）提供输入的写进程，以字符流形式将大量的数据送入管道，而接收管道输出的读进程则从管道中读出数据。由于写进程和读进程是利用管道进行通信，故称为管道通信。管道通信首先由 UNIX 系统提出，因其高效与方便性，又被引入到许多其他操作系统中。

为协调双方的通信，管道机制必须提供以下 3 方面的协调能力：

（1）互斥。指一个进程正在对管道执行读/写操作时，其他进程必须等待。

（2）同步。指当写进程把一定量的数据（如 4 KB）写入管道便去睡眠，直到读进程取走数据后再把它唤醒；同样，当读进程读一个空管道时也应睡眠，直到写进程将数据写入管道后再把它唤醒。

（3）确定对方是否存在，只有当对方已存在时，才能进行通信。

7.5.4　Linux 的进程通信

1. 管道机制

管道通信方式是传统的进程通信技术。管道通信技术又分为无名管道和有名管道两种类型。这两种通信方式的不同点在于：无名管道是临时对象，使用前需要先创建；有名管道不是临时对象，是文件系统中的实体，需要提前用 mkfifo 命令创建，使用者只需打开与关闭。

无名管道为建立管道的进程及其子孙进程提供一条以比特流方式传递消息的通信管道。该管道在逻辑上被看作管道文件，在物理上则由文件系统的高速缓存区构成。发送进程利用系统调用 write(fd[1], buf, size) 把 buf 中长度为 size 字节的字符的消息写入管道入口（即写入端）fd[1]，接收进程则使用系统调用 read(fd[0], buf, size) 从管道出口（即读出端）fd[0] 读出 size 字节的字符消息送入 buf 中。此外，管道按先进先出（FIFO）方式传递消息，且只能单向传递，如图 7-10 所示。有名管道的使用方法与无名管道基本相同，也使用相同的数据结构和操作，这里不再累述。

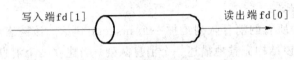

图 7 - 10　管道通信示意图

2. 信号机制

信号主要用来向进程发送异步的事件，以要求一个进程做某件事。例如，用户可以用键盘(如同时按下 Ctrl 和 C 键)产生信号，中断一个进程的运行。进程收到系统发来的信号后，可以选择合适的操作来响应信号。

常见的操作有：

(1) 忽略信号和阻塞信号。进程可忽略部分信号，但 SIGKILL 和 SIGSTOP 信号不能被忽略；进程还可选择阻塞信号，即让系统暂时保留信号待以后处理。

(2) 由进程处理该信号。进程本身可在系统中注册处理信号的处理程序地址，当发出该信号时，由注册的处理程序处理信号。

(3) 由内核进行默认处理。信号由内核的默认处理程序处理，这也是大多数情况下的处理方式。

Linux 内核中不存在任何机制用来区分不同信号的优先级。也就是说，多个信号发出时，进程可能会以任意顺序接收到信号并进行处理。另外，如果进程在处理某个信号之前又有相同的信号发出，则进程只能接收到一个信号。

3. System V IPC 机制

Linux 支持 UNIX System V 进程间通信(Interprocess Communication，IPC)机制，包括消息队列、信号量和共享内存三种方式。Linux 在创建这三种 IPC 对象的数据结构时，每个都包括一个 ipc_perm 数据结构。ipc_perm 结构包括了对象的所有者、创建者和进程的用户 ID、组 ID，还包括对象的访问权限和 IPC 对象关键字。关键字用来确定 System V IPC 对象的引用 ID 的位置。Linux 中支持两种关键字：public 和 private。若是 public，意味着系统所有进程都可以查看 System V IPC 对象的引用 ID；若是 private，则意味着只有对象的创建者和同组用户有权查看 System V IPC 对象的引用 ID。

访问这些 System V IPC 对象首先要经过权限检查，就如同访问文件要经过权限检查一样。一个进程只有通过系统调用向内核传递一个唯一的引用标识符才能访问这些资源，对象的引用 ID 是资源表中的一个索引。System V IPC 对象只能通过引用 ID 来引用。

System V IPC 对象的统一属性总结如下：

◇　键 key：一个由用户提供的整数，用来标志这个资源的实例。

◇　创建者 creator：创建这个资源的进程的用户 ID(UID)、组 ID(GID)。

◇　所有者 owner：资源的所有者的 UID 和 GID。

◇　权限 permission：文件系统类型的权限。

1) 消息队列

一个或多个进程可向消息队列写入消息，而一个或多个进程可从消息队列中读取消息，这种 IPC 机制通常应用在客户/服务器模型中，客户向服务器发送请求消息，服务器读取消息并执行相应请求。

　　Linux 为系统中所有的消息队列维护一个 msgque 链表,该链表中的每个指针指向一个 msgid_ds 结构,该结构完整地描述一个消息队列。当建立一个消息队列时,系统从内存中分配一个 msgid_ds 结构并将指针添加到 msgque 链表中。

　　图 7-11 是 msgid_ds 结构的示意图。从图中可以看出,每个 msgid_ds 结构都包含一个 ipc_perm 结构的 msg_perms 指针,表明该消息队列的操作权限以及指向该队列所包含的消息(msg 结构)的指针。显然,队列中的消息构成了一个链表。另外,Linux 还在 msgid_ds 结构中包含了一些有关修改时间之类的信息,同时包含两个等待队列,分别用于队列的写入进程和队列的读取进程。

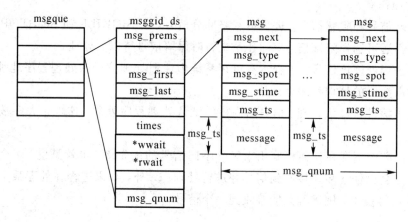

图 7-11　Linux 消息队列

　　消息队列是消息的存储空间。进程需要对消息队列访问时,执行 sys_ipc() 系统调用,调用格式如下:

```
sys_pic(OP, msgid, msgsz, msgflg, msgp);
```

　　上面系统调用的参数中,OP 为消息队列操作函数,可为 MSGSND(写消息到消息队列)和 MSGRCV(从消息队列中读取消息)。msgid 为消息队列标识符,即操作哪个消息队列。msgsz 代表消息的大小,msgflg 代表发送或接收信息的标志,如是否阻塞。msgp 代表发送给队列的消息或读出的消息。该系统调用执行后,该进程的标识 UID、GID 都首先与要访问队列的 ipc_perm 的对应属性相比较,检查通过后才会执行后续操作。

　　2) 信号量

　　前面已经说过,信号量可以用来解决进程的同步和互斥,如解决并发进程对临界区的访问、并发进程的生产者—消费者等问题。Linux 利用 semid_ds 结构描述 System V IPC 信号量,如图 7-12 所示。和消息队列类似,系统中所有的信号量组成了一个信号量 semary 链表,该链表的每个节点指向一个 semid_ds 结构。从图 7-12 可以看出,semid_ds 结构的 sem_base 指向一个信号量数组,允许操作这些信号量数组的进程利用系统调用执行操作。每个操作由 3 个参数指定:信号量索引、操作值和操作标志。信号量索引用来定位信号量数组中的信号量;操作值是要和信号量的当前值相加的数值;操作标志用来设置操作过程中的处理标志。

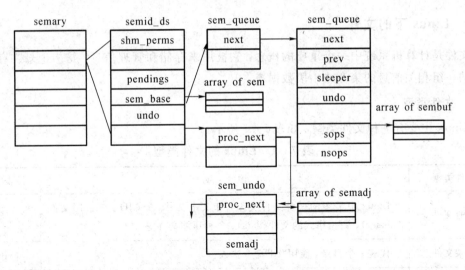

图 7 - 12　Linux 信号量相关结构体

3）共享内存

Linux 的进程采用的是虚拟内存机制，而虚拟地址可以映射到任意一处物理地址。这样，如果两个进程的虚拟地址映射到同一物理地址，这两个进程从物理机制上完成内存共享，就可以利用这块内存进行通信。具体来说，Linux 利用 shmid_ds 结构来描述共享内存对象，所有共享内存对象组成一个共享内存 shm_segs 链表，如图 7 - 13 所示。shmid_ds 结构描述共享内存的访问权限、大小、进程如何使用以及共享内存映射到其各自虚拟地址空间的方式等。由共享内存创建者控制对此内存的存取权限以及其键是公有还是私有。如果创建者有足够权限，还可以将此共享内存加载到物理内存中。每个使用此共享内存的进程必须通过系统调用将其连接到自己的虚拟内存上。

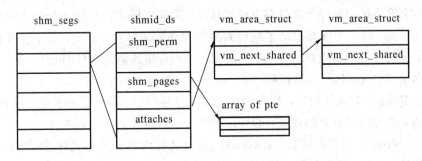

图 7 - 13　Linux 共享内存

7.6　文 件 系 统

从操作系统的角度来看，文件系统是对文件存储空间进行组织、分配和管理的系统，它负责文件的存储、保护和检索。说得更具体一点，它负责建立、存入、读出、修改、删除文件以及控制文件的存取等。

7.6.1　Linux 下的文件

文件是计算机系统中一个重要的概念，它被用来存储和管理信息，是指记录在存储介质上的一组相关信息的集合或一段数据流。

1. 文件类型

Linux 主要有 7 种文件类型，如表 7-1 所示。

表 7-1　Linux 的文件类型

文件类型	说　　明	代表字符
普通文件	Linux 中最多的一种文件类型，如文本文件（ASCII）、二进制文件（binary）、数据格式的文件（data）、各种压缩文件等	-
目录文件	代表一个目录，能用"cd"命令进入	d
块设备文件	按块大小进行读取的接口设备，一般为高速、大容量设备，如硬盘	b
字符设备文件	按字符大小进行读取的接口设备，一般为低速、串行接口，如键盘、鼠标等	c
套接字文件	这类文件通常用于网络数据连接，即通过网络进行数据的读或写	s
管道文件	提供两个进程之间的一种通信方式，可以把一个程序的输出直接连接到另一个程序作为它的输入	p
链接文件	软链接文件，类似 Windows 下面的快捷方式	l

2. rwx 属性

Linux 文件系统中的每个文件都有权属标志，系统根据这些标志来控制用户对这个文件的访问。首先，每个文件都记录了它所属的用户和所属的组；其次，每个文件都有三组权限标志，分别针对所属用户（User）、所属组（Group）和其他用户（Other）；最后，每组权限标志又包括读、写、执行三种权限，即 rwx 属性。具体解释如下：

（1）r（Read）。对文件而言，具有读取文件内容的权限，即可以查看这个文件的内容；对目录而言，具有浏览目录的权限，即可以查看目录内包含的文件列表。

（2）w（Write）。对文件而言，具有新增、修改文件内容和删除文件的权限；对目录而言，具有新建、删除、修改和移动目录内文件的权限。

（3）x（eXecute）。对文件而言，具有执行文件的权限，即可以把这个文件作为可执行程序来运行；对目录而言，如果有执行权限，就可以使用此目录作为路径操作目录下的文件，否则不允许操作，并且不能将此目录作为当前目录。

注：Linux 不是根据文件后缀名来区分文件是否可执行。

3. 隐藏属性

在 Linux 的 Ext2/Ext3 文件系统中，每个文件还有 8 个隐藏属性，如表 7-2 所示，这些属性可以通过 chattr 和 lsattr 命令进行更改。

表 7 - 2　文件隐藏属性

属　性	作　用
A	文件(或目录)的访问时间将不会被修改
S	对文件进行任何修改,将会"同步"写入磁盘中
a	文件将只能增加数据,而不能删除也不能修改数据,只有 root 用户才能设置这个属性
c	文件在存储的时候先压缩后存储,在读取的时候会自动解压缩
i	文件不能被删除、改名、设置链接,也无法写入或添加数据。只有 root 用户才能设置这个属性
d	当 dump 程序被执行的时候,设置 d 属性将可使该文件(或目录)不会被 dump 备份
s	如果文件被删除,它将会被完全从这个硬盘空间中删除
u	如果文件被删除,其数据内容其实还存在磁盘中

7.6.2　虚拟文件系统

1. 虚拟文件系统的内涵

　　虚拟文件系统（Virtual File System，VFS)的实质就是将各种不同实际文件系统的操作和管理纳入到一个统一的框架中,使得用户程序可以通过同一个文件系统界面,也就是同一组系统调用,能够对各种不同的文件系统的文件进行操作。这样,用户程序就可以不关心不同文件系统的实现细节,而使用系统提供的统一、抽象、虚拟的文件系统界面。上述这个统一框架就是所谓的 VFS,它主要由一组标准的、抽象的操作构成,例如 open()、read()、write()、lseek()等,这些函数以系统调用的形式供用户程序调用。这样,用户程序只需要知道怎么使用这些系统调用,而无须关心所操作的文件属于哪个文件系统,这个文件系统是怎样设计和实现的。

2. VFS 与实际文件系统的关系

　　Linux 内核中,VFS 与实际文件系统的关系如图 7 - 14 所示。Linux 启动时,首先必须

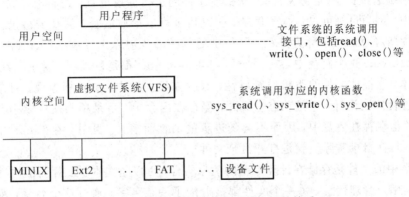

图 7 - 14　VFS 与实际文件系统之间的关系

挂载根文件系统。若系统不能从指定设备上挂载根文件系统，则系统会出错而退出启动。在 Linux 中，这个根文件系统是一棵根目录为"/"的树，根文件系统类型是 Ext2 类型。其他文件系统可以自动或手动安装在根文件系统的子目录中，一般为/mnt 目录。例如，用户可以通过 mount 命令，将 DOS 格式的磁盘分区（采用 FAT 文件系统）安装到 Linux 系统中，然后，用户就可以像访问 Ext2 文件一样去访问 DOS 分区的 FAT 文件。

　　在成功安装多个文件系统后，用户就可以直接对不同文件系统下的文件进行操作，而不用关心实际上的文件组织方式的不同。例如，在成功安装 Ext2 和 FAT 文件系统后，就可以直接使用 cp 命令在两个文件系统间进行文件复制：

```
$ cp /mnt/dos/TEST /tmp/test
```

　　上例中，/mnt/dos 是 DOS 磁盘的一个安装点，而/tmp 是一个标准的 Ext2 文件系统的目录。在有了图 7 - 14 所示的 VFS 与实际文件系统的关系后，cp 程序（可以认为是一个用户程序）并不需要知道/mnt/dos/TEST 和/tmp/test 是什么文件系统类型，而是通过系统调用直接与 VFS 交互，由 VFS 完成不同文件系统的格式转换。

3. VFS 中的对象

　　在 Linux 中，VFS 承载各种实际文件系统的共有属性，负责管理挂载到系统中的实际文件系统。具体来说，VFS 在设计中汲取 UNIX 文件系统的设计思想，继承了其抽象出的 4 个对象：超级块、索引节点、目录项和文件。

　　超级块与实际文件系统对应，一个超级块对应一个实际文件系统。具体来说，当内核对一个实际文件系统进行初始化和注册时在内存为其分配一个块，这个块就称为 VFS 超级块。超级块用来保存该文件系统的全局信息，如磁盘已用空间、数据块大小、可用空间、索引节点信息等。

　　索引节点（inode）对象用来描述每个文件的基本信息和其他相关信息。基本信息如创建时间、修改时间、大小、文件名和访问控制权限等。相关信息中最重要的就是 inode 号，每个文件都有唯一的 inode 号，它是一个指向文件的具体存储位置的指针。在 Linux 系统中，内核为每一个创建的文件分配一个索引节点。文件基本信息保存在索引节点的结构体里面，在访问文件时，索引节点被复制到内存中，从而实现文件的快速访问。系统通过索引节点（而不是文件名）来定位每一个文件，文件名是给用户使用的。

　　文件系统通过目录（也称文件夹）来描述文件的逻辑存放位置。逻辑上，文件存放在具体的目录中。因为目录可以包含子目录，所以目录可以形成嵌套。从某个目录开始到某个目录或文件所经过的目录称为路径，路径中的每一部分被称作目录项（dentry）。例如，在/home/hll/myfile 这个路径中，"/、home、hll 和 myfile"都是目录项。目录项在 VFS 中是一个结构体，它描述文件的逻辑位置属性，只存在于内存中。更确切地说，目录项是为提高查找文件性能而设计，它是动态生成的，保存在内存中。目录项与文件索引节点对象不同，后者的信息存在磁盘中，因而不会随进程的消亡而消失。此外，在 Linux 中目录也是一种文件，打开目录实际上就是打开目录文件。

　　用户眼中的文件是存储在计算机上的信息集合，可以是文本、数据、图片、程序等。此外，为便于用户管理信息，每一个文件都被分配了一个名字。通过这个名字，就可以对这些文件进行读、写、创建和删除操作等。文件对象则是描述由进程打开的文件信息，该文

件对象由 open()系统调用创建，由 close()系统调用销毁。因此，文件和文件对象不是同一
个概念，多个进程可以同时打开和操作一个文件，所以同一个文件可能存在多个对应的文
件对象。文件对象仅仅在进程观点上代表已打开的文件，它反过来指向目录项对象。虽然
一个文件对应的文件对象不是唯一的，但文件对应的索引节点和目录项对象无疑是唯一
的。此外，文件对象和目录项对象一样，它们实际上没有对应的磁盘数据。

7.6.3 文件系统涉及的主要数据结构

Linux 文件系统主要涉及超级块、索引节点、目录项及文件这四个对象的数据结构。
超级块对象是对一个文件系统的描述，索引节点对象是对一个文件物理属性的描述，目录
项对象是对一个文件逻辑属性的描述，文件对象是对一个进程打开的文件的描述。

这些数据结构的联系大致如下：文件和进程在进程的数据结构 task_struct 中进行联
系，进程所处的位置由 fs_struct 来描述，打开的文件由 files_struct 结构体描述。在
fs_struct数据结构中，和进程对应程序的目录项对象产生联系。在 files_struct 数据结构
中，主要和具体的 file 文件对象产生联系，而文件对象又和自己的目录项、文件操作等数
据结构产生联系。上述联系如图 7-15 所示。

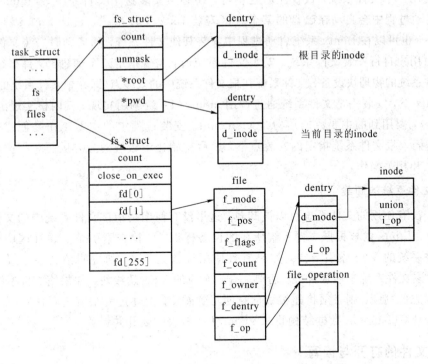

图 7-15 与文件相关的各数据结构之间的联系

7.6.4 文件系统的注册、安装与卸载

1. 文件系统的注册

当 Linux 内核被编译时，就已经确定了要支持的文件系统，这些文件系统在 Linux 引
导时，在 VFS 中进行注册。如果文件系统作为内核可卸载模块，则在实际安装和挂载时进

行注册，在模块卸载时注销。

　　每个文件系统都有一个初始化例程，用来在 VFS 中进行注册，即填写一个叫作 file_system_type 的数据结构，该结构包含了文件系统的名称以及一个指向对应 VFS 超级块读取例程的地址。所有已注册的文件系统的 file_system_type 结构形成一个链表，这个链表称为注册链表，如图 7-16 所示。

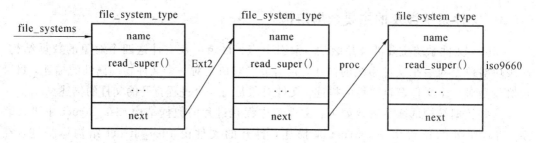

图 7-16　已注册的文件系统链表

2. 文件系统的安装

　　要使用一个文件系统，仅仅注册还不行，还必须安装这个文件系统。Linux 安装完成后，在启动过程中会自动在磁盘的某个分区安装 Ext2 文件系统，它是 Linux 的根文件系统。此外，也可以在 Linux 系统启动过程中安装其他文件系统。除启动时安装文件系统外，还可以由用户自行安装文件系统。安装文件系统时，需要指定三个信息：文件系统的名称、包含文件系统的物理块设备、文件系统在根文件系统中的安装点（即在根文件系统的目录）。

　　Linux 下，安装一个文件系统通过调用 mount()系统调用实现，其内核实现函数为 sys_mount()，要用到的主要数据结构是 vfsmount。安装过程中的主要工作是创建安装点对象，将其插入根文件系统指定的安装点下，然后初始化超级块对象，从而获得文件系统的基本信息和相关操作。

3. 文件系统的卸载

　　一个没有使用的文件系统可以被卸载，这里没有使用是指该文件系统中的文件或目录没被打开。Linux 内核根据文件系统所在的设备标识符，检查索引节点缓冲区中是否有来自该文件系统的 VFS 索引节点，如果有且使用计数大于 0，则说明该文件系统正在被使用，此时该文件系统不能被卸载。否则，查到对应的 VFS 超级块，如果该文件系统的 VFS 超级块标志位"脏"，则必须将超级块信息回写到磁盘。上述过程结束之后，对应的 VFS 超级块被释放，vfsmount 数据结构将从 vfsmntlist 链表中断开并释放。

7.6.5　文件的打开与读写

　　Linux 系统中，文件操作主要涉及四个系统调用，分别为 open()、read()、write()和 close()。

1. open 系统调用

　　open()系统调用用来打开文件，执行后返回一个文件描述符。打开文件的实质是在进程和文件之间建立一种连接，而文件描述符唯一地标识着这样一个连接。在文件系统的处理中，每当一个进程打开一个文件，就建立一个独立的读写文件"上下文"，由 file 数据结构标识。另外，打开文件还意味着将目标文件的索引节点从磁盘载入内存，并对其进行初始化。

open()对应的内核函数为 sys_open()，其对应的声明如下：

asmlinkage long sys_open（const char * filename，int flags，int mode)

上述调用结构中，filename 是文件的路径名；mode 表示打开模式，如"只读"等；flags 则包含许多标志位，用于表示打开模式以外的一些属性和要求。在 sys_open 执行过程中，如果出错，则将分配的文件描述符 file 结构收回，indoe 也被释放，函数返回一个负数表示出错。

2. read 和 write 系统调用

read()和 write()系统调用非常相似。它们都需要三个参数：一个文件描述符 fd、一个内存区的地址 buf(用于作为数据缓冲区)、一个数 count(用于指定传送多少字节)。只不过差别在于：read()把数据从文件传送到缓冲区，write()把数据从缓冲区传送到文件。两个系统调用都返回所成功传送的字节数，或者发一个错误条件的信号并返回-1。read()和 write()系统调用对应的内核函数为 sys_read()和 sys_write()，执行过程如下：

(1) file=fget(fd)，也就是调用 fget()从 fd 获取相应文件对象的地址，并把引用计数器 file ->f_count 加 1。

(2) 检查 file ->f_mode 中的标志是否允许所请求的访问(读或写操作)。

(3) 调用 locks_verify_area()检查对要访问的文件是否有强制锁。

(4) 调用 file ->f_op ->read 或 file ->f_op ->write 来传送数据。这两个函数都返回实际传送的字节数，此外还更新文件位置指针。

(5) 调用 fput()以决定是否释放文件，即减少引用计数器 file ->f_count 的值。

(6) 返回实际传送的字节数。

上述步骤中，f_op ->read 和 f_op ->write 两个方法属于 VFS 提供的抽象方法。对于具体的文件系统，必须调用针对该具体文件系统的具体方法。

3. close 系统调用

close()系统调用的功能很简单，就是关闭一个已经打开的文件。函数原型：int close (int fd)。这里面，参数 fd 就是 open()系统调用的文件描述符。在 Linux 内核中，打开的文件会被维护一个引用计数，每次 close()会把文件的引用计数减 1，引用计数减到 0 后文件才会真正从内核中释放资源。

close()成功执行后会返回 0，否则返回-1，失败原因会被记录在 errno 中。常见的错误原因有：

◇　EBADF：fd 不是有效的文件描述符。

◇　EINTR：close()被某个信号处理程序中断。

◇　EIO：关闭文件时发生了 IO 错误。

习　　题

1. GNU 和 GPL 分别指什么？

2. 简要叙述 Linux 操作系统产生的 4 个重要支柱。

3. Linux 系统有哪些明显特点？

4. 什么是 Linux 的发行版？列举 3 个比较有影响的 Linux 发行版。

5. Linux 内核在计算机系统中的作用是什么？有哪些主要特征？

6. 简述 Linux 内核的 5 大组成模块及其主要功能。

7. 试分析进程和程序的异同点。

8. Linux 的进程状态有哪些？如何进行转换？

9. 常用的与进程控制相关的系统调用有哪些？其作用是什么？

10. 如何评价一个进程调度算法的优劣？

11. 常用的进程调度算法有哪些？各有什么优势？

12. 虚拟地址、物理地址与虚实地址转换分别指的是什么？

13. 进程是运行在虚拟内存空间还是物理内存空间？有什么好处？

14. 如何理解虚拟内存页到物理内存页的映射关系？

15. Linux 内存缺页异常处理的总体方案是什么？

16. 简述伙伴算法的工作原理。

17. 伙伴算法与 Slab 机制的关系是什么？

18. 有哪些可供选择的页交换时机？各种页交换时机的优缺点是什么？

19. 什么是临界资源？如何实现临界资源的访问？

20. 如何用信号量实现生产者—消费者进程之间的同步？

21. 常见进程间高级通信方式有哪些？各有什么优缺点？

22. Linux 常用的进程通信方式是什么？

23. 什么是文件？什么是文件系统？

24. Linux 下的文件类型有哪些？如何标识？

25. 试分析虚拟文件系统与实际文件系统的区别和联系。

26. VFS 有哪些主要对象？各自存放什么信息？

第 8 章　Linux 下 Shell 命令与编程

Shell 俗称壳，以区别于操作系统内核，它是一个方便用户操作计算机的接口软件，其基本功能就是进行命令解释和执行。本章主要讲述 Linux 下 Bash Shell 命令的用法和 Shell 脚本编程方法。

本章需要重点掌握下面 3 个方面的内容：

◇　常用的 Shell 命令和用法
◇　Shell 的基础编程知识
◇　简单的 Shell 程序设计

8.1　基　本　概　念

众所周知，用户使用计算机系统（包括嵌入式系统）有两种方式，一种是通过命令（Command），一种是通过程序（Program），无论哪种方式，都要转换成 CPU 能识别的二进制代码。在 Linux 操作系统中，命令通过 Shell 转换成 CPU 能识别的代码，命令解释与执行也就成为 Shell 的基本功能。

8.1.1　Shell 简介

1. Shell 的概念

Shell 这个单词在英文中的意思是"壳"，它形象地表达出了 Shell 的作用，在 Linux 系统中，Shell 就是套在操作系统内核外面的一层壳。正因为 Shell 的存在，才向普通用户隐藏了许多关于操作系统内核的细节，方便用户使用计算机。图 8-1 给出了 Shell 在计算机系统中的层次，从图中可以明确看出，Shell 是用户应用程序和操作系统内核之间的一个程序。

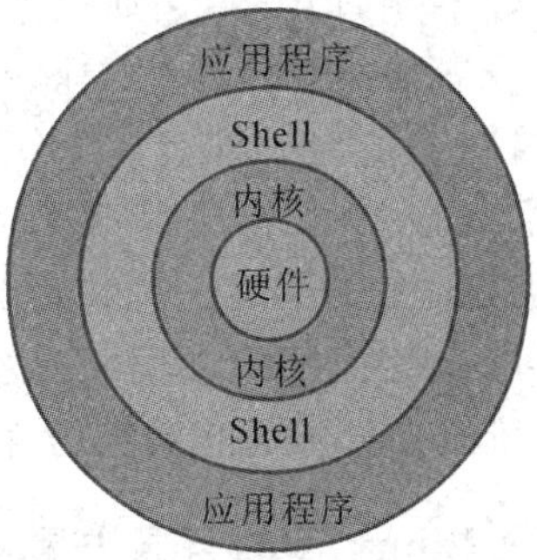

图 8-1　Shell 在计算机系统中的层次

2. Shell 的功能

Shell 的基本功能是进行命令解释和执行，在这个意义上它类似于 DOS 的 command.com 程序和 Windows 的 cmd.exe 程序，即用来接收用户输入的命令，并传递给操作系统。当然，用户输入的命令必须是 Shell 规定的命令，否则就会提示命令无法找到。由于 Shell 具有这样的功能，因而有时 Shell 也被认为是一种命令语言，它交互式解释和执行用户输入的命令或者自动地解释和执行预先设定好的一连串命令。

Shell 既是一种命令语言，又是一种程序设计语言，利用 Shell 规定的语法，可以设计出各种功能的程序来更方便地管理或使用计算机。当然，也可以将 Shell 的这个功能理解为它提供了一种方法，让用户能自行扩展 Shell 命令。作为程序设计语言，Shell 是一种脚本语言。脚本语言是相对编译型语言而言的，前者不用编译，而是由解释器读取程序代码并执行其中的语句；后者则是需要预先编译成可执行的代码，在使用的时候可以直接执行。

对于一个合格的 Linux 软件开发工程师来说，精通 Shell 命令及其编程非常重要。通过 Shell 命令和 Shell 编程，可以在很大程度上简化计算机维护或代码版本管理等琐碎工作，使得开发人员能够把更多的时间投入到程序设计工作中去。

3. Shell 的版本

同 Linux 操作系统本身一样，Shell 也有多种不同的版本。

（1）Bourne Shell：简称 sh，该 Shell 是 Steve Bourne 在贝尔实验室中开发的。

（2）Bourne-Again Shell：简称 bash，该 Shell 由 Brian Fox 编写，是绝大多数 GNU Linux 发行版的默认 Shell。

（3）C Shell：简称 csh，该 Shell 由 Bill Joy 在 BSD 系统上开发，由于其语法类似于 C 语言，因此称为 C Shell。

（4）Z Shell：Z 是最后一个字母，也就是终极 Shell。它集成了 bash、csh 的重要特性，同时又增加了独有的特性。

由于 bash 是 GNU 默认的 Shell，基本所有 Unix/Linux 系统都支持，所以本章以 bash 为例，讲述 Shell 命令及其编程方法。

4. Shell 编程的应用场景

在嵌入式系统开发过程中，以下场景都可以通过 Shell 编程简化工作：

（1）将一些复杂的命令简单化。例如：在 GitHub 上提交一次代码需要很多步骤，但是用 Shell 之后就可以简化成一步。

（2）在项目开发中，通过脚本自动更新为最新的软件开发工具包（SDK）。

（3）能够批量处理，大部分操作过程位于后台，不需要用户进行干预。

（4）自动打包、编译、发布等场景。

事实上，一切有规律的工作都可以通过 Shell 编程得到简化。但是，也要认识到 Shell 作为编程语言的不足。Shell 是以计算机管理为目标，以方便用户更好地使用计算机这个工具为目的，因而 Shell 脚本不支持复杂的运算，执行效率不高。这些导致 Shell 虽然是编程语言，但不能用来替代高级语言（如 C 语言）做实际的应用程序开发。

8.1.2 Linux 下的目录与路径

1. 目录

Linux 系统中，目录就是描述所有文件信息的树型结构，如图 8-2 所示。最顶层的"/"称为根目录，它是 Linux 系统中的特殊目录，是所有目录的基点。通常，各个目录节点之下都会有一些文件和子目录，并且，系统在建立每一个目录时，都会自动为它设定"."和".."两个目录，分别代表目录自己和该目录的父目录，根目录是例外。对于根目录，"."和".."都代表自己。此外，从图 8-2 中也可以看到，由于 Linux 的目录结构采用的是"树"这种数据结构，因而所有的目录或文件都只有唯一的父目录，且不会构成环。

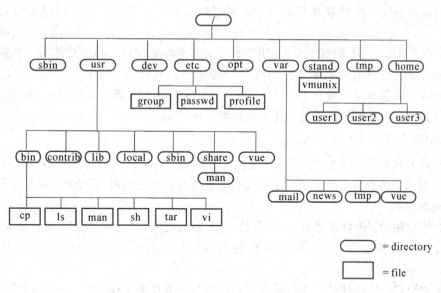

图 8 - 2　Linux 的目录结构

在 Linux 系统中，通常根目录下面的一级子目录是固定的，每个目录下存储的内容如表 8 - 1 所示。

表 8 - 1　Linux 系统下一级目录说明

目录	存储内容说明
/bin	存放二进制可执行文件(如 ls、cat、cp 等)，常用命令一般都在这里
/etc	存放系统管理和配置文件
/home	存放所有用户文件的根目录，是用户家目录的基点，比如用户 user 的家目录就是/home/user，可以用～user 表示
/usr	存放共享的系统资源，如各种系统应用程序和文档，这是安装时最庞大的目录。注：usr是 unix shared resources 的缩写
/opt	额外安装的可选应用程序包所放置的位置
/proc	虚拟文件系统目录，是系统内存的映射。可直接访问这个目录来获取系统信息
/root	超级用户的家目录(root 用户是系统管理员，拥有全部权限)
/sbin	存放二进制可执行文件，只有 root 用户才能访问。这里存放的是系统管理员使用的系统级别的管理命令和程序，如 ifconfig 等
/dev	用于存放设备文件
/mnt	系统管理员安装临时文件系统的安装点，系统提供这个目录是让用户临时挂载其他的文件系统
/boot	存放系统引导时使用的各种文件
/lib	存放根文件系统中程序运行所需要的共享库及内核模块
/tmp	存放各种临时文件，是公用的临时文件存储点
/var	存放各种变化的文件，例如各种服务的日志文件(如系统启动日志)等

（1）工作目录。用户采用文本界面登录到 Linux 系统之后，每时每刻都处在某个目录中，此目录被称作工作目录或当前目录。根据此定义，可以看出工作目录是可以随时改变的。

（2）用户 Home 目录（家目录）。用户采用文本界面登录到 Linux 系统时所在的目录称为用户家目录。用户家目录是系统管理员增加用户时建立的，每个用户都有自己的家目录，不同用户的家目录一般互不相同。通常，用户家目录名与登录名相同，一般是"/home"目录的子目录。root 用户是例外，其家目录为"/root"。

2. 路径

路径指从树型目录中的某个节点（起点）到另一个节点（终点）经过的节点次序，起点节点一般为目录，终点节点可以为目录或文件。节点和节点之间用"/"分开。路径又分为绝对路径和相对路径。

（1）绝对路径。绝对路径是指从"根目录"开始到达某个节点的路径，也称为完全路径。例如，在图 8.2 中，文件 cp 的绝对路径为"/usr/bin/cp"，目录 user1 的绝对路径为"/home/user1"。

（2）相对路径。相对路径是从某节点开始到其子节点的路径。例如，在图 8.2 中，文件 cp 相对"/usr"的路径为"bin/cp"。

由于采用树型目录结构，所以在 Linux 系统中，某一确定文件的绝对路径和相对路径均只有一条，且绝对路径始终不变。

8.1.3　Linux 下的用户

Linux 是多用户操作系统，多个用户可以同时登录进行操作。Linux 的用户可以分为超级用户和普通用户两类。超级用户指的是 root 用户，它是 Linux 默认的系统管理员，拥有管理计算机的全部权限。普通用户指的是权限受限的其他用户。为了计算机的可靠、安全管理，普通用户也是必需的，Linux 的多用户也主要体现在普通用户角色的多样性和所分配权限的不一致性上。Linux 系统还有用户组的概念，一个组可以包含多个用户，一个用户也可以同时加入多个组。组内用户除了自身的权限外，还拥有用户组成员的共同权限。通常每建立一个新的用户，也同时建立一个与用户同名的组，新用户包含在这个组内。

Linux 系统中，每个文件、目录和进程都归属于某一个用户。通常而言，每个普通用户只能操作属于自己的文件、目录和进程，操作其他用户的文件、目录和进程需要得到该用户的许可。当然，root 用户是例外，它可以超越任何用户和用户组来对文件或目录进行读取、修改或删除；可以执行、终止可执行程序；可以添加、创建和移除硬件设备等；也可以对文件和目录进行属主和权限的修改，以满足系统管理的需要。因此，在 Linux 系统中，要慎用 root 用户进行操作，更不能随便把 root 用户的密码泄露出去，否则计算机容易进入不稳定的环境。

需要指出的是，在所有 Linux 系统中，本质上不是通过用户名来区分用户权限，而是通过用户名对应的 UID 来区分用户权限级别，UID 为 0 的用户被系统约定为具有超级权限。系统默认安装时，用户名与 UID 一般是一对一的关系，且 root 用户的 UID 设置为 0，这就保证了 root 为 Linux 的超级用户。几个用户共用一个 UID 是危险的，比如把普通用户的 UID 改为 0，和 root 共用一个 UID，这事实上就造成了系统管理权限的混乱。

8.2　常用 Shell 命令

下面以 Linux 2.6.32-38-generic(Ubuntu 4.4.3 – 4)操作系统为例，介绍 Bash Shell 的常用命令及其用法。

8.2.1　目录和文件操作命令

表 8 - 2 是常用的目录和文件操作命令，下面简要介绍它们的用法。

表 8 – 2　常用的目录和文件操作命令

命　令	功　能	命　令	功　能
cd	改变目录	cp	复制文件或目录
ls	列出目录内容	mv	移动或更名
pwd	显示当前目录	rm	删除文件
mkdir	创建目录	ln	创建链接
rmdir	删除目录	chmod	修改文件权限

1. 改变目录：cd

cd(Change Directory)命令用于在 Linux 文件系统的不同目录之间切换。用户登录系统之后，初始处在用户家目录下，家目录的完整路径通常为"/home/username"，此处 username 为用户登录名。输入 cd 命令，后面跟着一个路径名作为参数，就可以直接进入另一个目录。

cd 命令用法举例：

```
$ cd /usr/bin        # 进入/usr/bin 子目录
$ cd ..              # 进入当前目录的父目录
$ cd /               # 进入根目录
$ cd                 # 进入用户家目录
```

2. 列出目录内容：ls

ls 是 list 的简化形式，ls 命令的选项非常多，下面只讨论一些最常用的选项。

◇　– a：显示所有文件及目录。

◇　– l：除文件名称外，亦将文件类型、权限、拥有者、文件大小等信息详细列出。

◇　– r：将文件以相反次序显示(原定依英文字母次序)。

◇　– t：将文件依建立时间之先后次序列出。

◇　– i：显示文件的 inode 号。

◇　– A：同 – a，但不列出 "."（当前目录）及 ".."（父目录）。

◇　– F：在列出的文件名称后加一符号，指示文件类型；例如可执行文件后加 " * "，目录后加 "/"，链接文件后加"@"。

ls 命令使用举例：

```
    $ ls /        ♯列出根目录下所有的文件和子目录
    $ ls  - F     ♯列出当前目录下所有的文件和子目录
    Desktop/  tsh3 *   Pictures/  test.tar  tsh1_soft@   hll/
    $ ls  - l tsh2 ♯显示 tsh2 文件的详细信息
    - rw - r - - r - - 1 root root 411 2019 - 11 - 05 06:57 tsh2
```

"ls - l"命令输出的每一行从左至右代表的意义是：

◇　文件类型，上例中"-"代表该文件是普通文件。

◇　文件的权限标志，上例中"rw - r - - r - -"依次为文件属主、组用户、其他用户的权限。如果没有某种权限，对应权限标志位为"-"。

◇　文件的硬链接个数，上例中对应 1，说明该文件无硬链接文件。

◇　文件所有者的用户名，上例中对应第一个 root。

◇　该用户所在的用户组组名，上例中对应第二个 root。

◇　文件的大小，上例中对应 411，代表该文件大小为 411 字节。

◇　最后一次被修改时的日期，上例中对应"2019 - 11 - 05 06:57"这段字符。

◇　文件名，上例中对应"tsh2"这段字符。

3. 显示当前目录：pwd

pwd(Print Work Directory)命令会显示当前所在的位置，即工作目录，如：

```
    $ cd /usr/local/bin/                    ♯进入/usr/local/bin 目录
    $ pwd                                   ♯显示当前所在位置
    /usr/local/bin/
```

4. 创建和删除目录：mkdir 和 rmdir

mkdir：创建一个或多个目录。目录名最多为 255 个任意字符(除"/")构成的字符串。该命令的格式为：

```
    mkdir [选项] [目录]
```

其中，选项包括以下几种：

◇　- m：设置许可模式，用来控制该目录被不同用户访问的权限，即对应上例中的"rwxr - xr - x"属性。

◇　- v：为每一个创建的目录显示一条消息。

mkdir 命令使用举例：

```
    $ mkdir  - v dd
    mkdir: created directory'dd'
```

rmdir：删除一个或多个空目录。目录必须是空目录，否则会指出这不是一个空目录，删除失败。该命令的格式为：

```
    rmdir [选项] [目录]
```

其中，选项包括以下几种：

◇　- ignore - fail - on - non - empty：忽略非空目录的错误信息，继续删除下一个而不报错。

◇　-p：删除指定目录后，若该目录的上层目录已变成空目录，则将其一并删除。

5. 复制文件或目录：cp

cp 是 copy 的简写，该命令的格式为：

```
cp [选项] 源文件 目标文件
cp [选项] 源文件 组目标目录
```

其中，源文件表示要拷贝的文件；目标文件即目标名，也可以是目录名。如果是目录名，源文件名作为目标文件名放在这个目录下。当为源文件组时，要拷贝文件由空格分隔，此时后面只能跟目标目录（目标文件存放的目录）。

选项包括了以下几种：

◇　-a：在备份中保持尽可能多的源文件结构和属性。

◇　-b：对将要覆盖或删除的文件进行备份。

◇　-f：删除已存在的目标文件。

◇　-i：提示是否覆盖已存在的目标文件。

◇　-p：保持原先文件的所有者、组权限和时间标志。

◇　-r/-R：递归拷贝目录。

例如：

```
$ cp test.sh test2.sh
$ ls  -l test *
-rw-r--r-- 1 hll hll 60 2019-11-11 03:30 test2.sh
-rw-r--r-- 1 hll hll 60 2019-11-11 03:29 test.sh
```

6. 移动或更名：mv

该命令的格式如下：

```
mv [-f] [-i] 文件 1 文件 2        ♯文件 1 是源文件，更名操作
mv [-f] [-i] 目录 1 目录 2        ♯目录 1 是源目录，移动目录操作
mv [-f] [-i] 文件列表目录         ♯移动一组文件到目标目录下
```

其中，-f 表示强制模式，通常情况下，目标文件存在但用户没有写权限时，mv 会给出提示，本选项会使 mv 命令执行移动而不给出提示；-i 表示交互模式，当移动的目录已存在同名的目标文件名时，用覆盖方式写文件，但在写入之前给出提示。

以下命令实现更名操作：

```
$ mv test2.sh test1.sh      ♯实际效果是将 test2.sh 更名为 test1.sh
$ ls  -l test *
-rw-r--r-- 1 hll hll 60 2019-11-11 03:30 test1.sh
-rw-r--r-- 1 hll hll 60 2019-11-11 03:29 test.sh
```

以下命令实现文件移动操作：

```
$ mv *.sh Scripts              ♯将以.sh 结尾的全部文件移动到 Scripts 子目录下
$ ls ./Scripts
e1.sh  e2.sh  e3.sh  e4.sh  e5.sh  e6.sh  e7.sh  e8.sh  e9.sh  test1.sh
```

7. 删除文件：rm

从文件系统中删除文件及整个目录，该命令的格式如下：

> rm［选项］文件列表

其中，文件列表表示希望删除的用空格分隔的文件，可以包括目录名。选项包括以下几种：

　　◇　-f：指定强行删除模式，忽略已经设置的-i。

　　◇　-i：指定交互模式，删除前提示是否删除，忽略已经设置的 -f。

　　◇　-r：以递归方式删除目录中的内容（删除文件列表中指定的目录，若不用此标志则不删除目录）。

　　◇　-v：删除每个文件前回显文件名。

　　◇　--：指明所有选项结束。例如：假定偶然建立了名为 -f 的文件，又打算删除它，命令 rm -f 不起任何作用，因为 -f 被解释成参数而不是文件名；而命令 rm ---f 能成功地删除文件。

例如：

> $ rm -i ./Scripts/test1.sh ＃交互方式删除 Scripts 子目录下的 test1.sh 文件
> rm: remove regular file'./Scripts/test1.sh'? y
> $ ls ./Scripts ＃下面结果显示 test1.sh 删除成功
> e1.sh e2.sh e3.sh e4.sh e5.sh e6.sh e7.sh e8.sh e9.sh

8. 创建链接：ln

ln 命令用于在文件之间创建链接，实际上是给系统中已有的某个文件指定另一个可用于访问它的名称。本质上，链接是一种在共享文件和访问它的用户的若干目录项之间建立联系的一种方法。对一个目录下的该文件进行修改，就可以完成对所有目录下同名链接文件的修改。

ln 命令的格式如下：

> ln［选项］目标［链接名］
> ln［选项］目标 目录

如果最后一个参数是一个已存在的目录，那么 ln 命令就在该目录下创建与各个目标相连的链接，而且名字也与目标相同。如果给出了两个文件名，那么 ln 命令生成一个从第二个文件指向第一个文件的链接。默认情况下，ln 产生的是硬链接，若需要创建软链接则用参数-s。

建立硬链接时，链接文件和被链接文件必须位于同一个文件系统中，并且不能建立指向目录的硬链接。对于 inode 值相同的文件，它们就是互为硬链接的关系。当修改其中一个文件的内容时，互为硬链接的文件的内容也会跟着变化。可以这么理解，互为硬链接关系的文件好像是克隆体，它们的属性几乎是完全一样的。对于互为硬链接关系的文件，删除其中一个不影响另外一个文件的使用。

软链接则与硬链接不同，软链接文件存储的是目标的快捷访问方式，软链接文件和目标文件的 inode 值不同，因而它们是两个不同的文件。当目标被删除后，链接文件虽然仍然存在，但此时目标不可访问。

下面是硬链接和软链接的具体实例：

```
$ ls  - li e1.sh              #显示 e1.sh 文件的具体信息
403542  - rw - r - - r - - 1 hll hll 60 2019 - 11 - 04 01:05 e1.sh
$ ln e1.sh e1_hard.sh         #给 e1.sh 创建一个硬链接文件 e1_hard.sh
$ ln  - s e1.sh e1_soft.sh    #给 e1.sh 创建一个软链接文件 e1_soft.sh
$ ls  - li e1 *               #显示 e1 * 文件的具体信息
403542  - rw - r - - r - - 2 hll hll 60 2019 - 11 - 04 01:05 e1_hard.sh
403542  - rw - r - - r - - 2 hll hll 60 2019 - 11 - 04 01:05 e1.sh
403553 lrwxrwxrwx 1 hll hll 5 2019 - 11 - 11 04:14 e1_soft.sh -> e1.sh
$ cat e1_soft.sh              #显示 e1_soft.sh 文件内容
This is the source file of the Hard link file or Soft link file.
$ cat e1_hard.sh              #显示 e1_hard.sh 文件内容
This is the source file of the Hard link file or Soft link file.
```

从上面示例可以看到，e1_hard.sh 和 e1.sh 文件具有相同的 inode 值，都为 403542，但是 e1_soft.sh 的 inode 值是 403553，说明它是一个新的文件。同时，可以看到 e1.sh 在硬链接创建前，其硬链接个数为 1，硬链接创建完成后，硬链接个数变为 2。此外，e1_hard.sh 和 e1.sh 的属性也完全一样，但 e1_soft.sh 和 e1.sh 的属性差别很大。此处，cat 命令用于查看文本文件内容。

进一步，当 e1.sh 文件被删除后，e1_hard.sh 不受影响，e1_soft.sh 失去原有作用。

```
$ cat e1_soft.sh      #显示 e1_soft.sh 文件内容
cat: e1_soft.sh: No such file or directory      #提示文件不存在
$ cat e1_hard.sh      #显示 e1_hard.sh 文件内容
This is the source file of the Hard link file or Soft link file.
```

9. 修改文件权限: chmod

该命令用于改变文件的访问许可，但是符号链接除外。符号链接文件本身的访问许可从不使用，但如果在命令中出现了一个符号链接文件，那么改变的是该链接文件所指向的文件的访问许可。另一方面，在以递归方式遍历目录时，此命令将忽略符号链接。该命令的格式如下：

```
chmod [选项] 文件和目录列表
```

设置权限有两种方式。

(1) 使用字符串设置权限。

用字符 u、g、o 和 a 表示用户类型，其中 u 表示用户(user)，即文件或目录的属主；g 表示同组(group)用户，即与文件属主有相同组 ID 的所有用户；o 表示其他(others)用户；a 表示所有(all)用户。命令格式为：

```
chmod 用户类型 +/-许可的种类
```

操作符号＋表示添加某个权限；－表示取消某个权限，种类包括 rwx。例如：

```
chmod u+r e1.sh  #给用户设置文件 e1.sh 的 r 权限
chmod ugo+rw e1.sh   #给用户、同组用户、其他用户设置文件 e1.sh 的 rw 权限
```

(2) 使用八进制数设置权限。

执行权、写权、读权所对应的数值分别是 1、2、4。若要 rwx 属性则 4＋2＋1＝7；若要 rw −属性则 4＋2＝6；若要 r − x 属性则 4＋1＝5。

```
chmod 4 el.sh        #给用户设置了文件 el.sh 的 r 权限
chmod 666 el.sh      #给用户、同组用户、其他用户设置了文件 exa2 − 4 的 rw 权限
```

8.2.2　用户管理命令

表 8 − 3 是常用的用户管理命令，下面简要介绍它们的用法。

表 8 − 3　用户管理命令

命　令	功　能	命　令	功　能
useradd	添加用户	userdel	删除用户
passwd	修改用户密码	id	查看用户 ID
usermod	修改用户信息	su	切换用户身份
chage	修改用户密码状态	who	显示系统登录用户

1. 添加用户命令：useradd

在系统中添加一个新的用户，该命令的格式如下：

```
useradd［选项］用户名
```

其中，用户名表示新增用户的名字，选项包括以下几种：

◇　− u：指定用户的 UID。
◇　− d：指定用户登入时的目录。
◇　− m：自动创建用户的 home 目录。
◇　− g：指定用户的初始组。
◇　− G：指定用户的附加组。
◇　− s：指定用户的登录 Shell，默认是/bin/bash。

例如：

```
$ useradd jack    #创建的是"三无"用户，无家目录，无密码，无系统 Shell
$ grep jack /etc/passwd   #查看 jack 用户信息
jack:x:1003:1003::/home/jack:/bin/sh   #显示 jack 用户创建成功
$ ls /home
yyb hll      #但是，在 home 目录下无 jack 家目录
```

更正式的用户创建命令应该是：

```
$ useradd − m − s /bin/bash − d /home/jack1 jack1
$ ls /home
hll jack1 yyb
```

注：adduser 命令也可以用于创建用户，它的功能比 useradd 更强。利用 adduser 创建时，会自动为创建的用户指定家目录、系统 Shell 版本，提示输入用户密码等。

2. 修改用户密码：passwd

passwd 命令的格式如下：

```
passwd［选项］用户名
```

其中，用户名表示需要修改密码的用户，选项包括以下几种：

◇　-S：查询用户密码的密码状态，仅 root 用户可用。

◇　-l：暂时锁定用户，使该用户不能修改密码，仅 root 用户可用。

◇　-u：解锁用户，使该用户可以重新修改密码，仅 root 用户可用。

◇　-stdin：可以将通过管道符输出的数据作为用户的密码。

例如：

```
$ passwd jack  ＃修改用户 jack 的密码
Enter new UNIX password：   ＃输入密码时，屏幕不会显示任何信息
Retype new UNIX password：
passwd：password updated successfully
```

3. 修改用户信息：usermod

修改用户信息命令 usermod 的格式如下：

```
usermod［选项］用户名
```

其中，用户名表示需要修改信息的用户，选项包括以下几种：

◇　-u：修改用户的 UID 号。

◇　-c：修改用户的说明信息。

◇　-G：修改用户的附加组。

◇　-l：修改用户的登入名称。

◇　-L：临时锁定用户，不允许修改用户的密码。

◇　-U：解锁用户锁定，允许重新修改用户的密码。

例如：

```
$ grep jack /etc/passwd  ＃查看修改前的用户信息
jack：x：1001：1001：：/home/jack：
＃usermod -l mike jack
＃ grep mike /etc/passwd  ＃查看修改后的用户信息
mike：x：1001：1001：：/home/jack：
```

4. 修改用户密码状态：chage

修改用户密码状态命令 chage 的格式如下：

```
chage［选项］用户名
```

chage 命令的选项包括以下几种：

◇　-l：列出用户的详细密码状态。

◇　-d：修改密码最后一次更改日期。

◇　-m：两次密码修改间隔。

◇　-M：密码有效期。

◇　-W：密码过期前警告天数。

◇　-I：密码失效后宽限天数。

◇　-E：账号失效时间。

例如：

```
# chage  -l jack
Last password change                               : Nov 11，2019
Password expires                                   : never
Password inactive                                  : never
Account expires                                    : never
Minimum number of days between password change     : 0
Maximum number of days between password change     : 99999
Number of days of warning before password expires  : 7
```

5. 删除用户命令：userdel

删除系统中已有的用户，该命令的格式如下：

```
userdel［选项］用户名
```

其中，用户名为需删除的用户的登入名，最经常使用的是"- r"选项，其含义是删除用户的同时删除用户家目录。

6. 查看用户 id 命令：id

查看系统中指定用户 id 的命令格式如下：

```
id 用户名
```

其中，用户名为所需查看的用户的登入名。

例如：

```
$ id jack
uid＝1001(jack) gid＝1001(jack) groups＝1001(jack)
```

7. 切换用户身份命令：su

切换当前系统中用户的身份，该命令的格式如下：

```
su［选项］用户名
```

其中，用户名为需切换的用户的登入名，选项包括以下几种：

○ -：只使用"-"代表连带用户的环境变量一起切换。

○ -c：仅执行一次命令，但不切换用户身份。

例如：

```
$ su jack
```

注：通过 su 命令可以从普通用户切换到 root 用户，也可以从 root 用户切换到普通用户。从普通用户切换到 root 用户需要密码，从 root 用户切换到普通用户不需要密码。因为 root 用户拥有系统的最高权限，很容易误操作造成系统崩溃，因而 root 密码要尽可能保密。为此，Linux 还提供另一个与 su 相关的命令，即 sudo 命令。sudo 可以跳过 root 用户登录而执行一些特定命令。

```
$ sudo passwd jack  ＃更改 jack 用户的密码
```

当然，这条命令执行的前提是当前登录用户拥有执行 sudo 命令的权限，这可以通过配置/etc/sudoers 文件来实现。

8. 显示系统登录用户：who

who 命令显示当前在本地系统上的所有用户的信息。显示以下内容：登录名、终端类型(tty)、登录日期和时间。输入 whoami 显示登录名、tty、登录的日期和时间。如果用户是从一个远程机器登录的，那么该机器的主机名也会被显示出来。

下面是 who 命令的基本用法：

```
$ who
hll        tty7        2019 - 11 - 11 03:21 (:0)
hll        pts/0       2019 - 11 - 11 03:23 (:0.0)
```

8.2.3　其他常用命令

表 8 - 4 是其他常用 Shell 命令，下面逐一简单介绍其用法。

表 8 - 4　其他常用的 Shell 命令

命　令	功　能	命　令	功　能
find	查找文件	init	初始化
grep	查找文件内容	shutdown	关机
less	分屏查看文件内容	zip	文件压缩
date	显示系统时间	tar	打包与解包
ps	显示进程	man	获得帮助
kill	关闭进程	whereis	查找特定程序

1. 查找文件：find

随着文件的增多，使用搜索工具成了顺理成章的事情。find 就是这样一个强大的命令，它能够迅速在指定范围内查找到文件，命令格式为：

```
find   path   - option   [ - print ]
```

上面命令格式中，path 代表要查找的目录路径；print 表示将结果输出到标准输出，option 代表查找模式，其常用选项如表 8 - 5 所示。

表 8 - 5　find 命令的常用选项

选　项	功　能　描　述
- name　filename	查找名为 filename 的文件
- perm	按执行权限来查找
- user　username	按文件属主来查找
- group groupname	按组来查找
- mtime　-n +n	按文件更改时间来查找文件，-n 指 n 天以内，+n 指 n 天以前
- atime　　-n +n	按文件访问时间来查找文件，-n 指 n 天以内，+n 指 n 天以前
- ctime　　-n +n	按文件创建时间来查找文件，-n 指 n 天以内，+n 指 n 天以前

选　项	功 能 描 述
– nogroup	查找无有效属组的文件，即文件的属组在/etc/groups 中不存在
– nouser	查找无有效属主的文件，即文件的属主在/etc/passwd 中不存在
– type　b/d/c/p/l/f	查找找块设备、目录、字符设备、管道、符号链接、普通文件
– size　n[c]	查找长度为 n 块[或 n 字节]的文件
– mount	查找文件时不跨越文件系统 mount 点
– follow	如果遇到符号链接文件，就跟踪链接所指的文件
– prune	忽略某个目录

如：希望在/home 目录中查找文件名为 days 的文件：

```
$ find /home/  – name days  – print
/home/hll/prac/days
find：'/home/hll/.dbus'：Permission denied
find：'/home/hll/.cache/dconf'：Permission denied
```

从这个例子中可以看到，find 命令需要一个路径名作为查找范围，此例中是/home。
find 会深入到这个路径的每一个子目录中去寻找，因此如果指定"/"，就查找整个文件系统。其中，– name 选项指定了文件名，在该例子中是 days；– print 表示将结果输出到标准输出（这里就是屏幕）。注意 find 命令会打印出文件的绝对路径。在上面的输出结果中出现了两行 Permission denied，这是由于普通用户没有进入这两个目录的权限，这样 find 在扫描时将跳过这两个目录。

2. 查找文件内容：grep

很多时候并不需要列出文件的全部内容，用户要做的只是找到包含某些信息的一行。这个时候，如果使用 more 命令一行一行去找的话，无疑很浪费精力。当文件内容特别多的时候，这样的做法则完全不可行了。

为了在文件中寻找某些信息，可以使用 grep 命令，如为了在 days 文件中查找包含 day 的行，可以使用如下命令：

```
$ grep day days
Monday
Tuesday
Wednesday
Thursday
Friday
```

可以看到，grep 有两个类型不同的参数，第一个是被搜索的模式（关键词），第二个是所搜索的文件。grep 会将文件中出现关键词的行输出。还可以指定多个文件来搜索，如：

```
$ grep un days weather
days：Sunday
weather：sunny
```

3. 分屏查看文件内容：less

less、more 和 cat 命令都用于查看文本文件内容，但 less 的功能更为强大。less 改进了 cat、more 命令的很多细节，并添加了许多特性，这些特性让 less 看起来更像是一个文本编辑器，只是去掉了文本编辑功能。总体来说，less 命令提供了下面这些增强功能：

◇　使用光标键在文本文件中前后(甚至左右)滚屏。

◇　用行号和百分比作为书签浏览文件。

◇　实现复杂的检索、高亮显示等操作。

◇　兼容常用的字处理程序(如 Vim)的键盘操作。

◇　阅读到文件结束时 less 命令不会退出。

◇　屏幕底部的信息提示更容易控制使用，而且提供了更多的信息。

less 在屏幕底部显示一个冒号"："等待用户输入命令。如果想向下翻一页，可以按下空格键，如果想向上翻一页，可以按下 B 键。也可以用光标键向前、后甚至左、右移动。如果要在文件中搜索某一个字符串，可以使用"/"加想要查找的内容，less 会把找到的第一个搜索目标高亮显示，要继续查找相同的内容，只要再次输入"/"，并按下回车键。最后，按下 Q 键可以退出 less 程序并返回 Shell 提示符。

4. 显示系统时间：date

date 命令可以用来显示或设定系统的日期与时间。在显示方面，使用者可以自行设定时间显示格式，格式设定为一个加号后接数个标记。若不以加号作为开头，则表示要设定时间。

时间格式为：MMDDhhmm [YYYY][.ss]。其中 MM 为月份，DD 为日，hh 为小时，mm 为分钟，YYYY 为年份，ss 为秒数。

date 命令使用举例：

```
$ date                    ♯显示系统时间
Tue Nov 12 00:38:25 PST 2019
$ date 111216462019.30      ♯设置系统完整时间
Tue Nov 12 16:46:30 PST 2019
$ date  - s 1651           ♯设置系统的时、分
Tue Nov 12 16:51:00 PST 2019
```

5. 显示进程：ps

ps 是 process status 的缩写，用于显示当前进程的状态。使用该命令可以确定哪些进程正在运行以及运行的状态、进程是否结束、进程有没有僵死、哪些进程占用了过多的资源等。

ps 命令使用举例：

```
$ ps  - u root  ♯显示 root 用户的进程信息
  PID TTY            TIME CMD
    1 ?         00:00:01 init
    2 ?         00:00:00 kthreadd
    3 ?         00:00:00 migration/0
   ...
```

ps 命令结果默认会显示 4 条信息：

(1) PID：运行着的命令(CMD)的进程编号。

(2) TTY：命令所运行的位置(终端)。

(3) TIME：运行着的该命令所占用的 CPU 处理时间。

(4) CMD：该进程所运行的命令。

6. 关闭进程：kill

kill 命令用来终止指定的进程的运行。通常，终止一个前台进程可以使用 Ctrl+C 键，但是，对于一个后台进程就须用 kill 命令来终止。通常，需要先用 ps 命令得到需要终止的进程的 PID，然后使用 kill 命令来终止该进程。具体实现时，kill 通过向进程发送指定信号来结束相应进程。命令格式为：

```
kill [参数] [进程号]
```

kill 命令通过-l 参数指定信号，若不指定信号将发送 SIGTERM(15)终止指定进程。如果仍然无法终止该进程，则可用"- KILL"参数，其发送的信号为 SIGKILL(9)，将强制结束进程。

下面是一个 kill 命令的使用实例：

```
$ ps  - ef|grep vim
root       3268  2884  0 16:21 pts/1    00:00:00 vim install.log
root       3370  2822  0 16:21 pts/0    00:00:00 grep vim
$ kill 3268
$ kill 3268
- bash：kill：(3268) - No such process    ♯连续关闭进程 3268，第 2 次提示错误
```

7. 初始化：init

init 是 Linux 系统操作中不可缺少的程序之一。init 进程是一个由内核启动的用户级进程，然后由它来启动后面的任务，包括多用户环境、网络等。

init 命令很简单，直接输入 init +想要的模式对应的编号。例如：

```
init 0  ♯停机
init 1  ♯单用户模式，仅 root 用户进行维护
init 2  ♯多用户模式，不能使用 NFS(Net File System)
init 3  ♯完全多用户模式(标准的运行级)
init 4  ♯安全模式
init 5  ♯切换到图形化界面
init 6  ♯重新启动
```

8. 关机：shutdown

shutdown 是系统关机命令，也可以用于关闭所有程序，并依用户的需要，进行重新开机或关机的动作。shutdown 命令执行后，会以广播的形式通知正在系统中工作的所有用户，系统将在指定的时间内关闭。

常用参数有：

◇ - t seconds ：设定在几秒钟之后进行关机。

◇　－k :并不会真的关机，只是将警告讯息传送给所有使用者。
◇　－r :关机后重新开机。
◇　－h :关机后停机。
◇　time :设定关机的时间。
命令用法举例：

```
$ shutdown  -h now   #立即关机
$ shutdown  - r 10：00   #10 点钟重启
$ shutdown  - h +10 "10 minutes to shutdown"   #10 分钟后关机
```

9. 文件压缩：zip

zip 命令用于压缩文件，unzip 命令用于解压文件。
下面是 zip 命令的使用实例：

```
$ zip test.zip  *              #将当前目录下的所有文件压缩到 test.zip
$ zip  - r test.zip e3.sh Temp  #将 e3.sh 与 Temp 目录压缩到 test.zip
$ zip  - g test.zip e4.sh       #将 e4.sh 添加到 test.zip 中
$ zip  - d test.zip e3.sh       #将 e3.sh 从 test.zip 中移除
```

下面是 unzip 命令的使用实例：

```
$ unzip test.zip            #将 test.zip 解压到当前目录
$ unzip  - d /temp test.zip  #将 test.zip 解压到指定目录/temp
$ unzip  - l test.zip        #显示 test.zip 包含的文件和目录，但不解压
```

10. 打包与解包：tar

tar 是 Linux 环境下最常用的备份工具之一，它可用于建立、还原、查看、管理文件，也可方便地追加新文件到备份文件中，或仅更新部分备份文件，以及解压、删除指定的文件。熟悉其常用参数能便于日常的系统管理工作。
常用参数有：
－t：列出归档文件内容目录。
－x：从归档文件中解析文件。
－c：创建新的归档文件(t/x/c 不能同时存在，仅能使用其中一个)。
－f file：指定归档文件名。
－v：显示命令的执行过程。
－Z：使用 compress 命令压缩归档文件。
－z：使用 gzip 命令压缩归档文件。
－j：使用 bzip2 命令处理备份文件。
－C directory：先进入指定的目录，再释放。
下面是 tar 命令的使用实例：

```
$ tar  - cvf test.tar ./Scripts/   #将 Scripts 子目录下的所有文件打包成 test.tar
$ tar  - jcvf test.tar.zip2 ./Scripts/ #将 Scripts 子目录下的所有文件打包并使用
                          bzip2 压缩，得到 test.tar.zip2 文件
$ tar  - jxvf test.tar.zip2  - C /home/hll  #将 test.tar.zip2 解包到/home/hll 目录下
$ tar  - tf test.tar.zip2   #显示 test.tar.zip2 包中的文件和目录
```

11. 获得帮助: man

Linux 提供了丰富的帮助手册,当需要查看某个命令的参数时不必上网查找,只要执行 man 命令即可。此外,man 命令还可以用于查询系统库文件中的一些函数定义和使用方法。man 命令的基本用法如下:

```
man［参数］［命令］
```

一般而言,man 命令的输出都很长,需要分屏显示。通常,输入空格键向后翻一屏,输入 b 向前翻一屏;输入回车键向后翻一行,输入 k 向前翻一行。如果需要查找指定内容,可以采用“/关键词”或“? 关键词”的形式,再配合 n 进行前后查找。退出 man 命令需要输入 q。

12. 查找特定程序: whereis

whereis 命令主要用于查找程序文件,并提供这个文件的二进制可执行文件、源代码文件和使用手册页存放的位置。常用参数包括-b、-m 和-s,分别对应查找二进制可执行文件、使用手册和源代码文件。此外,也可以通过-B、-M 和-S 等参数在指定目录下查找对应文件。

whereis 命令使用举例:

```
$ whereis find
find: /usr/bin/find  /usr/share/man/man1/find.1.gz  /usr/share/info/find.info.gz
```

8.2.4 命令行高级技巧

1. Tab 键自动补齐

文件名是命令中最常见的参数,然而每次完整输入文件名是一件很麻烦的事情,特别是当文件名很长的时候。所以,bash 提供了这样一种特性——命令行补全。在输入文件名的时候,只需要输入前面几个字符,然后按下 Tab 键,Shell 会自动把文件名补全,如:

```
$ cat fs<Tab>    #<Tab>表示按下 Tab 键
```

此时,Shell 会自动将其补全为:

```
$ cat fsabc        #fsabc 就是所要打开的文件的文件名
```

如果以所键入的字符开头的文件不止一个,可以连续按下 Tab 键两次,Shell 会以列表的形式给出所有以键入字符开头的文件,如:

```
$ cat b<Tab><Tab>        #这里连续按两次 Tab 键
bash.bashrc        bindresvport.blacklist    brlapi.key
bash_completion    binfmt.d/                 brltty/
```

并且,命令行补全也适用于所有的 Linux 命令,如:

```
$ ca<Tab><Tab>
cal            canberra-gtk-play    case
calendar       cancel               cat
```

其实系统命令本质上就是一些可执行文件,从这种意义上来说,命令补全和文件名补全其实是一回事。

2. 通配符使用

Shell 有一套被称作通配符的专用符号，分别是"＊"、"？"、"[ ]"。这些通配符可以搜索并匹配文件名的一部分，从而大大简化了命令的输入。

"＊"用于匹配文件名中任意长度的字符串。如需要列出目录中所有的 C＋＋文件，命令如下：

```
$ ls *.cpp
main.cpp quicksort.cpp
```

和"＊"类似的通配符是"？"。但和"＊"匹配任意长度的字符串不同，"？"只匹配一个字符。下面的例子中，"？"用以匹配文件名中以 text 开头，其后跟一个字符的文件。

```
$ ls
text1 text2 text3 textA textB textC text_one text_two
$ ls text?
text1 text2 text3 textA textB textC
```

"[ ]"用于匹配所有出现在方括号内的字符，如需要列出以 text 开头而仅以 1 或 A 结束的文件名，命令如下：

```
$ ls
text1 text2 text3 textA textB textC text_one text_two
$ ls text[1A]     #[]内的字符之间无空格
text1 textA
```

也可以使用短线"-"来指定一个字符集范围。所有包括在上下界之间的字符都会被匹配。如需要列出所有以 text 开头并以 1 到 3 中某个字符结束的文件，命令如下：

```
$ ls
text1 text2 text3 textA textB textC text_one text_two
$ ls text[1 - 3]
text1 text2 text3
```

3. 重定向

1）输出重定向符＞、＞＞

输出重定向符能将一个命令的输出重定向到一个文件中。例如，要将 ls 命令的输出结果传输到 mylog.txt 文件中，则实现命令为：

```
#ls > mylog.txt
```

"＞"和"＞＞"的区别在于："＞"重定向符每次都是以覆盖的方式重写后面的文件内容，若指定的文件不存在，系统会自动创建。若要将内容以追加的方式添加到后面的文件中，则应采用"＞＞"重定向符。

2）输入重定向符＜、＜＜

"＜"标准输入重定向符用于改变一个命令的输入源。例如 cat＜file.txt 命令，它读取 file.txt 文件中的内容，并在屏幕上显示输出。

"＜＜"为结束操作符，该操作符在从键盘读取内容时，若读到指定的字符串便停止读取动作，然后将所读的内容输出。例如 cat＜＜end＞file.txt 命令，它接收键盘输入，直到输入 end 结束，并把输入内容输出到 file.txt 文件中。

4. 组合命令

前面本书已经介绍了很多 Shell 命令，但一次只能运行一个命令。实际上，使用不同符号(如"；"、&&、|等)可以把这些命令组合起来，以实现更复杂、功能更强的操作。

组合命令的基本方法是采用命令栈的形式。所谓命令栈，就是将所有需要运行的命令放到 Shell 的一行上，再用分号"；"隔开每个命令。接着依次顺序执行每个命令，只有一个命令结束运行(无论成功与失败)后，才会运行下一个命令。

例如，以下示例完成先进入子目录 Embedded 并显示子目录内容，然后创建 Script 子目录，最后将"＊.sh"脚本移动到 Script 子目录。上述操作可以用如下组合命令实现：

```
$ cd Embedded; ls  -l; mkdir Script; mv *.sh Script
```

分割命令的另一个办法是用 &&。它同样是依次执行每个命令，但只有当前面一条指令运行成功后才能执行下一条指令。如果前面命令运行失败，后续命令都不会被执行。

例如，可以采用下面的组合命令执行上条组合命令的反操作，这里假设当前处于 Script 目录下。

```
$ mv *.sh .. && cd .. && rm  -rf Script && ls  -l
```

这条组合命令执行时，先将 Script 目录下的"＊.sh"文件拷贝到上一级子目录(..)，然后进入上一级子目录，接着删除 Script，最后显示当前目录下的文件内容。在这个过程中，当某条命令因各种原因未能执行时，后续命令也不会继续执行。

使用"$()"可将一个命令的输出插入到另一个命令，这就是所谓的命令替换。例如，下面这条组合命令就实现了自动按当前日期创建目录并显示目录内容的功能。

```
$ ls                              ＃显示当前目录内容
                                  ＃无内容，空目录
$ mkdir $(date "+%Y-%m-%d") && ls  ＃创建目录并显示目录内容
2019-10-20                        ＃有一个以日期命名的目录
```

上例中，date "+%Y-%m-%d"命令功能是按"年-月-日"的格式输出日期(如 2019-10-20)；mkdir $(date "+%Y-%m-%d")实现命令替换，将 date 命令的结果插入到 mkdir 命令中；后面接着的"&& ls"用来显示目录内容。

使用"|"可以将一个命令的输出作用于另一个命令的输入。以在/usr/bin 查找文件名中含有 conf 字符串的文件为例，可以使用下面的组合命令实现分屏查看，使得查看文件更高效。

```
$ ls  -l | grep conf | less
```

上例中，先将 ls 命令的结果输入给 grep 命令，实现查找文件名中含 conf 的文件的目的；然后将 grep 命令的结果输入给 less 命令，实现分屏显示。

8.3　Shell 编程基础

8.3.1　Shell 脚本的执行

Shell 脚本本质上只是普通文本文件，由 bash 对其进行解释执行。因此，凡是可以在 bash 提示符后输入的命令，都可以出现在脚本文件里。Shell 脚本执行有三种方法。

1. 标准方法

将下列文本加到脚本文件的顶端(第一行靠左对齐)：

```
#！/bin/bash
```

然后通过下面命令改变文件访问模式，使其成为可执行文件(这里假设脚本名为 myscript)：

```
$ chmod ＋x myscript
```

为了方便，可将写好的脚本放在搜索路径中(非必要步骤)。习惯上，个人写的脚本放在～/bin 目录下(～代表用户家目录)；若也要给其他用户使用，则需要放在/usr/local/bin 目录下。放在搜索路径中的脚本文件可被当成普通命令来运行。例如，可以直接在命令行上输入脚本名来执行：

```
$ myscript      ♯该脚本必须放在搜索路径中
```

若脚本不是放在搜索路径中而是位于工作目录下，而且搜索路径中也没包含"."(工作目录)，则必须在脚本名称之前加上"./"才能执行脚本，如下：

```
$ ./myscript
```

2. 用 bash 命令执行脚本

bash 会将它的参数视为脚本文件的名称，并予以运行。例如，采用 bash 执行 myscript 的方式如下：

```
$ bash myscript
```

请注意，采用这种方式执行脚本实质是在 subshell 的环境里运行的。因此，脚本对于环境所做的任何改变(例如设定 Shell 环境变量、改变工作目录等)仅止于 subshell，而不影响 login shell。

3. 用 source 命令执行脚本

对于会影响 Shell 环境的脚本，应该交给当前的 Shell 即 login shell 去运行。此时执行方式为"source 脚本名"或". 脚本名"。例如，采用 source 执行 myscript 的方式如下：

```
$ source myscript
```

或

```
$ .myscript
```

实际应用中，到底采用哪种方法执行脚本，一般取决于脚本本身的性质。一般而言，工具性的脚本应该放在搜索路径，采用第 1 种方式执行。至于为了应付临时工作而写的一次性脚本，则可以根据是否影响 Shell 环境来决定是采用第 2 种方式还是第 3 种方式。

8.3.2　Shell 脚本的输入和输出

1. 输入

Shell 脚本的输入主要靠 read 命令来实现，它每次从 stdin(标准输入，一般指键盘)读入一行数据，并将其存入一个变量中。具体来说，read 命令用于一个词组一个词组地接收输入的参数，每个词组需要使用空格进行分隔；如果输入的词组个数大于需要的参数个数(如变量的个数)，则多出的词组将被作为整体为最后一个参数接收。

例如，假设 myscript 脚本的内容如下：

```
＃！/bin/bash
read var1 var2
echo "第一个变量值：${var1}　第二个变量值：${var2}"
```

执行该脚本后，结果如下：

```
$ bash myscript
one two three(屏幕输入)
第一个变量值：one　第二个变量值：two three (屏幕输出)
```

2. 输出

Shell 脚本的输出主要由 printf 和 echo 命令来实现，这两个命令的功能基本类似，都可以用于字符串或变量的输出，默认输出设备都是 stdout(标准输出，一般指屏幕)。此外，由于 Shell 层级的 printf 是由 POSIX 标准所定义，因此使用 printf 的脚本比使用 echo 移植性更好。在进行输出时，printf 和 echo 最大的不同在于 printf 不像 echo 那样会自动提供一个换行符号，必须显式地将换行符号指定成"\n"。

下面以 echo 命令为例，具体介绍 Shell 脚本的输出。

1) 显示普通字符串

语法格式如下：echo "字符串" 或 echo 字符串。这两种语法格式的输出结果相同，也就是说，echo 后面加不加双引号结果都是一样的。例如：

```
$ echo "It is a test"
$ echo It is a test
```

上面两条命令的输出都是：

It is a test

2) 显示转义字符

当输出中包括"\或""等特殊字符时，需要用到转义符号"\"，其后面字符一般直接输出。例如：

```
$ echo "\"It is a test\""
```

这条命令的输出是：

"It is a test"

3）输出变量的值

```
$ var＝Test
$ echo $ var
```

这条命令的输出是：

Test

注：Shell 编程里面，变量定义不像 C/C＋＋编程那么严格，可以随时随地声明变量。此外，变量引用形式是"＄变量名"或者"＄｛变量名｝"。

8.3.3　Shell 变量

1. 变量命名

Shell 变量命名必须遵循如下规则：

◇　命名只能使用英语字母、数字和下划线，首字符不能以数字开头。

◇　中间不能有空格，可以使用下划线"_"。

◇　不能使用标点符号。

◇　不能使用 bash 里的关键字（可用 help 命令查看保留关键字）。

例如，"_var、var1、Var"等都是有效的 Shell 变量，而"1var、? var、read"等都是无效的变量名。与所有程序设计一样，建议尽可能选择有明确意义的英文单词作为变量名，尽量避免使用毫无意义的字符串作为变量名。这样用户通过变量名就可以了解该变量的作用。注意，在 Shell 脚本程序设计中，变量名是区分大小写的，大小写不同的两个变量名代表了两个不同的变量。

2. 变量赋值

在 Shell 编程中，通常情况下变量并不需要专门的定义和初始化。一个没有初始化的 Shell 变量被认为是一个空字符串。用户可以通过变量的赋值操作来完成变量的声明并赋予一个特定的值，也可以通过赋值语句为一个变量多次赋值，以改变其值。

在 Shell 中，变量的赋值使用以下语法：v_name＝value。其中，v_name 表示变量名，value 表示将要赋给变量的值；中间的等号"＝"称为赋值符号，赋值符号的左右两边不能直接跟空格，否则 Shell 会将其视为命令。通常，Shell 默认所有的普通变量都是字符串变量。如果 value 中包含空格、制表符和换行符等特殊字符，则必须用单引号或者双引号将其引起来。此外，Shell 也允许只包含数字的变量值参与数值运算。

例如，以下都是合法的变量赋值：

```
x1＝Linux
x2＝'RedHat Linux'
x3＝"RedHat $ x1"
x4＝1234
x5＝"  RedHat Linux 9.0   "
```

以下都是错误的变量赋值：

```
x1= Linux              ♯赋值符号右边多了一个空格
x2=RedHat Linux        ♯字符串中间有空格
x3= "RedHat $ x1"      ♯虽然字符串用""括起来,但赋值符号右边有空格
x4 =1234               ♯赋值符号左边有空格
```

3. 变量引用

当变量赋值完成之后,就需要使用变量的值。在 Shell 中,用户可以通过在变量名前加上"$"或"${变量名}"来获取该变量的值。实际上,在前面的许多例子中,已经多次使用了这个符号来获取变量的值。

通常情况下,"$变量名"或"${变量名}"没有差别。但是,当在一串字符串中引用变量构成新的字符串时,建议采用"${变量名}"这种方法进行变量引用。例如,设变量 x1=Windows,则命令及执行结果如下:

```
$ echo "${x1}10"
Windows10              ♯构成一个字符串,中间无空格
$ echo "$ x110"

                       ♯输出为空,将 x110 一起作为变量,此变量未定义
$ echo "$ x1 10"
Windows 10             ♯x1 被解释为一个变量,构成一个字符串,中间有空格
```

除用 $ 符号引用变量外,在 Shell 脚本中也经常用到其他 4 种引用符号,这些引用符号的作用如表 8-6 所示。

表 8-6　常用引用符号

引用符号	说　　　明
双引号	除美元符号、单引号、反引号和反斜线之外,其他所有的字符都将保持字面意义,也称部分引用
单引号	所有的字符都将保持字面意义,也称全引用
反引号	反引号中的字符串将解释为 Shell 命令
反斜线	转义字符,屏蔽字符的特殊意义

例如,假设变量 x1=Windows,则命令及执行结果如下:

```
$ echo "${x1} 10"
Windows 10
$ echo '${x1} 10'
${x1} 10
$ echo \'${x1} 10\'
'Windows 10'
$ echo `pwd`
/home/hll
```

在上面三条指令中,分别使用双引号、单引号、反斜杠和反引号四种引用符号。第 1个命令为部分引用,${x1}被解释为引用变量 x1 的值;第 2 个命令为全部引用,故其输出值就是单引号内的字符串;第 3 个变量使用反斜线屏蔽了单引号的特殊意义;第 4 个命令

`pwd` 代表执行 pwd 命令。此外，上例中使用 echo 命令演示引用符号的作用，这些引用符号也可以应用于变量赋值。

4. 变量作用域

与其他程序设计语言一样，Shell 中的变量也分为全局变量和局部变量两种。下面分别介绍这两种变量的作用域。

1) 全局变量

通常认为，全局变量是使用范围比较大的变量，它不仅限于某个局部使用。在 Shell 语言中，全局变量可以在脚本中定义，也可以在某个函数中定义。实际上，只要不是用 local 关键字定义的变量，都可以视为全局变量，其作用域为从被定义的地方开始，一直到 Shell 脚本结束或者被显式地删除。可见，Shell 里面全局变量的定义与其他程序设计语言差别较大。

【例 8-1】 演示全局变量的使用方法，代码如下：

```
1.  #! /bin/bash
2.  func()              # 定义函数
3.  {
4.    echo " $ x"       # 输出变量 x 的值
5.    x=10              # 修改变量 x 的值
6.  }
7.  x=20                # 在脚本中定义变量 x
8.  func                # 调用函数
9.  echo " $ x"         # 输出变量 x 的值
```

在上面的代码中，第 2 行~第 6 行定义了名为 func() 的函数，第 4 行在函数内部输出全局变量 x 的值，第 5 行修改全局变量 x 的值为 10，在脚本第 7 行，即函数外面定义了全局变量 x，并赋值为 20。第 8 行调用函数 func()，第 9 行重新输出修改后的变量 x 的值。

该程序的执行结果如下：

```
$ bash Script-8-1
20
10
```

在上面的执行结果中，20 是第 4 行的 echo 语句的输出，从执行的结果可以得知，在函数内部可以直接访问外部脚本的全局变量（在外部脚本定义了变量 x 为 20），所以当执行函数内的第一条语句时，输出的 x 的值为 20。10 是第 9 行的 echo 语句的输出，这是因为脚本第 5 行在函数 func() 内部修改了变量 x 的值。从上述的全部执行结果可以得知，Shell 脚本中无论是在函数内部还是外部定义的变量都为全局变量，其作用域从其定义开始，一直到 Shell 脚本结束或者被显式地删除为止。

2) 局部变量

与全局变量相比，局部变量的使用范围较小，通常仅限于某个程序段访问，例如函数内部。在 Shell 语言中，可以在函数内部通过 local 关键字来定义局部变量。另外，函数的参数也是局部变量。

【例 8-2】 演示使用 local 关键字定义局部变量，设脚本名为 Script-8-2，代码如下：

```
1.  # ! /bin/bash
2.  func()                  #定义函数
3.  {
4.      echo " $ x"          #输出变量 x 的值
5.      local x＝10          #定义局部变量 x
6.      echo " $ x"          #输出变量 x 的值
7.  }
8.  x＝20                    #在脚本中定义变量 x
9.  func                     #调用函数
10. echo " $ x"              #输出变量 x 的值
```

该程序的执行结果如下：

```
20
10
20
```

此脚本与例 8-1 脚本的差别在于第 5 行增加了关键字"local"，第 6 行增加了输出局部变量 x 的值。对比本例的输出结果和上例的输出结果，可以知道使用 local 关键字定义的变量为局部变量，其作用域仅在函数内部，所以在函数外面不能获得该变量的值。这造成在第 6 行输出的 x 的值为 10，第 10 行输出的 x 值为 20。此外，本例还表明，如果在函数外部定义了一个全局变量，同时在某个函数内部又存在相同名称的局部变量，则调用该函数时，函数内部的局部变量会屏蔽函数外部定义的全局变量。

5. 默认变量

在 Shell 中，还有两类不需要用户定义，可以直接使用的默认变量，即环境变量和自动变量。

1）环境变量

环境变量用于用户登录系统时建立 Shell 运行环境，它由一系列环境变量及其值组成。运行环境包括用户 Home 目录、系统提示符、用户名、搜索路径等。环境变量默认采用大写方式，常用环境变量及其值如下：

◇ HOME：用户家目录的全路径名。默认情况下，普通用户的家目录为"/home/用户名"，root 用户的家目录为"/root"。

◇ LOGNAME：用户名，由系统自动设置。系统通过 LOGNAME 变量确认文件的所有者以及是否有权执行某个命令等。

◇ PATH：Shell 查找命令的目录的全路径名。PATH 变量包含带冒号分界符的字符串，如 PATH＝/usr/bin: $ HOME/bin，每个字符串指向一个目录的全路径名，根据字符串顺序确定查找顺序。

◇ PS1：Shell 的主提示符，即 Shell 准备接收命令时显示的字符串。PS1 定义了主提示符怎样构成，一般设为 PS1="[\u@\h \W]\\ $ "。

◇ PWD：当前工作目录的全路径名，用于指出目前所在位置。

◇ SHELL：当前使用的 Shell 和 Shell 放在什么位置。

注：可以使用 env 命令显示大部分的环境变量及其值；此外，环境变量的值可以被用

户修改。

2）自动变量

自动变量由 Shell 自动根据上下文环境确定其值，用户只能引用这些变量，不能对其值进行重新设置。常用的自动变量有：

◇　$♯：传递给脚本或函数的参数的个数。

◇　$?：表示上一条命令执行后的返回值。

◇　$$：当前进程的进程号。

◇　$* 或 $@：传递给脚本或函数的所有参数串。两者在不加双引号时完全一样，但加了双引号后略有不同。此时，$* 把参数作为一个字符串整体返回，$@ 把每个参数作为一个字符串返回。

◇　$0：命令行上输入的 Shell 程序名。

◇　$n：要求 n≥1，代表传递给脚本或函数的第 n 个参数。例如，$1 代表第一个参数，$2 代表第二个参数。

8.3.4　算术运算

算术运算不是 Shell 脚本的强项，Bash Shell 也仅支持整型算术运算，本节对此进行简要介绍。

1. 算术运算符

Shell 中的算术运算符主要包括加、减、乘、除、求余以及幂运算等。表 8 - 7 列出了常用的基本算术运算符及其使用方法。

表 8 - 7　常用基本算术运算符及其用法

运算符	说　明	举　例
＋	求 2 个数的和	expr 4 ＋ 2
－	求 2 个数的差	expr 4 － 2
*	求 2 个数的积	expr 4 * 2
/	求 2 个数的商	expr 4 / 2
%	求余	expr 4 % 2
* *	幂运算	let 4 * * 2

2. 算术运算命令

虽然 Shell 支持算术运算，但不能直接使用表 8 - 7 中的符号，需要配合下面的命令才能完成算术运算。

（1）expr 命令。语法格式：expr expression。其中，expression 是要计算的表达式。此外，当 expression 包含运算符时，一定要注意运算符左右两边的空格，否则会得出错误的结果。expr 命令不能进行幂运算。

（2）let 命令。语法格式：let var＝expression。其中，var 为变量；expression 是要计算的表达式，也可以是数字，此时相当于定义了一个数值变量。表达式中可以引用变量，此

时变量名前可以不使用＄符号(建议还是使用＄符号)。表达式中有运算符时，运算符两边不能有空格。

【例 8 - 3】 Shell 算术运算举例，设脚本名为 Script - 8 - 3，代码如下：

```
1. #! /bin/bash
2. let m=2
3. let n=18
4. echo "m=$m, n=$n"
5. echo 'expr m+n=' `expr $m + $n`
6. echo 'expr n%m=' `expr $n % $m`
7. echo 'expr m-n=' `expr $m - $n`
8. echo 'expr m/n=' `expr $m / $n`
9. let x=$m+$n
10. echo "let m+n=$x"
11. let x=$n%$m
12. echo "let n%m=$x"
13. #end
```

上面代码中，第 2、3 行定义了两个数值变量，第 5~8 行演示了用 expr 命令进行算术运算，第 9、11 行演示了用 let 命令进行算术运算。请注意第 5~8 行用反引号表示引用 expr 命令，且表达式中的运算符号左右都有空格。第 9 和 11 行中的运算符号两边没有空格(Shell 中该不该有空格，需要具体命令具体对待，请读者在使用中注意总结)。该脚本的执行结果如下：

```
m=2, n=18
expr m+n=20
expr n%m=0
expr m-n=-16
expr m/n=0
let m+n=20
let n%m=0
```

Shell 不仅支持表 8 - 7 列出的基本算术运算符，还支持表 8 - 8 所示的复合算术运算符。

表 8 - 8　复合算术运算符

运算符	说　　明
＋ ＝	将左边的数加上右边的数，然后再将和赋给左边的变量
－ ＝	将左边的数减去右边的数，然后再将差赋给左边的变量
* ＝	将左边的数乘以右边的数，然后再将积赋给左边的变量
/ ＝	将左边的数除以右边的数，然后再将商赋给左边的变量
% ＝	将左边的数对右边的数求模之后，再赋给左边的变量

3. 位运算

所谓位运算，即对变量每个位进行操作。Bash Shell 支持的位运算符如表 8 - 9 所示。

表 8 - 9　常用位运算符

运算符	说 明	举　　例
<<	左移	4<<2,将 4 左移 2 位,结果为 16
>>	右移	8>>2,将 8 右移 2 位,结果为 2
&	按位与	8&4,将 8 和 4 进行按位与运算,结果为 0
|	按位或	8|4,将 8 和 4 进行按位或运算,结果为 12
~	按位非	~8,将 8 进行按位非运算,结果为 -9
ˆ	按位异或	10ˆ6,将 10 和 6 进行二进制位异或运算,结果为 12

语法格式:

　　$[expression] 或 let "expression"。

上式中,expression 为位运算表达式,可以用变量或数值进行位运算。对于上述语法格式,expression 中的位运算符号两边可以有空格,也可以没有。

【例 8 - 4】　Shell 位运算举例,设脚本名为 Script - 8 - 4,代码如下:

```
1. #! /bin/bash
2. let m=2
3. let n=4
4. echo "m=$m, n=$n"
5. echo "left shift, n<<m="$[ $n << $m ]        #位运算符两边有空格
6. echo "right shift, n>>m="$[ $n >> $m ]
7. echo "and, n&m="$[ $n& $m ]                  #位运算符两边无空格
8. echo "or, n|m="$[ $n | $m ]
9. echo "not, ~n="$[ ~ $n ]
```

脚本 Script - 8 - 4 的执行结果如下:

```
m=2, n=4
left shift, n<<m=16
right shift, n>>m=1
and, n&m=0
or, n|m=6
not, ~n=-5
```

Shell 除支持表 8 - 9 所示位运算符之外,还支持表 8 - 10 列出的复合位运算符。

表 8 - 10　复合位运算符

运算符	说　　明
<<=	将变量的值左移指定位数之后重新赋值给该变量
>>=	将变量的值右移指定位数之后重新赋值给该变量
&=	将变量的值与指定的数值按位与之后重新赋给该变量
|=	将变量的值与指定的数值按位或之后重新赋给该变量
ˆ=	将变量的值与指定的数值按位异或之后重新赋给该变量

注：表 8-8 和表 8-10 中的复合运算符针对的都是变量，因为只有变量才有赋值的操作。

8.3.5 条件测试

1. 条件测试的基本语法

在 Shell 脚本中，用户可以使用测试语句来测试指定的条件表达式的真或假。当指定的条件为真时，整个条件测试的返回值为 0；反之，如果指定的条件为假，则条件测试语句的返回值为非 0 值，通常为 1。

条件测试包括 test 命令和 [ ] 命令，下面将对这两种语法进行介绍。

在绝大部分的 Shell 中，test 都是作为一个内部命令出现的。当然，在某些 Shell 中，同时也提供了一个相同名称的外部命令。但是，在使用 test 命令进行条件测试的时候，如果没有指定绝对路径，则使用的都是内部命令。

条件测试的语法：test expression 或 [expression]。其中，参数 expression 表示需要进行测试的条件表达式，可以由字符串、整数、文件名以及各种运算符组成。在使用 [expression] 进行条件测试时，条件表达式与左右方括号之间都必须有一个空格。

2. 字符串测试

在任何程序设计语言中，字符串都是最常见的数据类型之一。通常情况下，对于字符串的操作主要包括判断字符串变量是否为空，以及两个字符串是否相等。在 Shell 中，用户可以通过 5 种运算符来对字符串进行条件测试操作，如表 8-11 所示。

表 8-11　字符串条件运算符

运算符	说　　明
string	判断指定的字符串是否非空
string1 ＝ string2	判断两个字符串 string1 和 string2 是否相等，"＝"两边有空格
string1 ! ＝ string2	判断两个字符串 string1 和 string2 是否不相等，"! ＝"两边有空格
- n string	判断 string 是否是非空串，即字符串长度是否不等于 0
- z string	判断 string 是否是空串，即字符串长度是否等于 0

对于上表中的第一种运算符，也就是单独指定一个字符串的形式，只能使用 test 命令来测试是否为空串，而不能使用方括号的方式来调试。对于其他 4 种运算符，都可以使用 test 命令或者 [ ] 来进行测试。另外，在进行字符串比较的时候，用引号将字符串界定起来是一个非常好的习惯，即使参与测试的字符串为空串。

【例 8-5】Shell 字符串测试举例，设脚本名为 Script-8-5，代码如下：

```
1   #!/bin/bash
2   str1="abc" str2="cba"        #可以在同一行中定义两个变量
3   echo "str1=$str1,str2=$str2"
4   test $str1                   #测试变量 str1 是否非空
5   echo $?                      #显示上条测试命令的结果，0 为真，1 为假
```

```
 6   test $ str1 ＝ $ str2           ♯测试字符串是否相等，等号两边有空格
 7   echo $ ?
 8   test $ str1 ＝ "abc"            ♯测试变量 str1 是否等于 abc
 9   echo $ ?
10   [ - z $ str1 ]                 ♯测试变量 str1 是否为空串
11   echo $ ?
12   [ - n $ str1 ]                 ♯测试变量 str1 是否为非空串
13   echo $ ?
14   ♯end
```

上面脚本程序中，$?称为自动变量，它的值是上一个 Shell 命令执行后的返回值。脚本执行后，输出的测试结果(第 5、7、9、11 和 13 行的"echo $?")依次为 0、1、0、1、0。这说明 5 次测试的结果依次为真、假、真、假、真。

3. 整数测试

在程序设计中，两个整数值的比较是经常遇到的情况，也是算术运算中比较简单的运算。例如，当某个 Shell 程序执行结束后，会返回一个整数值，用户可以根据这个返回值是否大于 0 来判断程序是否执行成功。

整数测试的语法：test num1 op num2 或者[num1 op num2]。其中，num1 和 num2 分别表示参与比较的两个整数，可以是常量或者变量，op 表示条件运算符，常用整数条件运算符如表 8 - 12 所示。

表 8 - 12　常用整数条件运算符

op	说　明
num1 - eq num2	比较 num1 是否等于 num2，如果相等，测试结果为 0
num1 - ne num2	比较 num1 是否不等于 num2，如果不等，测试结果为 0
num1 - gt num2	比较 num1 是否大于 num2，如果大于，测试结果为 0
num1 - lt num2	比较 num1 是否小于 num2，如果小于，测试结果为 0
num1 - ge num2	比较 num1 是否大于等于 num2，如果大于等于，测试结果为 0
num1 - le num2	比较 num1 是否小于等于 num2，如果小于等于，测试结果为 0

【例 8 - 6】 Shell 整数测试举例，设脚本名为 Script - 8 - 6，代码如下：

```
 1   ♯! /bin/bash
 2   let v1＝2 v2＝4
 3   echo "v1＝$ v1, v2＝$ v2"
 4   test $ v1 - eq $ v2
 5   echo $ ?
 6   [ $ v1 - ne $ v2 ]
 7   echo $ ?
 8   test $ v1 - gt $ v2
 9   echo $ ?
10   [ $ v1 - lt $ v2 ]
```

```
11  echo $?
12  test $v1 - ge $v2
13  echo $?
14  [ $v1 - le $v2 ]
15  echo $?
16  #end
```

Script - 8 - 6 中，使用了 test 和[ ]两种整数测试方法，读者需要注意空格的使用。上面脚本程序执行后，输出的测试结果（第 5、7、9、11、13 和 15 行的"echo $?"）依次为 1、0、1、0、1、0。这说明 6 次测试的结果依次为假、真、假、真、假、真。

对于初学者来说，经常犯的一个错误就是整数条件运算符使用不当。在进行整数比较的时候，一定要用表 8 - 12 列出的整数条件运算符。但是，由于受到其他程序设计语言的影响，初学者可能会使用字符串运算符中的"＝"和"！＝"来进行整数比较，下面的例子就说明了这种情况。

```
$ [ 12 = 13 ]        #使用＝运算符比较两个字符串
$ echo $?
1
$ [ 12 - eq 13 ]      #使用-eq 运算符比较 2 个整数
$ echo $?
1
```

在上面的例子中，尽管两次比较的结果都是 1，表示这两个值不相等，但是，这两次的比较过程却有本质的区别。其中，第 1 次比较是将 12 和 13 当作字符串来比较，第 2 次是当作整数进行比较。

4. 文件测试

在任何程序设计语言中，文件的操作都是必不可少的一部分。同样，Shell 也提供了许多与文件有关的操作符。通过这些操作符，用户可以对文件的状态进行检测。如：判断文件是否存在以及文件是否可读写等。文件测试的语法格式：

```
test op file 或者 [ op file ]
```

在上面的语法中，op 表示文件条件测试运算符，file 为测试文件名。常用的文件条件测试运算符如表 8 - 13 所示。从表 8 - 13 可以看出，文件条件测试运算符的功能主要有 3 个方面，分别是检测文件是否存在、文件的类型、文件的访问权限。

表 8 - 13　常用的文件条件测试运算符

操作符	说　　明
- b file	文件存在且为块文件，则结果为真、返回 0
- c file	文件存在且为字符文件，则结果为真、返回 0
- d file	文件存在且为目录，则结果为真、返回 0
- e file	文件存在，则结果为真、返回 0
- s file	文件的长度大于 0 或者文件为非空文件，则结果为真、返回 0

续表

操作符	说　　明
− f file	文件存在且为常规文件，则结果为真、返回 0
− w file	文件存在且可写，则结果为真、返回 0
− L file	文件存在且为符号链接文件，则结果为真、返回 0
− u file	文件存在且设置了 suid 位，则结果为真、返回 0
− r file	文件存在且可读，则结果为真、返回 0
− x file	文件存在且可执行，则结果为真、返回 0

下面的代码演示了文件条件测试运算符的用法。

```
$ test  − e e6.sh          ♯当前目录下是否存在 e6.sh 文件
$ [ − r e1.sh ]            ♯当前目录下是否存在 e1.sh 文件且可读
```

5. 逻辑测试

在 Shell 编程中，经常遇到同时判断多个条件是否成立或部分成立的情况，此时，就可以利用 Shell 的逻辑运算符将多个不同的条件组合起来，从而构成一个复杂的条件表达式。常用的逻辑测试运算符如表 8 − 14 所示。

表 8 − 14　常用的逻辑测试运算符

操作符	说　　明
! expr1	逻辑非。条件表达式 expr1 的值为假，则该操作符的运算结果为真
expr1 − a expr2	逻辑与。条件表达式 expr1 和 expr2 的值都是真时，整个表达式的值才为真
expr1 − o expr2	逻辑或。条件表达式 expr1 或者 expr2 的值有一个是真时，整个表达式的值就为真

下面的代码演示了逻辑测试运算符的用法：

```
$ test "$x" − gt 20 − a "$x" − lt 30    ♯判断 20＜x＜30 是否成立
$ [ − e exam-1 − a − w exam-1]          ♯判断文件 exam-1 是否存在且可写
```

8.4　Shell 编程的控制语句

8.4.1　条件判断结构

1. if 的基本结构

条件判断语句使用 if 结构来实现，其基本结构的语法格式如下：

```
if expression
then
        statement
        …
fi
```

在上面的语法中，expression 通常代表测试某个条件，但也可以是 Shell 命令。因为在 Shell 中，每个命令都会有一个退出状态码，如果某个命令正常退出了，则退出状态码为 0；如果执行错误，则其退出状态码通常为非 0。这种规定与其他程序设计语言有所不同，因为在绝大部分的程序设计语言里面，0 通常表示假，而非 0 则表示真。所以，在进行 Shell 程序设计时一定要注意这点。

在 if 语句中，只有当 expression 的值为真时，才执行 then 子句后面的多条语句。Shell 没有提供大括号来表示代码块，它用 fi 关键字来表示 if 结构的结束。

【例 8-7】 通过 if 结构判断文件是否创建成功，代码如下：

```
#！/bin/bash
echo "hello world" > message.log          # 创建新文件
if [ - f message.log ]                     # 测试文件创建成功否
then
    echo "message.log has been successfully created."
fi
# end
```

2. if 的复杂结构

实际应用中的 if 一般包括 else 甚至多个 elif，构成了一个多条件判断的结构，这种 if 的复杂结构的语法格式如下：

```
if expression1
then
    statement
    ...
elif expression2
then
    statement
    ...
elif expressionN
then
    statement
    ...

else
    statement
    ...
fi
```

在上面的语法中，expression1 表示 if 语句的执行条件，expression2 是第 1 个 elif 的执行条件，expressionN 是第 N-1 个 elif 的执行条件，当所有表达式的执行条件都不满足时，执行最后的 else 包括的语句，最后通过 fi 关键字结束整个 if 代码块。

【例 8-8】 通过 if-elif-else 结构，将学生的百分制成绩转换成优秀(≥85)、通过(60~85 之间)、未通过(<60)，代码如下：

```
#!/bin/bash
echo "Please enter a score:"        #输出提示信息
read score                          #读取用户输入数据
if [ - z " $ score" ]               #如果用户没有输入数据，提示错误
then
echo "You enter nothing. Error!"
elif [ " $ score"  - lt 0  - o " $ score"  - gt  100 ]    #如果分数不在 0～100 之间，提示错误
then
echo "You enter wrong data. Error!"
elif [ " $ score"  - ge 85 ]        #如果分数≥85 分，提示优秀
then
echo "Congratulation. The grade is excellent!"
elif [ " $ score"  - ge 60 ]        #如果分数在 60～85 之间，提示通过
then
echo "You passed in this test."
else                                #如果分数小于 60 分，提示未通过
echo "Sorry, you failed in this test."
fi
```

8.4.2　多条件判断结构

Shell 脚本里面，用 case 实现多条件判断，其语法格式如下：

```
case variable in
value1)
    statement - body - 1
    ;;
value2)
    statement - body - 2
    ;;
...
valueN)
    statement - body - N
    ;;
* )
    statement - body - N+1
    ;;
esac
```

在上面的语法中，variable 是一个变量，case 语句会将该变量的值与 value1～valueN 中的每一个值相比较，如果与某个 value 的值相等，则执行该 value 所对应的一组语句。当遇到";;"符号时，跳出 case 语句，执行 esac 语句后面的语句。

对于上面的 case 语句，用户应该注意以下几点：

（1）对于变量名 variable，可以使用双引号，也可以不使用。

（2）每个 case 子句中的条件测试部分，都以右括号"）"结束。

（3）每个 case 子句都以一对分号"；；"作为结束符。在脚本执行的过程中，当遇到一对分号时，会跳出当前 case 子句后面的所有的 case 子句，包括 * 所对应的子句，执行 esac 子句后面的其他语句。

case 语句结构以 esac 结尾。与 if 语句以 fi 结尾是一样的，这是 Shell 的风格，用倒序的字母单词和正序的单词配对。

【例 8 - 9】　通过 case 结构，判断用户输入的 4 种字符类型，代码如下：

```bash
#!/bin/bash
echo "Hit a key, then hit the enter key."      #提示输出信息
read keypress                                  #读取用户按下的键
case "$keypress" in            #case 语句开始
    [[:lower:]])               #小写字母，涉及了正则表达式的内容
        echo "Lowercase letter.";;
    [[:upper:]])               #大写字母
        echo "Uppercase letter.";;
    [0-9])                     #单个数字
        echo "Digit.";;
    *)                         #*代表缺省条件，这里代表其他字符
        echo "other letter.";;
esac
```

8.4.3　循环结构

本节主要涉及 for、until、while 等循环结构，以及在循环中常用的 break 和 continue 命令。

1. for 循环结构

在 Shell 中，for 循环结构的基本语法如下：

```
for variable in {list}
do
    statement
    ...
done
```

在上面的语法中，variable 称为循环变量，list 是一个列表，可以是一系列的数字或者字符串，元素之间使用空格隔开。do 和 done 之间的所有语句称为循环体，即循环结构中重复执行的语句。for 循环体的执行次数与 list 中元素的个数有关。

在执行 for 语句时，Shell 会将 in 关键字后面的 list 列表中的第 1 个元素的值赋给变量 variable，然后执行循环体。当循环体中的语句执行完毕后，Shell 会将列表中的第 2 个元素的值赋给变量 variable，然后再次执行循环体。当 list 列表中的所有的元素都被访问后，for 循环结构终止，程序将继续执行 done 语句后面的其他语句。

for 循环的示例脚本如下：

```
#!/bin/bash
let n=1
for var in 1 a2 b3      #for 循环开始
do
  echo "The ${n}th element in list is $var."    #依次输出列表中的数字
  let n=n+1
done
```

该程序的执行结果如下：

```
The 1th element in list is 1.
The 2th element in list is a2.
The 3th element in list is b3.
```

从上面的执行结果可以得知，通过 for 循环，可以方便地对列表中的各个元素进行处理，列表中的元素既可以是数值，也可以是字符串。

在上面的例子中，for 语句的步长（即循环变量每次增加的值）都是 1。实际上，Shell 允许用户指定 for 语句的步长。当用户需要指定步长时，其基本语法如下：

```
for variable in {start..end..step}
do
    statement
    ...
done
```

在上面的语句中，循环列表用大括号包括起来，其中，start 表示起始的数值，end 表示终止的数值，step 表示步长，中间是两个点。

步长不为 1 的 for 循环的示例脚本如下：

```
#!/bin/bash
let sum=0                  #保存和
for var in {1..100..2}     #for 循环开始，计算 1+3+...+99 的和
do
    let sum=$sum+$var      #累加求和
done
echo "The sum is $sum."    #输出结果
```

此外，for 循环的列表也可以来源于脚本的命令行（一般通过自动变量"$*"实现），或者某个命令的输出。下面脚本输出了当前目录下所有的 *.sh 文件的全路径。

```
#!/bin/bash
for var in $(ls *.sh)          #循环列表通过 ls 命令提供
do
    echo $(pwd)/$var           #输出当前路径及变量值
done
```

这个脚本在笔者的电脑上执行后，输出结果如下：

```
/home/hll/e1.sh
/home/hll/e2.sh
...
```

在学习完 for 循环语句之后介绍一个具体的应用，即通过 for 循环语句来处理数组。针对数组，Shell 专门提供了一种特殊语法的 for 循环语句，其基本语法如下：

```
for variable in ${array[*]}
do
    statement
    ...
done
```

其中，变量 variable 是循环变量，in 关键字后面的部分表示要遍历的数组，其中 array 表示数组的名称。在遍历数组的过程中，for 循环语句会将每个数组元素的值赋给循环变量 variable。因此，用户可以在循环体中对每个数组元素进行相应的操作。

【例 8 - 10】 采用 for 循环结构，找出数组的元素个数及最小值。

```
#！/bin/bash
array=(1 -4 7 -8 20 34)        #Shell 中，用()来定义数组
let n=0
for var in ${array[*]}         #对数组中的每个元素
do
  if [ $n -eq 0 ]              #初始值设为数组的第一个值
  then
     let min=$var
  else
    if [ $var -lt $min ]       #如果比已知的最小值还小，保存新的最小值
    then
        min=$var
    fi
  fi
  let n=n+1                    #处理序号
done
echo "The min value in the array is $min."
echo "The number of elements in the array is $n."
```

上面脚本的执行结果如下：

```
The min value in the array is -8.
The number of elements in the array is 6.
```

2. while 循环结构

while 循环结构的语法格式如下：

```
while expression
do
    statement
    ...
done
```

在上面的语法中，expression 表示 while 循环体执行时需要满足的条件，do 和 done 这

两个关键字之间的语句构成了循环体。当执行 while 循环结构时，会首先计算 expression
表达式的值，如果表达式的值为 0，则执行循环体中的语句；否则退出 while 循环，执行
done 关键字后面的语句。当循环体中的语句执行完成之后，会重新计算 expression 的值，
如果仍然是 0，则继续执行下一次的循环，直至 expression 的值为非 0。

【例 8-11】　采用 while 循环结构，实现猜数字的游戏。该脚本根据用户输入的数字与
正确数字的大小关系给出提示，直到用户输入正确的数字，此时输出正确的数字和输入数
字的次数。

```
#! /bin/bash
let correct＝75 n＝1
echo "Please enter a number between 1 and 100."          #提示用户输入数字
read var                                                  #读取用户输入的数字
while [ $var －ne $correct ]                               #while 循环开始
do
    if [ $var －lt $correct ]                              #提示用户输入数字太小
    then
        echo "Too small. Try again."
        read var
    else [ $var －gt $correct ]                            #提示用户输入数字太大
        echo "Too big. Try again."
        read var
    fi
    let n＝n＋1
done
echo "Congratulation! You input the correct number $correct in $n times."
```

3. until 循环结构

until 循环的功能是不断地重复执行循环体中的语句，直至某个条件成立。

until 循环的语法格式如下：

```
until expression
do
    statement
    …
done
```

在上面的语法中，expression 是一个条件表达式。当该表达式的值不为 0 时，将执行
do 和 done 之间的语句；当 expression 的值为 0 时，将退出 until 循环结构，继续执行 done
语句后面的其他语句。实质上，until 循环结构和 while 循环结构的差别就在于一个是条件
为假时执行循环体，一个是条件为真时执行循环体。因此，这两个循环结构可以互相转换。
如例 8-11 中，只需要将第 5 行代码改成"until [$var-eq $correct]"，就可以实现相同
的功能。

4. 利用 break 和 continue 控制循环

在 Shell 的循环结构中，break 语句与 continue 语句的作用与 C 语言中的 break 与

continue 的作用完全一样。具体来说，break 用来跳出当前循环，即结束本层循环体；continue 用来结束本次循环，因而它的作用不是退出循环体，而是跳过当前循环体中该语句后面的语句，重新从循环语句开始的位置执行。此外，在默认情况下，break 语句仅仅退出一层循环，如果用户想要退出多层循环，可以在 break 语句的后面增加一个数字作为参数，用来指定要退出的循环的层数。

下面两个脚本清晰地展示了 break 和 continue 的功能：

```
#! /bin/bash          #! /bin/bash
for x in 1 2 3 4      for x in 1 2 3 4
do                    do
    echo "hello"          echo "hello"
    continue              break
    echo "shell"          echo "shell"
done                  done
```

左边脚本执行后，循环会执行 4 次，每次输出"hello"，共 4 个"hello"；右边脚本执行后，循环只会执行 1 次，也只输出一次"hello"。

习　题

1. 在 Linux 系统中，Shell 的主要功能是什么？

2. 采用"树"这种数据结构实现目录结构有什么特点？

3. Linux 文件系统主要支持的文件类型有哪些？何谓可执行文件？

4. "403532 - rw - r - r - 1 yyb yyb 188 2019 - 11 - 04 22:34 e5.sh"各字段的含义是什么？可以由哪个命令得到？

5. 在 Linux 系统中，更改文件名的命令是什么？

6. 在 Linux 系统中，root 用户的性质是什么？使用 root 用户有哪些注意事项？

7. 组合命令实现的方式有哪些？请举例说明。

8. 执行 Shell 脚本的方式有哪些？请举例说明。

9. 猜数字游戏。编写一个脚本生成一个 100 以内的随机数，提示用户猜数字，根据用户的输入，提示用户给出的答案是正确、小了还是大了，直至用户猜对，脚本结束。

10. 自动排序。编写一个脚本，完成以下功能：依次提示用户输入 3 个整数，并根据数字大小自动依次排序输出这 3 个数字。

11. 9×9 乘法表。编写一个脚本，打印出 9×9 乘法表。

12. 编写批量修改扩展名脚本，如：批量将 *.txt 文件修改为 *.sh 文件。

13. 闰年判断。编写一个脚本，提示输入一个 4 位数，检查输入合法性，对合法的 4 位数判断该年是否为闰年，并输出判决结果。

14. 四则整型运算。编写一个脚本，提示输入两个数和运算符，并输出相应结果。

15. 字符串处理。编写一个脚本，提示输入一串字符，然后将所有小写字母替换成大写字母，并输出结果。

16. 综合设计题。某系统管理员每天需做一定的重复工作，请按照下列要求，编制一个解决方案：

(1) 在下午 5:50 删除/123 目录下的全部子目录和全部文件。

(2) 从早 9:00 到下午 5:00 每小时读取/456 目录下 x1 文件中每行第一个域的全部数据，并加入/bak 目录下的 bak01.txt 文件内。

(3) 每逢星期一下午 4:50 将/data 目录下的所有目录和文件归档并压缩为文件 backup.tar.gz。

(4) 在下午 4:55 将 IDE 接口的 CD－ROM 卸载(假设设备名为 hdc)。

(5) 在早晨 8:30 前开机启动。

第 9 章　Linux 下程序设计工具

在 Linux 下进行 C 程序设计，涉及代码编写、编译、调试以及项目管理，对应的工具依次为编辑器、编译器、调试器和项目管理器。本章以 Linux 下的 Vi 编辑器、GCC 编译器、GDB 调试器和 Make 项目管理器为例，介绍 Linux 下 C 程序设计需要使用的工具。本章需要重点掌握下面 3 个方面的内容：

　　◇　Linux 下源程序的 GCC 编译方法
　　◇　Linux 下程序调试工具 GDB 的使用方法
　　◇　Make 工具的 Makefile 脚本设计方法

9.1　Vi 编辑器

编辑器在程序开发中所起的作用是完成源程序录入和编辑，并以文本的形式进行存储。Linux 下的编辑器可以分为图形界面编辑器和文本界面编辑器。图形界面编辑器的代表是 gedit，它类似于 Windows 下的写字板程序，支持鼠标的点击操作和菜单，使用比较方便。文本界面编辑器的代表是 Vi，它没有采用图形界面，因而运行效率很高，缺点在于需要记住众多的命令。目前，Vi 是 Linux 系统中最常用的编辑器，特别是在系统管理、服务器管理等字符界面操作中，具有图形编辑器无法比拟的优势。本节重点介绍 Vi 编辑器的用法。

9.1.1　Vi 概述

1. 工作模式

Vi 拥有 3 种工作模式：命令行模式、插入模式与底行模式。

命令行模式也叫作"普通模式"，它是启动 Vi 编辑器后的初始模式。在该模式下主要是使用隐式命令（命令不显示）来实现光标的移动、复制、粘贴、删除等操作。在该模式下，编辑器并不接受用户从键盘输入的任何字符作为文档的编辑内容。

在插入模式下，用户输入的任何字符都被认为是编辑到文件中的内容，并直接显示在 Vi 的文本编辑区。

在底行模式下，用户输入的任何字符都会在 Vi 的最下面一行显示，按"Enter"键后便会执行该命令（当然前提是输入的命令正确）。

Vi 的这三种工作模式切换方法如图 9-1 所示。

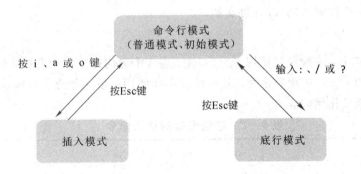

图 9-1　Vi 3 种工作模式间的切换方法

2. Vi 的启动与退出

在 Linux 终端命令提示符下输入 vi(或 vi 文件名)，即可启动 vi 编辑器。如：

```
# vi filename
```

按"Enter"键执行该命令，系统便会自动打开名为"filename"的文件的编辑界面。如果该文件在当前目录下不存在，则系统首先创建该文件，再使用 Vi 进行编辑。其初始界面如图 9-2 所示。

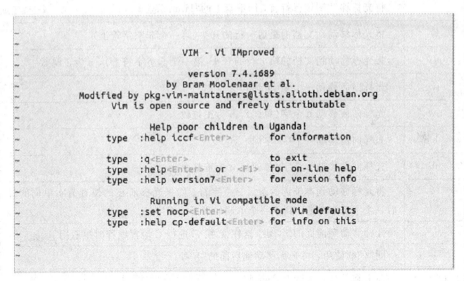

图 9-2　Vi 初始界面

注：本章示例中，所采用的 Linux 版本是 Ubuntu 16.04，其内部自带的 Vi 实际是 Vim；Vim 完全兼容 Vi，是 Vi 的增强版。

要退出 Vi，必须先按"Esc"键回到命令行模式，然后输入"："，此时光标会停留在最下面一行(底行模式)，再输入"q"，最后按"Enter"键即可退出。

9.1.2　Vi 的命令行模式

命令行模式是进入 Vi 后的初始模式，在该模式下主要使用方向键来移动光标的位置，并通过相应的命令来进行文字的编辑。在插入模式、底行模式下按"Esc"键，或是在底行模式下执行错误的命令，Vi 都会自动回到命令行模式。本节简要介绍命令行模式中常用的操作命令，更多用法请读者查阅 Vi 帮助文档。

1. 移动光标

在命令行模式下，一般通过使用上、下、左、右 4 个方向键来移动光标的位置。但是在有些情况下，例如 telnet 远程登录时，方向键就不能使用，必须用命令行模式下的光标移动命令。这些命令及作用如表 9-1 所示。

表 9-1　移动光标的常用命令

命　令	操 作 说 明
h	向左移动光标
l	向右移动光标
j	向下移动光标
k	向上移动光标
^	将光标移动到该行开头（第一个非空字符上）
$	将光标移动到该行行尾，同键盘上的"End"键
0	将光标移动到该行行首，同键盘上的"Home"键
G	将光标移动到文档的最后一行的开头（第一个非空字符上）
nG	将光标移动到文档的第 n 行的开头（第一个非空字符上），n 为正整数
w	光标向后移动一个字（单词）
nw	光标向后移动 n 个字（单词），n 为正整数
b	光标向前移动一个字（单词）
nb	光标向前移动 n 个字（单词），n 为正整数
e	将光标移动到本单词的最后一个字符。如果光标所在的位置为本单词的最后一个字符，则跳动到下一个单词的最后一个字符
{	光标移动到前面的"{"处。这在使用 Vi 进行 C 语言编程时很适用
}	同"{"的使用，将光标移动到后面的"}"处
ctrl+b	向上翻一页，相当于 Page Up
ctrl+f	向下翻一页，相当于 Page Down
ctrl+u	向上移动半页
ctrl+d	向下移动半页
ctrl+y	向上翻一行
ctrl+e	向下翻一行

2. 复制、粘贴

复制、粘贴是文档编辑时的常用操作之一，可以大大节约用户重复输入的时间。Vi 的命令行模式下常用的复制、粘贴命令如表 9-2 所示。

表 9 - 2　复制、粘贴的常用命令

命　令	操　作　说　明
yy	复制光标所在行的整行内容
yw	复制光标所在单词的内容
nyy	复制从光标所在行开始向下 n 行的内容，n 为正整数，表示复制的行数
nyw	复制从光标所在字开始向后 n 个字的内容，n 为正整数，表示复制的字数
p	将复制的内容粘贴在光标所在的位置

3. 删除

Vi 编辑器中的删除操作可以是一次删除一个字符，也可以是一次删除多个字符或者整行字符。Vi 命令行模式常用的删除命令如表 9 - 3 所示。

表 9 - 3　删除文本的常用命令

命　令	操　作　说　明
x	删除光标所在位置的字符，同键盘上的"Delete"键
X	删除光标所在位置的前一个字符
nx	删除光标所在位置及其后的 n−1 个字符，n 为正整数
nX	删除光标所在位置及其前的 n−1 个字符，n 为正整数
dw	删除光标所在位置的单词
ndw	删除光标所在位置及其后的 n−1 个单词，n 为正整数
d0	删除当前光标所在位置前的所有字符
d $	删除当前光标所在位置后的所有字符
dd	删除光标所在行
ndd	删除光标所在行及其向下 n−1 行，n 为正整数
nd＋上方向键	删除光标所在行及其向上 n 行，n 为正整数
nd＋下方向键	删除光标所在行及其向下 n 行，n 为正整数

4. 其他命令

命令行模式下的其他常用命令包括字符替换、撤销操作、符号匹配等，这些也是在使用 Vi 时经常遇到的命令，其操作说明如表 9 - 4 所示。

表 9 - 4　其他常用命令

命　令	操　作　说　明
r	替换光标所在位置的字符，例如 rx 是指将光标所在位置的字符替换为 x
R	替换光标所到之处的字符，直到按"Esc"键为止
u	表示复原功能，即撤销上一次的操作
U	取消对当前所做的所有改变
.	重复上一次的命令
ZZ	保存文档后退出 Vi 编辑器
%	()[]{}匹配功能，当光标移至某个括号处，在命令行模式输入"%"，系统会自动匹配相应的另一半括号

9.1.3　Vi 的插入模式

插入模式是 Vi 编辑器最简单的模式，因为在此模式下没有那些繁琐的命令，用户从键盘输入的任何有效字符都被看作写进当前正在编辑的文件中的内容，并显示在 Vi 的文本编辑区。

也就是说，只有在插入模式下才可以进行文字的输入操作。表 9-5 为从命令行模式切换至插入模式的几个常用命令。在插入模式下时，可以按"Esc"键回到命令行模式。

表 9-5　命令行模式切换至插入模式的命令

命　令	操　作　说　明
i	从光标所在的位置开始插入新的字符
I	从光标所在行的行首开始插入新的字符
a	从光标所在的位置下一个字符开始插入新的输入字符
A	从光标所在行的行尾开始插入新的字符
o	新增加一行，并将光标移动到下一行的开头开始插入字符
O	在当前行的上面新增加一行，并将光标移动到上一行的开头开始插入字符

9.1.4　Vi 的底行模式

Vi 的底行模式也叫"最后行模式"，是指可以在界面最底部的一行输入控制操作命令，主要用来进行一些文字编辑的辅助操作，比如字串搜寻、替代、保存文件以及退出 Vi 等。不同于命令行模式，底行模式下输入的命令都会在最底部的一行中显示，按"Enter"键 Vi 便会执行底行的命令。

在命令行模式下输入"："，或者是使用"?"和"/"键就可以进入底行模式。底行模式的常用命令如表 9-6 所示。

表 9-6　底行模式下的常用命令

命　令	操　作　说　明
q	退出 Vi 程序，如果文件修改过，则必须先保存文件
q!	强制退出 Vi 文件而不保存文件
x	(exit)保存文件并退出 Vi
x!	强制保存文件并退出 Vi
w	(write)保存文件，但不退出 Vi
w!	对于只读文件，强制保存修改的内容，但不退出 Vi
wq	保存文件并退出 Vi，同 x
E	在 Vi 中创建新的文件，并可为文件命名
N	在 Vi 窗口中打开新的文件
w filename	另存为 filename 文件，不退出 Vi

命　令	操　作　说　明
w! filename	强制另存为 filename 文件,不退出 Vi
r filename	(read)读入 filename 指定的文件内容插入到光标位置
set nu	在 Vi 的每行开头出显示符号
s/pattern1/s/pattern2/g	将光标当前行的字符串 pattern1 替换为 pattern2
%s/pattern1/pattern2/g	将所有行的字符串 pattern1 替换为 pattern2
/	查找匹配字符串功能。在底行模式下输入"/字符串",系统便会自动查找字符串并跳到找到的第一个字符串。如果想继续找下去,可以按"F"键或"N"键
?	也可以使用"? 字符串"查找特定字符串,它的使用与"/字符串"相似,但它是向前查找字符串

9.1.5　Vi 使用实例

讲到这里,读者可能已经被 Vi 编辑器的多个工作模式,以及不同模式下复杂繁琐的命令弄得晕头转向,下面以编辑如下源代码(vi_test.c,用于判断用户输入两个数的大小)为例,向读者演示 Vi 编辑器的使用。

```
/ * vi_test.c * /
#include <stdio.h>
int max(int a, int b);
main()
{
    int a,b;
    printf("Enter a b:");
    scanf("%d %d",&a,&b);
    printf("max = %d\n",max(a,b));
}
int max(int a, int b)
{
    int p;
    p = a>b? a:b;
    return(p);
}
```

其具体操作步骤如下:

(1) 在 Linux 命令行下输入"vi"命令,启动 Vi 编辑器。

(2) 按"i"键,进入 Vi 的插入模式,输入上述源代码。

(3) 按"Esc"键,回到 Vi 的命令行模式。

(4) 输入":",进入 Vi 的底行模式,然后在底行输入命令"w vi_test.c",将当前的编辑内容保存为 vi_test.c 文件，但不退出 Vi。

（5）再次输入"："，然后在底行输入命令"set nu"，使程序代码显示行号，如下所示。

```
1  # include <stdio.h>
2  int max(int a, int b);
3  main()
4  {
5      int a,b;
6      printf("Enter a b:");
7      scanf("%d %d",&a,&b);
8      printf("max = %d\n",max(a,b));
9  }
10 int max(int a, int b)
11 {
12     int p;
13     p = a>b? a:b;
14     return(p);
15 }
```

（6）按"Esc"键，回到 Vi 的命令行模式。将光标移至第 5 行，键入"4yy"复制第 5～8 行的内容；然后将光标移至第 8 行行首，键入"p"将复制的内容粘贴在此，如下所示。

```
1  # include <stdio.h>
2  int max(int a, int b);
3  main()
4  {
5      int a,b;
6      printf("Enter a b:");
7      scanf("%d %d",&a,&b);
8      printf("max = %d\n",max(a,b));
9      int a,b;
10     printf("Enter a b:");
11     scanf("%d %d",&a,&b);
12     printf("max = %d\n",max(a,b));
13 }
14 int max(int a, int b)
15 {
16     int p;
17     p = a>b? a:b;
18     return(p);
19 }
```

（7）此时光标在第 9 行行首，直接键入"dd"删除光标所在行（即第 9 行的内容），如下所示。

```
 1 # include <stdio.h>
 2 int max(int a, int b);
 3 main()
 4 {
 5     int a,b;
 6     printf("Enter a b:");
 7     scanf("%d %d",&a,&b);
 8     printf("max = %d\n",max(a,b));
 9     printf("Enter a b:");
10     scanf("%d %d",&a,&b);
11     printf("max = %d\n",max(a,b));
12 }
13 int max(int a, int b)
14 {
15     int p;
16     p = a>b? a:b;
17     return(p);
18 }
```

（8）键入"："，进入 Vi 的底行模式，然后在底行输入"％s/i/n"，将文件中各行的第一个"i"字符替换成"n"，键入"Enter"运行该命令，结果如下所示。（此处命令行最后不带 g，只替换了每行的第一个"i"字符为"n"，读者不妨试试执行"％s/i/n/g"命令后会得到什么结果）

```
 1 # nnclude <stdio.h>
 2 nnt max(int a, int b);
 3 mann()
 4 {
 5     nnt a,b;
 6     prnntf("Enter a b:");
 7     scanf("%d %d",&a,&b);
 8     prnntf("max = %d\n",max(a,b));
 9     prnntf("Enter a b:");
10     scanf("%d %d",&a,&b);
11     prnntf("max = %d\n",max(a,b));
12 }
13 nnt max(int a, int b)
14 {
15     nnt p;
16     p = a>b? a:b;
17     return(p);
18 }
```

（9）按"Esc"键，回到 Vi 的命令行模式，键入"u"撤销上一次的操作。

（10）键入"："，进入 Vi 的底行模式，然后在底行输入命令"wq"，保存当前的修改，并退出 Vi。

9.2　GCC 编译器

当源程序开发完成后，要想把源程序转换成可执行程序，还需要进行编译和链接两个步骤。编译是指将一种语言(通常为高级语言，如 C 源程序)写的程序转换成另一种语言(通常为低级语言，如机器码)写的程序。链接是指将一个或多个目标文件外加库文件链接为一个可执行程序。在 Linux 下，编译和链接都由 GCC 工具完成，通常也简称为 GCC 编译器。

9.2.1　GCC 概述

GCC 全称是 GNU C Compiler，它是 GNU 组织推出的符合 ANSI C 标准的功能强大、性能优越的多平台编译器。GNU 是"GNU is Not Unix"的递归缩写，现在演进为一个提供自由软件的组织或项目。经过几十年的发展，GCC 已经成为 Linux 下最重要的免费软件开发工具，它不仅支持 C 语言，还支持 C++语言、Java 语言、Objective 语言、Ada 语言、Pascal 语言、COBOL 语言等。因此，GCC 也被称为 GNU 编译器集合。

此外，GCC 还是一个交叉平台编译器，它能够在当前 CPU 平台上为其他体系结构的 CPU 平台开发软件，因此尤其适合嵌入式领域的程序编译。所谓交叉编译就是在一个 CPU 平台上编译另一个 CPU 平台的程序，这两个 CPU 平台的指令体系结构不一样。GCC 目前支持所有主流 CPU 平台，可以完成从 C、C++、Java 等源文件向运行在特定 CPU 硬件平台上的目标代码的转换。

GCC 编译器所能支持的部分源程序的格式如表 9-7 所示。

表 9-7　GCC 支持的部分源程序后缀名

后缀名	所对应语言	后缀名	所对应语言
.c	C 语言源程序	.s/.S	汇编语言源程序
.C/.cc/.cxx	C++源程序	.h	预处理文件(头文件)
.m	Objective-C 源程序	.o	目标文件
.i	已经经过预处理的 C 程序	.a/.so	编译后的文件
.ii	已经经过预处理的 C++程序		

9.2.2　编译流程

如图 9-3 所示，GCC 编译流程分为预处理(Pre-Processing)、编译(Compiling)、汇编(Assembling)、链接(Linking)四个步骤。

下面以一个简单的"Hello，World"程序为例来说明 Linux 下采用 GCC 的编译过程(本章示例采用的 GCC 版本为 5.4.0-20160609)。

```
/* hello.c */
#include<stdio.h>
int main()
{
    printf("Hello! This is our embedded world! \n");
    return 0;
}
```

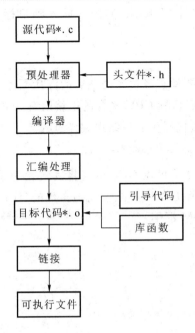

图 9 - 3　GCC 的 C 程序编译过程

1. 预处理阶段

预处理阶段主要完成 3 个功能：(1) 将源文件中以"♯include"格式包含的文件复制到编译的源文件中；(2) 用实际值替换用"♯define"定义的字符串；(3) 根据"♯if"后面的条件确定实际需要编译的源代码。对于示例代码，预处理阶段仅需将 stdio.h 复制到源文件。GCC 中，"- E"选项用来指示仅做预处理，预处理结束后停止编译过程。

```
[root@localhost gcc]♯ gcc - E hello.c - o hello.i
```

在上面命令中，选项"- o"用来指定输出的目标文件名称，"hello.i"为已经过预处理的 C 源程序。

以下列出了 hello.i 文件的部分内容：

```
typedef int ( * __gconv_trans_fct) (struct __gconv_step * ,
struct __gconv_step_data * , void * ,
__const unsigned char * ,
__const unsigned char * * ,
__const unsigned char * , unsigned char * * ,
size_t * );
```

```
...
# 2 "hello.c" 2
int main()
{
    printf("Hello! This is our embedded world! n");
    return 0;
}
```

由此可见，GCC 将头文件"stdio.h"的内容插入到目标文件 hello.i 文件中，实现预处理。

2. 编译阶段

在编译阶段，GCC 首先要检查经过预处理后的源代码的规范性（是否有语法错误等），检查无误后再把源代码翻译成目标 CPU 平台的汇编语言。GCC 中，"-S"选项用来指示仅做编译、生成汇编代码，汇编代码生成后结束编译过程。

```
[root@localhost gcc]# gcc -S hello.i -o hello.s
```

以下列出了 hello.s 的内容，可见 GCC 已经将其转化为 x86 汇编程序，感兴趣的读者可以分析一下这个简单 C 程序是如何用汇编代码实现的（注：这里编译产生的汇编语言为 x86 汇编，并非前文中的 ARM 汇编）。

```
.file "hello.c"
.section .rodata
.align 4
.LC0:
.string "Hello! This is our embedded world!"
.text
.globl main
.type main, @function
main:
push1 %ebp
movl %esp, %ebp
subl $8, %esp
andl $-16, %esp
movl $0, %eax
addl $15, %eax
addl $15, %eax
shrl $4, %eax
sall $4, %eax
subl %eax, %esp
subl $12, %esp
pushl $.LC0
call puts
addl $16, %esp
movl $0, %eax
```

```
        leave
        ret
        .size main, .- main
        .ident "GCC: (GNU) 4.0.0 20050519 (Red Hat 4.0.0 - 8)"
        .section .note.GNU - stack,"",@progbits
```

3. 汇编阶段

汇编阶段是把编译阶段生成的".s"文件转成目标文件。GCC 中，可以使用选项"- c"将汇编代码转化为以".o"结尾的二进制目标代码。注：hello.o 为二进制文件，不能用文本编辑器打开；如果用文本编辑器强制打开，显示为一堆乱码。

```
        [root@localhost GCC]# gcc  - c hello.s  - o hello.o
```

4. 链接阶段

上面生成的 hello.o 仍然不是一个可以在目标 CPU 平台上运行的程序。这是因为上面程序并没有定义"printf"函数的实现，而预编译中包含的"stdio.h"中也只有该函数的声明，无该函数的实现。那么，是在哪里实现"printf"函数的呢？这就是链接阶段的一个重要任务，这里也涉及一个重要的概念：函数库。

函数库分为静态库和动态库两种。静态库是指编译链接时，把库文件的代码全部加入可执行文件中，因此生成的文件比较大，但在运行时也就不再需要库文件，其后缀名一般为".a"。动态库与之相反，在链接时并没有把库文件的代码加入可执行文件中，因而生成的文件比较小，但在程序执行时需要动态加载库文件的代码，其后缀名一般为".so"。可见，静态库是"以空间换时间"，增加了程序体积，减少了运行时间；动态库则是"以时间换空间"，增加了运行时间，但减少了程序本身的体积。通常，GCC 在编译时默认使用动态库。

在 GCC 中，"printf"函数实现被放到名为"libc.so.6"的库文件中，它是一个动态库。在没有特别指定时，GCC 会到系统默认的搜索路径"/usr/lib"下进行查找，也就是链接到 libc.so.6 库函数中去，这样就能实现函数"printf"，而这也就是链接的作用。

实际源程序编译过程中，不需要分步运行上述命令来生成可执行文件，可以利用下面命令一步到位，生成可执行文件 hello。

```
        [root@localhost gcc]# gcc hello.c  - o hello
```

运行生成的可执行文件 hello，得到结果：

```
        [root@localhost gcc]# ./hello
        Hello! This is our embedded world!
```

9.2.3　GCC 编译选项

在上述的简单程序编译过程中，已经使用了"- E、- S、- c、- o"等选项。实际上，GCC 有超过 100 个选项，可以分为总体选项、告警和出错选项、优化选项和体系结构相关选项 4 类。

1. 总体选项

GCC 的总结选项如表 9-8 所示，很多在前面的示例中已经有所涉及。对于"- c""- E"

"-o""-S"选项在前一小节中已经讲解了其使用方法,在此主要讲解另外两个非常常用的库依赖选项"-I dir"和"-L dir"。

表 9 - 8　GCC 总体选项

选　项	含　义
-E	只进行预编译,不做其他处理
-c	只编译不链接,生成目标文件".o"
-S	只编译不汇编,生成汇编代码
-o file	指定输出文件名称为 file
-g	在可执行程序中包含标准调试信息
-v	打印出编译器内部编译各过程的命令行信息和编译器的版本
-I dir	在头文件的搜索路径列表中添加 dir 目录
-L dir	在库文件的搜索路径列表中添加 dir 目录
-static	链接静态库
-library	链接名为 library 的库文件

在 Linux 下进行程序设计时,完全不使用第三方库的情况是比较少见的。通常情况下,需要借助一个或多个函数库的支持才能够完成相应的功能,而函数库实际上就是一些头文件(.h)和库文件(.so 或.a)的集合。Linux 下头文件的默认路径是/usr/include/,库文件的默认路径是/usr/lib/。但在需要使用第三方库的情况下,由于默认路径下没有第三方的头文件或库文件,因此 GCC 在编译过程中,就需要使用"-I dir"选项在头文件的搜索路径列表中添加 dir 目录,用"-L dir"选项在库文件的搜索路径列表中添加 dir 目录。

比如下面代码中的"my.h"的头文件存放在"/root/workplace/gcc"目录下,在对该源代码进行编译时,如果不增加头文件的搜索路径,就会因为找不到头文件而编译出错。

```
/* hello1.c */
#include<my.h>
int main()
{
  printf("Hello! ! \n");
  return 0;
}
```

对于上面的代码,可以使用下面命令解决编译时"my.h"头文件报错问题。

```
[root@localhost gcc] gcc hello1.c -I /root/workplace/gcc/ -o hello1
```

同样,如果使用了不在标准位置的库文件,那么也必须使用选项"-L dir"在 GCC 的库文件的搜索路径列表中添加 dir 目录。例如有程序 hello2.c 需要用到目录"/root/workplace/gcc/lib"下的一个动态库 libsunq.so,则编译时需要键入如下命令:

```
[root@localhost gcc] gcc hello2.c -L /root/workplace/gcc/lib -lsunq -o hello2
```

注："-I dir"和"-L dir"都只是指定了路径,而没有指定文件,因此不能在路径中包含文件名;Linux 下的库文件命名时必须以 lib 三个字母开头,在具体指定链接的库文件名时约定俗成省去库文件名中的 ib 和后面的.so 字母。因此,在上面示例中,最终用-lsunq 来指示 GCC 链接的具体的库文件 libsunq.so。

2. 告警和出错选项

GCC 的告警和出错选项如表 9-9 所示。

表 9-9　GCC 告警和出错选项

选　项	含　义
- ansi	支持符合 ANSI 标准的 C 程序
- pedantic	允许发出 ANSI C 标准所列的全部警告信息
- pedantic - error	允许发出 ANSI C 标准所列的全部错误信息
- w	关闭所有告警
- Wall	允许发出 GCC 提供的所有有用的报警信息
- werror	把所有的告警信息转化为错误信息,并在告警发生时终止编译过程

下面结合实例对这几个告警和出错选项进行简单的讲解。如有以下源代码:

```
/ *  warning.c * /
# include<stdio.h>
void main()
{
    long long a=1;
    printf("This is a terrible code! \n");
    return 0;
}
```

这是一个很糟糕的程序,读者可以考虑一下有哪些问题。选项"- ansi"强制 GCC 生成标准语法所要求的告警信息,尽管这并不能保证没有警告的程序就符合 ANSI C 标准。运行结果如下:

```
[root@localhost gcc]# gcc  - ansi warning.c  - o warning
warning.c:在函数"main"中:
warning.c:7 警告: 在无返回值的函数中,"return"带返回值
warning.c:4 警告:"main"的返回类型不是"int"
```

可以看出,该选项并没有发现"long long"这个无效数据类型的错误。

选项"- pedantic"允许发出 ANSI C 标准所列的全部警告信息,同样也保证所有没有警告的程序都是符合 ANSI C 标准的。其运行结果如下所示:

```
[root@localhost gcc]# gcc  - pedantic warning.c  - o warning
    warning.c:在函数"main"中:
    warning.c:5 警告: ISO C90 不支持"long long"
```

```
warning.c:7 警告：在无返回值的函数中，"return"带返回值
warning.c:4 警告："main"的返回类型不是"int"
```

可以看出，使用该选项查看出了"long long"这个无效数据类型的错误。

选项"-Wall"允许发出 GCC 能够提供的所有有用的报警信息。该选项的运行结果如下所示：

```
[root@localhost gcc]# gcc -Wall warning.c -o warning
warning.c:4 警告："main"的返回类型不是"int"
warning.c:在函数"main"中：
warning.c:7 警告：在无返回值的函数中，"return"带返回值
warning.c:5 警告：未使用的变量"a"
```

使用"-Wall"选项找出了未使用的变量 a，但它并没有找出无效数据类型的错误。另外，GCC 还可以利用选项对单独的常见错误分别指定警告。有关具体选项的含义感兴趣的读者可以查看 GCC 手册进行学习。

选项"-Werror"要求 GCC 将所有的警告当成错误进行处理。该选项运行结果如下：

```
[root@localhost gcc]# gcc -Werror warning.c -o warning
warning.c:4 错误："main"的返回类型不是"int"
warning.c:在函数"main"中：
warning.c:7 错误：在无返回值的函数中，"return"带返回值
warning.c:5 错误：未使用的变量"a"
```

在使用"-Werror"选项后，由于警告变为了错误，程序将停止编译。这种特性在使用 Make 工具进行自动编译时非常有用。如果编译时带上-Werror 选项，那么 GCC 会在所有产生警告的地方停止编译，迫使程序员对自己的代码进行修改。只有当相应的警告信息消除时，才可能将编译过程继续朝前推进。

综上，对 Linux 程序员来讲，GCC 给出的警告信息是很有价值的，它能够帮助程序员写出更加健壮的程序。建议在用 GCC 编译源代码时始终带上-Wall 选项，这对培养好的编程习惯、找出常见的隐式编程错误是很有帮助的。

3. 优化选项

GCC 可以对代码进行优化，它通过编译选项"-On"来控制优化代码的生成，其中 n 是一个代表优化级别的整数。对于不同版本的 GCC 来讲，n 的取值范围及其对应的优化效果可能并不完全相同，比较典型的范围是从 0 变化到 2 或 3。

不同的优化级别对应不同的优化处理工作。优化选项"-O"主要进行线程跳转和延迟退栈。优化选项"-O2"除了完成所有"-O1"级别的优化之外，还要进行一些额外的调整工作，如处理器指令调度等。选项"-O3"则包括循环展开和其他一些与处理器特性相关的优化工作。

下面通过具体示例来感受一下 GCC 的代码优化功能。这个示例的运行环境为 Ubuntu 16.04，CPU 为 Intel Core i5-7300HQ，内存为 4 GB。此程序代码故意写得效率很低，有许多无用计算。采用不同的优化选项进行编译，然后统计可执行文件的运行时间，可以看到 GCC 的编译优化选项对程序运行效率还是有很大影响。

```
/ *  inefficient.c  * /
# include<stdio.h>
int main(void)
{
  unsigned long int counter;           / * 定义相关变量 * /
  unsigned long int result;
  unsigned long int temp;
  unsigned int five;
  int i;
/ * 判断条件在每一次 for 循环时都会进行一次计算 * /
  for (counter=0; counter < 2009 * 2009 * 100/4+2010; counter +=(10-6)/4)
  {
    temp=counter/1979;
    for(i=0; i < 20; i++)
    {
        five = 200 * 200/8000;
    }
    result = counter;
  }
  printf("Result is %ld\n", result);
  return 0;
}
```

首先不加任何优化选项进行编译,然后借助 Linux 提供的 time 命令,可以大致统计出该程序运行时所需要的时间。

```
[root@localhost gcc]# gcc  - Wall inefficient.c  - o inefficient
[root@localhost gcc]# time ./inefficient
Result is 100904034
real0   m2.947s
user    0m2.796s
sys     0m0.000s
```

上面结果中,real 代表实际使用时间;user 代表用户态使用时间;sys 代表内核态使用时间。通过执行 time 命令,可以看到该程序运行总共消耗了超过 2.9 s 的时间,其中大概有 2.79 s(user+sys)的时间用于 CPU 的运行。

现在使用- O1 选项来进行优化并测试其运行时间,其结果为:

```
[root@localhost gcc]# gcc  - Wall  - O1 inefficient.c  - o inefficient
[root@localhost gcc]# time ./inefficient
Result is 100904034
real      0m0.882s
user      0m0.764s
sys       0m0.000s
```

比较上述两次执行输出结果不难看出，程序的性能的确得到了很大幅度的改善，由原来的 2.9 s 变为了 0.88 s。

步骤同上，再用-O2 选项对程序进行优化，得到的运行结果为：

```
[root@localhost gcc]# gcc  - Wall  - O2 inefficient.c  - o inefficient
[root@localhost gcc]# time ./inefficient
Result is 100904034
real    0m0.001s
user    0m0.000s
sys     0m0.000s
```

明显看出在-O2 优化级别时，程序运行所消耗的时间与-O1 优化级别又有明显的改善。同理，一般而言，-O3 又会比-O2 的优化性能有所提高。

虽然优化选项可以加速代码的运行速度，但对于程序调试而言将是一个很大的挑战。因为代码在经过优化之后，原先在源程序中声明和使用的变量很可能不再使用，控制流也可能会突然跳转到意外的地方，循环语句也有可能因为循环展开而变得到处都有，所有这些对调试来讲都将是一场噩梦。建议在程序调试时不使用任何优化选项，只有当程序最终发布时才考虑对其进行优化。

4. 体系结构相关选项

GCC 的体系结构相关选项如表 9 - 10 所示。这些体系结构相关选项在嵌入式设计中会有较多的应用，读者需根据不同体系结构将对应的选项进行组合处理。

表 9 - 10　GCC 体系结构相关选项

选　项	含　义
- mcpu＝type	针对不同的 CPU 使用相应的 CPU 指令。可选择的 type 有 i386、i486、pentium 及 i686 等
- mieee - fp	使用 IEEE 标准进行浮点数的比较
- mno - ieee - fp	不使用 IEEE 标准进行浮点数的比较
- msoft - float	输出包含浮点库调用的目标代码
- mshort	把 int 类型作为 16 位处理，相当于 short int

9.3　GDB 调试器

调试器不是程序开发与执行的必备工具，但实际的程序开发不能一蹴而就，因而调试在实际的程序开发过程中都会碰到。因此，如何提高调试效率，更好更快地定位程序中的问题，从而加快程序开发的进度，也是程序开发过程中的一个难点。

9.3.1　GDB 简介

Linux 下 C 程序开发主要用到的调试工具是 GDB 调试器。GDB 全称是 GUN

Debugger，是一款由 GNU 开发并发布的自由软件，是 UNIX/Linux 下的功能强大的程序调试工具。虽然它没有图形化的友好界面，但是它强大的功能足以与微软的 VC 工具等媲美。一般来说，GDB 主要提供以下功能：

（1）设置断点（可以是条件表达式），使程序在指定的代码上暂停执行。

（2）单步执行程序，便于调试。

（3）查看程序中变量值的变化。

（4）动态改变程序执行环境。

（5）分析崩溃产生的 core 文件。

GDB 的使用非常简单，只要在 Linux 的命令提示符下输入 gdb，系统便会启动 GDB，并显示出 GDB 的相关信息。

```
[root@localhost Gdb]# gdb
GNU gdb (Ubuntu 7.11.1－0ubuntu1～16.5) 7.11.1
Copyright (C) 2016 Free Software Foundation，Inc.
License GPLv3＋：GNU GPL version 3 or later <http：gnu="gnu">
This is free software：you are free to change and redistribute it.
There is NO WARRANTY，to the extent permitted by law.
Type "show copying"
and "show warranty" for details.
This GDB was configured as "x86_64－linux－gnu".
Type "show configuration" for configuration details.
For bug reporting instructions，please see：
<http：//www.gnu.org/software/gdb/bugs/>.
Find the GDB manual and other documentation resources online at：
<http：//www.gnu.org/software/gdb/documentation/>.
For help，type "help".
Type "apropos word" to search for commands related to "word".
(gdb)
```

也可以在 gdb 后面给出文件名，直接指定想要测试的程序，GDB 就会自动调用这个可执行文件进行调试，命令格式如下：

```
[root@localhost Gdb]# gdb filename
```

为了使 GDB 正常工作，程序在编译的时候必须包含调试信息，这需要在 GCC 编译时加上－g 或者－ggdb 选项。调试信息包含了程序中的每个变量的类型和在可执行文件中的地址映射及源代码的行号。

9.3.2　GDB 常用命令

GDB 支持很多命令，使用户能实现不同的功能，有简单的文件装入命令，有允许程序员检查调用的堆栈内容的复杂命令。为方便读者查阅，这里先将 GDB 的常用命令列出，如表 9－11 所示。

表 9 - 11 GDB 常用命令

命　令	含　　义
file	装入想要调试的可执行文件
run	执行当前被调试的程序
kill	终止正在调试的程序
step	执行下一行源代码并且进入函数内部
next	执行下一行内容但不进入函数内部
break	在代码里设置断点，程序执行到这里时被挂起
print	打印表达式或者变量的值，或打印内存中某个变量开始的一段连续区域的值，还可以用来对变量进行赋值
display	设置自动显示表达式或变量，当程序停止或进行单步跟踪时，这些变量将会自动显示其当前值
list	列出产生执行文件的源代码的一部分
quit	退出 GDB
watch	监视一个变量的值而不论它何时改变
backtrace	回溯跟踪
frame n	定位到发生错误的代码段，n 为 backtrace 命令输出结果中的行号
examine	查看内存地址中的值
jump	使程序跳转执行
signal	产生信号量
return	强制函数返回
call	强制调用函数
make	使用户不退出 GDB 就可以重新产生可执行文件
shell	使用户不离开 GDB 就执行 Linux 的 Shell 命令

另外，GDB 支持很多与 Linux Shell 一样的命令编辑特征，例如用户能够像在 bash 中那样使用"Tab"键让 GDB 补齐一个唯一的命令，如果不唯一的话 GDB 会列出所有匹配的命令，用户还可以使用光标键上下翻动历史记录。

9.3.3 GDB 调试初步

本小节通过一个具体的简单实例向读者介绍如何使用 GDB 调试器来分析程序中的错误，由此带领读者快速入门。其源代码如下：

```
/ * simple_gdb.c * /
# include<stdio.h>
int main(void)
{
```

```
    int input=0;
    printf("输入一个整数:");
    scanf("%d", input);        /* 这里出现了错误 */
    printf("输入的整数是:%d\n", input);
    return 0;
}
```

首先使用 GCC 对 simple_gdb.c 进行编译，注意一定要加上"- g"或"- ggdb"调试选项，这样编译出的可执行代码中才包含调试信息，否则之后 GDB 无法载入该可执行文件。

注：此处- ggdb 分为 4 个等级：

- g0 等于不加- g，即不包含任何信息；

- g1 只包含最小信息，一般来说只有不需要 debug，只需要回溯（backtrace）信息，并且真的很在意程序大小，或者有其他保密/特殊需求时才会使用- g1；

- g2 为 GDB 默认等级，包含绝大多数程序调试需要的信息；

- g3 包含一些额外信息，例如宏定义信息，当需要调试宏定义时请使用- g3。

```
[root@localhost Gdb]# gcc  - ggdb3 simple_gdb.c  - o simple_gdb
```

运行生成的可执行文件 simple_gdb，发现程序产生了一个严重的段错误，信息如下：

```
[root@localhost Gdb]# ./simple_gdb
输入一个整数:1024
段错误（核心已转储）
```

为了更快发现错误所在，使用 GDB 进行跟踪测试，命令如下：

```
[root@localhost Gdb]# gdb ./simple_gdb
GNU gdb (Ubuntu 7.11.1 - 0ubuntu1~16.5) 7.11.1
…
(gdb)
```

当提示符(gdb)出现的时候，表明调试器已经做好准备进行调试了，现在可以通过 run 命令让程序在 GDB 监控下运行：

```
(gdb) run
Starting program：/home/user/simple_gdb
输入一个整数:1024

Program received signal SIGSEGV, Segmentation fault.
0x00007ffff7a6cde5 in _IO_vfscanf_internal (s=<optimized out="out">,
    format=<optimized out="out">, argptr=argptr@entry=0x7fffffffddc8,
    errp=errp@entry=0x0) at vfscanf.c:1902
1902 vfscanf.c：没有那个文件或目录.
```

仔细分析 GDB 给出的输出结果，不难看出，程序是由于段错误而导致异常终止的，说明内存操作出了问题，具体发生问题的地方是在调用_IO_vfscanf_internal(...)的时候。为了得到更有价值的信息，可以使用 GDB 提供的问题回溯跟踪命令 backtrace，执行结果如下：

```
(gdb) backtrace
#0  0x00007ffff7a6cde5 in _IO_vfscanf_internal (s=<optimized out="out">,
    format=<optimized out="out">, argptr=argptr@entry=0x7fffffffddc8,
    errp=errp@entry=0x0) at vfscanf.c:1902
#1  0x00007ffff7a785df in __isoc99_scanf (format=<optimized out="out">)
    at isoc99_scanf.c:37
#2  0x00000000004005c8 in main () at simple_gdb.c:7
```

可以明显在输出结果 #2 后发现，GDB 已经将错误定位到 simple_gdb.c 中的第 7 行了。使用 GDB 的 frame 命令可以定位到发生错误的代码段，该命令后面跟着的数值可以在 backtrace 命令输出结果中的行首找到。

```
(gdb) frame 2
#2  0x00000000004005c8 in main () at simple_gdb.c:7
7scanf("%d", input);/* 这里出现了错误 */
```

现在已经发现错误所在了，很明显，应该将 scanf("%d", input)改为 scanf("%d", &input)，这样就完成了程序的调试，然后可以退出 GDB：

```
(gdb) quit
```

修改源程序并再次编译程序后得到运行结果，看结果是否正确：

```
[root@localhost Gdb]# gcc  -ggdb3 simple_gdb.c  -o simple_gdb
./simple_gdb
输入一个整数：1024
输入的整数是 1024
```

9.3.4 GDB 使用详解

通过使用 GDB 逐步调试代码，可以看到程序内部是如何运行的，还可以查看程序中变量的值、内存使用情况、栈信息及其他一些细节问题。

下面通过一个实例介绍 GDB 调试的具体步骤，读者通过此程序可以学到怎样跟踪程序代码，并掌握如何运用一些技能来调试程序。源代码如下所示：

```
/* square_sum */
#include<stdio.h>
int calculate(int x,int y)
{
int res;
res=x*x + y*y;
  return res;
}
int main(void)
{
  int num_1, num_2, result;
  while(1)          /* 使用死循环，使程序可以一直接收终端的输入 */
  {
```

```
        printf("Enter two integers,or use 0 0 to exit:");/* 输入两个整数 */
        scanf("%d %d",&num_1,&num_2);                /* 两个整数均为 0 时退出 */
        if (num_1==0 && num_2==0)
          exit(0);
        result=calculate(num_1,num_2);                /* 调用 calculate 函数 */
         printf("The result is:%d\n",result);          /* 输出结果 */
      }
      return 0;
    }
```

这段代码实现的功能是：输入任意两个整数，求它们的平方和，当两个数均为 0 时，退出运算。程序使用了一个 while(1)死循环，只有在输入 0 0 时才结束，运算部分调用了子函数 calculate()，并通过参数的值传递方式将输入的两个整数传递给它。

编译运行程序如下：

```
[root@localhost Gdb]# gcc  -ggdb3 square_sum.c  -o square_sum
[root@localhost Gdb]# ./square_sum
Enter two integers,or use 0 0 to exit:1 2
The result is:5
Enter two integers,or use 0 0 to exit:10 20
The result is:500
Enter two integers,or use 0 0 to exit:-99 -2018
The result is:4082125
Enter two integers,or use 0 0 to exit:0 0
[root@localhost Gdb]#
```

1. 断点使用

设置断点是调试程序时一个非常重要的手段，它可以使程序运行到一定位置时暂停，从而便于程序员单步跟踪代码。可以通过"break"命令在一个特定的位置设置断点，当程序运行到断点处时就暂停。此时，程序员可以在该位置处方便地查看变量的值、堆栈情况等，从而找出代码的症结所在。

用"break"命令设置断点有多种方法，表 9-12 列出了这些命令的含义。

表 9-12　break 命令的用法

命　令	含　义
break <function>	在进入指定函数时停住
break <linenum>	在指定行号停住
break +offset	在当前行号前面的 offset 行停住，offset 为自然数
break -offset	在当前行号后面的 offset 行停住，offset 为自然数
break filename:function	在源文件 filename 的 function 函数入口停住
break filename:linenum	在源文件 filename 的 linenum 行停住
break * address	当程序运行到此地址处停住。地址可以是函数、变量的地址，此地址可以通过 info add 命令得到

命　令	含　义
break	该命令没有参数时，表示在下一条指令停住
break … if\<condition\>	condition 表示条件，在条件成立时停住。例：break if i=100，表示当 i 为 100 时停住程序

一般来说，GDB 下常用的命令（例如 break 和下面将要提到的 list、jump 等）后面都可以跟不同的参数，使命令变得更加灵活。这些参数如表 9-13 所示。

表 9-13　GDB 常用命令参数

命　令	含　义
\<function\>	函数名
\<linenum\>	行号
\<+offset\>	当前行号的正偏移量
\<-offset\>	当前行号的负偏移量
\<filename:function\>	某个文件的某个子函数
\<filename:linenum\>	某个文件的某一行
* address	程序运行时的语句在内存中的地址

现在回到上述程序的调试过程，我们在 main()函数处设置断点：

```
(gdb) break main
Breakpoint 1 at 0x400602：file square_sum.c, line 10.
```

然后使用 run 命令（简写为 r）开始执行程序：

```
(gdb) r
Starting program：/home/user/square_sum
Breakpoint 1, main () at square_sum.c:10
10{
```

由此可见，程序在断点处停止运行了，GDB 会指出所遇到的断点，然后显示将要执行的下一行程序。

接下来可以使用单步调试命令"step"（可以简写为 s）或"next"（可以简写为 n）来跟踪程序：

```
(gdb) next
14      printf("Enter two integers,or use 0 0 to exit；");        / * 输入两个整数 * /
(gdb) n
15      scanf("%d %d",&num_1,&num_2);                          / * 两个整数均为 0 时退出 * /
(gdb) n
Enter two integers,or use 0 0 to exit：-99 -2018
16      if (num_1==0 && num_2==0)
(gdb) step
18      result=calculate(num_1,num_2);                         / * 调用 calculate 函数 * /
```

```
(gdb) s
calculate（x=-99，y=-2018）at square_sum.c:6
6      res＝x * x ＋ y * y;
(gdb) n
7      return res;
(gdb) n
8    }
(gdb) n
main () at square_sum.c:19
19      printf("The result is:%d\n",result);        / * 输出结果 * /
(gdb) n
The result is:4082125
20   }
```

单步执行程序，得到了正确的运行结果。值得注意的是，在大部分情况下单步执行操作应该多用"next"。如果想进入函数内部（如本例中进入 calculate 函数），需要在第 18 行代码处使用"step"。

2. 查看运行时数据

在调试程序的过程中，往往需要查看程序中某些表达式或变量的值，以判断程序运行是否正确。使用 GDB 调试时，常用到的是 print、display 命令，以及 examine 命令、查看寄存器命令等。

1）print 命令

在调试程序时，当程序被停住后，可以使用 print 命令（可以简写为 p），或是同义命令 inspect 来查看当前程序的运行数据，其格式是：

```
print <expr>
print /<f><expr>
```

<expr>是表达式；<f>是输出的格式，比如，如果要把表达式按十六进制的格式输出，那么就是/x。

仍旧利用 square_sum.c 程序来进行调试，这一次直接将断点设在 15 行：

```
(gdb) b 15
Breakpoint 1 at 0x400620: file square_sum.c, line 15.
(gdb) r
Starting program: /home/user/square_sum
Breakpoint 1, main () at square_sum.c:15
15        scanf("%d %d",&num_1,&num_2);        / * 两个整数均为 0 时退出 * /
(gdb) n
Enter two integers,or use 0 0 to exit:-99 -2018
16        if (num_1==0 && num_2==0)
(gdb) print num_1
$1 = -99
(gdb) p num_2
$2 = -2018
```

从上述代码最后两行输出可以看到，当从键盘输入两个整数−99 和−2018 分别赋值给变量 num_1 和 num_2 后，再使用 print 打印出它们的值，得到正确的结果。当使用 GDB 的 print 命令查看程序运行时的数据时，GDB 会以 $1，$2，$3，…的方式为每一个 print 命令编号。例如，可以使用这个编号显示以前的结果：

```
(gdb) p $1
$3 = −99
(gdb) p $2
$4 = −2018
```

这个功能所带来的好处是，如果先前输入了一个比较长的表达式，并想查看这个表达式的值，可以使用历史记录来访问，避免重新输入。

同时，print 命令在输出格式上也可以设定，其显示符号如表 9 - 14 所示。

表 9 - 14　GDB 的数据显示格式

命　令	含　义
x	按十六进制格式显示变量
d	按十进制格式显示变量
u	按十六进制格式显示无符号整型
o	按八进制格式显示变量
t	按二进制格式显示变量
c	按字符格式显示变量
f	按浮点数格式显示变量

继续利用 square_sum.c 程序来进行调试，断点仍旧设在 15 行并将 num_1 的值设为 55：

```
(gdb) p num_1
$1 = 55
(gdb) p/x num_1
$2 = 0x37
(gdb) p/c num_1
$3 = 55 '7'
(gdb) p/t num_1
$6 = 110111
```

2）display 命令

display 又名自动显示命令，可以设置一些自动显示的变量，当程序停住时，或者在单步跟踪时，这些变量会自动显示。相关的 GDB 命令格式如下：

```
display <expr>
display/<f><expr>
display /<f><addr>
```

expr 为表达式，f 为显示格式，addr 表示内存地址。当用 display 设定好了一个或多个

表达式后，只要程序停下来，GDB 就会自动显示所设置的表达式的值。和 display 相关的
GDB 命令如表 9 – 15 所示。

表 9 – 15 display 相关命令

命 令	含 义
undisplay\<dnums...\> delete undisplay\<dnums...\>	删除自动显示，dnums 为已设置好了的自动显示的编号。如果同时删除几个编号，可以用空格分隔
disable undisplay\<dnums...\> enable undisplay\<dnums...\>	不删除自动显示的设置，而只是让其失效或恢复
info display	查看 display 设置的自动显示信息

下面是使用 display 命令的例子：

```
(gdb) b 15
Breakpoint 1 at 0x400620：file square_sum.c，line 15.
(gdb) r
Starting program：/home/user/square_sum
Breakpoint 1, main () at square_sum.c:15
15          scanf("%d %d",&num_1,&num_2);          /* 两个整数均为 0 时退出 */
(gdb) n
Enter two integers,or use 0 0 to exit：-99 -2018
16          if (num_1==0 && num_2==0)
(gdb) display num_1
1：num_1 = -99
(gdb) display num_2
2：num_2 = -2018
(gdb) s
18          result=calculate(num_1,num_2);          /* 调用 calculate 函数 */
1：num_1 = -99
2：num_2 = -2018
(gdb) s
calculate (x=-99, y=-2018) at square_sum.c:6
6          res=x * x + y * y;
(gdb) n
7          return res；
(gdb) n
8   }
(gdb) n
main () at square_sum.c:19
19          printf("The result is：%d\n",result)；          /* 输出结果 */
1：num_1 = -99
2：num_2 = -2018
(gdb) n
The result is：4082125
```

从上面代码可以看出，将 num_1、num_2 设置成为自动显示的变量后，在程序单步跟踪过程中，每一步执行结果都会显示 num_1 和 num_2 的值，直到退出 GDB 为止。

细心的读者会发现，程序运行的第 6～8 行并没有显示 num_1 和 num_2 这两个变量的值，原因是这两个变量是定义在 main 函数中的，当程序进入 calculate 函数时，自然不会显示它们了。

3）examine 命令

examine 命令（简写为 x）用于查看内存地址中的值。x 命令语法如下所示：

```
x/<n/f/u><addr>
```

<addr>表示一个内存地址。n、f、u 是可选的参数，可以独立使用，也可以联合使用。n 是一个正整数，表示显示内存的长度，也就是说从当前地址向后显示几个地址内容。f 表示显示的格式，显示格式可以查询表 9-14。u 表示当前地址往后请求的字节数，如果不指定的话，GDB 默认是 4 个字节，u 参数可以用下面的字符来代替：b 表示单字节，h 表示双字节，w 表示四字节，g 表示八字节。当指定了字节长度后，GDB 会从指定的内存地址开始读写指定字节，并把其当作一个值取出来。

例如，有以下命令：

```
x/4uh 0x48723
```

表示从内存地址 0x48723 读取内容，h 表示以双字节为 1 个单位，4 表示 4 个单位，u 表示按十六进制无符号整型显示。

4）定义 GDB 环境变量命令

在 GDB 调试下，我们可以定义环境变量，用以保存一些调试程序中的运行数据。定义一个 GDB 的变量也很简单，只需要使用 set 命令，例如：

```
set $foo = * object_ptr
```

使用环境变量时，GDB 会在第一次使用时创建这个变量，而在以后的使用中则直接对其赋值。环境变量没有类型，可以给环境变量定义任意的类型，包括结构体和数组。

```
show convenience
```

该命令查看当前设置的所有环境变量。

这是一个比较强大的功能，环境变量和程序变量的交互使用，将使得程序调试更为灵活便捷。例如：

```
set $i = 0
print bar[$i++]
```

只用敲回车，重复执行上一条语句，环境变量 $i 会自动累加，从而完成逐个输出的功能。

5）查看寄存器命令

在调试程序的过程中，有时候也需要查看某些寄存器中的值。寄存器中放置了程序运行时的数据，比如程序当前运行的指令地址、程序当前的堆栈地址等。

表 9-16 为使用 info 来查看寄存器的常用命令。

表 9 - 16　查看寄存器的常用命令

命　令	含　义
info registers	查看所有寄存器的情况（除了浮点寄存器）。注意，info 寄存器不显示 vector 和 FPU 寄存器的内容。要查看它们，请使用 info all - register
info all - registers	查看所有寄存器的情况
info registers<regname ...>	指定查看名为 regname 的寄存器的情况，多个寄存器用逗号隔开

同样可以使用 print 命令来访问寄存器的情况，只要在寄存器名字前加一个 $ 符号就可以了。例如：

```
print $ sp
```

3. 查看源程序

在程序调试的过程中，有时候需要查看源程序的内容，以及源代码在内存中的情况，以下介绍的是与此相关的 GDB 命令。

1）显示源代码

GDB 可以打印出所调试程序的源代码，当然在程序编译时一定要加上 - g 参数，把源程序信息编译到执行文件中去。可以利用 list 命令显示程序的源代码，其运用规则如表9 - 17所示。

表 9 - 17　查看寄存器的常用命令

命　令	含　义
list<function>	显示名为 function 的函数的源程序
list<linenum>	显示第 linenum 行周围的源程序
list	显示当前行后面的程序
list -	显示当前行前面的源程序
set listsize <count>	设置一次显示代码的行数
show listsize	查看当前 listsize 的设置
list <first>,<last>	显示从 first 行到 last 行之间的代码
list ,<last>	显示当前行到 last 行之间的代码
list +	向后显示代码

还是以 square_sum.c 程序为例来演示 list 命令的用法与功能：

```
(gdb) list
1 / * square_sum * /
2 #include<stdio.h>
3 int calculate(int x,int y)
4 {
5     int res;
6     res＝x * x ＋ y * y;
7     return res;
```

```
   8 }
   9 int main(void)
   10 {
(gdb) show listsize        # 查看 List 的默认行数
Number of source lines gdb will list by default is 10.
(gdb) set listsize 5       # 设置 List 的默认行数为 5
(gdb) list
   11    int num_1,num_2,result;
   12    while(1)"          /* 使用死循环,使程序可以一直接收终端的输入 */
   13    {
   14       printf("Enter two integers,or use 0 0 to exit:");   /* 输入两个整数 */
   15       scanf("%d %d",&num_1,&num_2);                        /* 两个整数均为 0 时退出 */
(gdb) list calculate
   1  #include<stdio.h>
   2  int calculate(int x,int y)
   3  {
   4    int res;
   5    res=x*x + y*y;
```

2) 源代码的内存

可以使用 info line 命令来查看源代码在内存中的地址。和大多数 GDB 命令相同,info line 后面也可以跟"行号""函数名""文件名:函数名"等参数,这个命令会显示出所指定的源代码在运行时的内存地址。下例中查看的是 calculate() 在内存中的地址:

```
(gdb) info line square_sum.c:calculate
Line 4 of "square_sum.c" starts at address 0x4005d6 <calculate>
    and ends at 0x4005e0 <calculate+10>.
```

从上面的输出信息可以看出,calculate() 在内存中的起始地址为 0x4005d6,终止地址为 0x4005e0。

4. 改变程序的执行

在使用 GDB 调试时,当程序运行之后,可以根据自己的调试思路动态地在 GDB 中更改当前调试程序的运行路线或其变量的值。这个强大的功能能够让用户更好地调试程序,比如在程序的一次调试中走遍感兴趣的所有分支。

1) 修改变量值

上文中已经提到 print 命令还有一个功能是修改被调试程序中运行时的变量值。比如:

```
(gdb) print x=8
```

下面看看 print 命令在程序 square_sum.c 中的使用:

```
(gdb) b 15
Breakpoint 1 at 0x400620:file square_sum.c, line 15.
(gdb) r
Starting program:/home/user/square_sum
```

```
Breakpoint 1, main () at square_sum.c:15
15          scanf("%d %d",&num_1,&num_2);          / * 两个整数均为 0 时退出 * /
(gdb) n
Enter two integers,or use 0 0 to exit:-99 -2018
16          if (num_1==0 && num_2==0)
(gdb) p num_1
$1 = -99
(gdb) p num_2
$2 = -2018
(gdb) p num_1=10
$3 = 10
(gdb) p num_2=20
$4 = 20
(gdb) n
18          result=calculate(num_1,num_2);          / * 调用 calculate 函数 * /
(gdb) n
19          printf("The result is:%d\n",result);          / * 输出结果 * /
(gdb) n
The result is:500
```

从中可以看到，在调试过程中修改变量 num_1 和 num_2 的值，程序最后的输出结果也改变了。

2）跳转执行

一般来说，被调试程序会按照程序代码的运行顺序依次执行。GDB 提供了乱序执行的功能，可以让程序执行随意跳跃，这个功能由 jump 命令来实现：

```
jump <linespec>
jump <address>
```

jump<linespec>命令用于指定下一条语句的运行点。<linespce>可以是文件的行号，可以是 file:line 格式，可以是＋offset 偏移量形式。jump<address>中的<address>是代码行的内容地址。

3）产生信号量

singal 命令可以产生一个信号量给被调试的程序。这非常便于程序的调试，其语法是：

```
signal <signal>
```

例如需要在调试中加入中断信号，首先在希望发送信号的语句处设置断点，然后运行程序，当停止到断点所在位置后，用 GDB 的 signal 命令发送信号给调试目标程序，此时 GDB 调试便会在断点处加入一个终端信号：

```
signal SIGINT
```

4）强制函数返回

如果调试断点在某个函数中，还有语句没有执行完，可以使用 return 命令强制函数忽略没有执行的语句并返回：

```
return
return <expression>
```

如果指定了＜expression＞，那么该表达式的值会被当作函数的返回值。

5）强制调用函数

强制调用函数使用 call 命令，格式如下：

```
call <expr>
```

表达式中可以是函数，以达到强制调用函数的目的，并显示函数的返回值，如果函数返回值是 void 则不显示。

9.4　Make 项目管理器

Linux 下的项目管理类似于 Windows 下的 Visual C++中的工程管理，所使用的工具称为 Make，它是一个控制计算机程序从源代码文件到可执行文件或其他非源文件生成过程的工具。目前，Make 工具主要用来管理源代码的编译，减少编译耗时和出错。Make 工具能够自动管理编译哪些内容，以及编译的方式和时机，使得程序员能够把精力集中在源代码编写和程序调试上，而不是在源代码的编译上。

9.4.1　Make 概述

在 Linux 下进行程序开发，一般不具有集成开发环境（IDE）。因此，当需要大量编译工程文件时，就需要用自己的方法来管理。

在前文中已经提到，GCC 在编译一个包含许多源文件的工程时，需要将其中每个源文件都编译一遍，然后再全部链接起来。这样做显然非常浪费时间，尤其是当用户只修改了其中某一个文件时，完全没有必要将每个文件都编译一遍，因为很多已经生成的目标文件是不会改变的。要解决这个问题，就要借助本节介绍的 Make 工程管理器。

Linux 下，通过 Make 工程管理器和 Makefile 脚本文件，提供了一种非常简单有效的工程管理方式。这种管理方式的核心是用 Make 工具按 Makefile 脚本文件所描述的方式进行程序编译和目标代码生成。这里面，Makefile 是一个决定怎样编译工程的脚本文件，有自己的编程规则，需要程序员自己开发。

下面通过一个简单的例子来向读者说明 Make 的工作机制，其主要功能是由用户输入一个字符串，内有若干个字符，然后输入一个字符，要求程序将字符串中的该字符删去，最后打印处理后的字符串。源程序如下所示：

```
/* * * * * * * * * * * * * * * * * main.c * * * * * * * * * * * * * * * * * * * * */
#include<stdio.h>
int main(void)
{
    char c;
    char str[20];
    enter_string(str);                  /* 调用字符串输入函数 */
    printf("The delete string is: ");
    scanf("%c",&c);
    delete_string(str,c);               /* 调用字符删除函数 */
```

```
    print_string(str);              /*打印处理后的字符串*/
    return 0;
}
/* * * * * * * * * * * * * * * enter_string.c * * * * * * * * * * * * * * * * */
#include <stdio.h>
int enter_string(char str[20])
{
    printf("Input the strings: ");
    gets(str);
    return 0;
}
/* * * * * * * * * * * * * * * delete_string.c * * * * * * * * * * * * * * * * */
#include <stdio.h>
int delete_string(char str[],char ch)
{
    int i,j;
    for(i=j=0; str[i]! = '\0';i++)
            if(str[i] ! =ch)
                    str[j++]=str[i] ;
    str[j] ='\0';
    return 0;
}
/* * * * * * * * * * * * * * * print_string.c * * * * * * * * * * * * * * * * * */
#include <stdio.h>
int print_string(char str[])
{
    printf("Result: %s\n",str);
    return 0;
}
```

为了演示 Make 工具编译多个源程序文件的使用方法，可将上述程序分成 4 个 C 源文件，分别为 main.c、enter_string.c、delete_string.c、print_string.c。不同的 C 文件负责完成不同的功能模块：main.c 为主函数，主要是对各个模块的调用；enter_string.c 实现字符串的输入；delete_string.c 负责删除字符串中某些特殊字符；print_string.c 输出处理后的字符串。

为了使用 Make 工具管理这些源文件，实现自动编译，需要对应的 Makefile 文件。对于上述源程序，可以使用如下所示的简单 Makefile 脚本（Makefile 的具体编程方法在下一节进行介绍）。

【例 9 - 1】　简单的 Makefile 脚本。

```
Myprog: main.o enter_string.o delete_string.o print_string.o
    gcc main.o enter_string.o delete_string.o print_string.o  - o Myprog
main.o: main.c
```

```
        gcc  - c main.c  - o main.o
enter_string.o：enter_string.c
        gcc  - c enter_string.c  - o enter_string.o
delete_string.o：delete_string.c
        gcc  - c delete_string.c  - o delete_string.o
print_string.o：print_string.c
        gcc  - c print_string.c  - o print_string.o
clean：
        rm Myprog ＊.o
```

需要指出的是，这 4 个源文件和 Makefile 共 5 个文件应当存放在 Linux 的同一目录下。这样在使用 Make 进行自动编译的时候，便会在这个目录下找到 Makefile 文件，并按 Makefile 文件中的内容进行自动编译。

对于上述程序，当我们在这 5 个文件的存放目录下输入 make 命令进行编译时，产生结果如下：

```
# make
gcc main.c delete_string.c print_string.c enter_string.c  - o Myprog
```

从中可以看到，Make 自动执行了 Makefile 中的编译命令，并生成了最终可执行文件 Myprog。运行该文件，得到如下结果：

```
# ./Myprog
Input the strings：abcdcjdscse
The delete string is：c
Result：abdjdsse
```

从上面例子可以看到，当使用 Make 工具后，不再需要对每个文件单独用 GCC 进行编译，而是把如何编译生成 Myprog 程序写在 Makefile 脚本文件中。当需要对这些文件编译时，仅需要键入 make 命令，启动 Make 项目管理器即可。那么 Make 到底是如何工作的？ Make 与 Makefile 的关系又是怎样的？编写 Makefile 时又有什么样的规则呢？下面将向读者一一阐述这些问题。

9.4.2　Make 与 Makefile 的关系

Make 是一个 Linux 下的二进制程序，用来处理 Makefile 脚本文件。在 Linux 的 Shell 命令行键入 make 命令可启动 Make 程序。Make 程序自动寻找当前目录下名称为 "Makefile" 或 "makefile" 的脚本文件。找到该脚本文件后，Make 工具将根据 Makefile 中的第一个目标(target)自动寻找依赖关系，找出这个目标所需要的其他目标。如果所需要的目标也需要依赖其他的目标，Make 工具将递归寻找直到找到最后一个目标为止。Make 工具的使用格式为：

```
make {options} {target} ...
```

options 为 Make 工具的参数选项，target 为 Makefile 中指定的目标，缺省时执行 Makefile 中的第一个目标。表 9 - 18 给出了 Make 工具的参数选项。

表 9 - 18　Make 工具的参数选项

选　项	含　义
- f filename	显式地指定文件作为 Makefile
- C dirname	指定 Make 在开始运行后的工作目录为 dirname
- e	不允许在 Makefile 中个替换环境变量的赋值
- k	执行命令出错时,放弃当前目标,继续维护其他目标
- n	只打印要执行的命令,但不执行这些命令
- p	显示 Makefile 中所有的变量和内部规则
- r	忽略内部原则
- s	执行但不显示命令,常用来检查 Makefile 的正确性
- S	如果执行命令出错就退出
- t	修改每个目标文件的创建日期
- I	忽略运行 Make
- V	显示 Make 版本号

下面通过例 9 - 1 来讲述 Make 与 Makefile 文件的关系。在该例中,工程中有 4 个 C 源文件(main.c、enter_string.c、delete_string.c、print_string.c)和 1 个头文件(stdio.h),需要生成的目标程序名为 Myprog。

Make 进行工程管理的基本规则:根据时间戳确定目标是否需要重新编译、链接,或哪些目标需要重新编译、链接。具体解释如下:

(1) 如果工程没有编译过,即 Make 的目标(target)不存在,那么目标依赖的所有相关的 C 源文件都需要编译和链接,最后生成目标。

(2) 如果工程已经编译过,Make 会检查 target 与其依赖的目标或 C 源文件的时间戳。如果 target 新,即现有的目标是最新的,此时无需重新编译和链接;如果 target 不是最新的,即依赖的目标或源文件的时间戳比 target 的时间戳新,则相关目标或源文件需要重新编译和链接。

在例 9 - 1 所示的 Makefile 文件中,包含 6 个目标(":"前的都是目标),分别是 Myprog、main.o、enter_string.o、delete_string.o、print_string.o 和 clean。前 5 个目标又依赖于":"后的文件,如 main.o 依赖于 main.c 和 stdio.h 文件。依赖关系的实质是说明目标文件由哪些文件生成,换而言之,目标文件是哪些文件更新的结果。在定义好依赖关系后,后续的代码定义了目标的生成规则,即生成目标或完成目标的方法,注意一定要以一个 Tab 键作为它的开头。如 main.o 目标由"gcc － c main.c"这条命令生成得到,clean 目标通过执行"rm Myprog ＊.o"这条命令来完成。

编辑好这个简单的 Makefile 脚本文件,在 Linux 的 Shell 命令行输入 make 命令并按下"Enter"键后,Make 工具自动找到这个脚本的第 1 个目标 Myprog,并知道其依赖于 main.o、enter_string.o、delete_string.o 和 print_string.o 这四个目标。接着,Make 工具会递归找到 main.o、enter_string.o、delete_string.o 和 print_string.o 这四个目标的生成规

则，并比较其依赖的文件与目标的时间戳的先后关系。当然，如果这个工程没有编译过，即首次运行 Make 工具，此时 Myprog、main.o、enter_string.o、delete_string.o 和 print_string.o 这些目标都不存在，Make 工具就会调用每个目标下面的命令生成目标。例 9 - 1 中的 Makefile 脚本文件最后一个目标是 clean，它不是用来生成某个目标，而是用来删除当前目录下所有以".o"结尾的目标文件和 Myprog 文件。如果想执行 clean 目标，只需要在命令行输入"make clean"命令。在上述示例中，如果程序员在调用 Make 工具生成 Myprog 目标后，又新修改了源文件，比如新修改了 enter_string.c 源文件，则在利用 Make 工具重新生成 Myprog 时，只会重新编译 enter_string.c 以生成 enter_string.o 目标，重新链接 main.o、enter_string.o、delete_string.o 和 print_string.o 以生成 Myprog。

可以看到，只要 Makefile 文件写得足够好，在编译时，程序员只需输入一个 make 命令，就可以完成程序的编译。此时，Make 工具会自动根据文件的时间戳来确定哪些文件需要重新编译和链接，节省了编译时间，实现了自动化编译。因此，Linux 下项目管理的关键在于写出一个简洁明了的 Makefile 文件。

9.5 Makefile 编程

9.5.1 Makefile 的规则

1. 基本规则

Makefile 的基本规则如下：

```
Target：dependencies
    command
```

Target 是目标名，可以是可执行文件名、目标文件名或者标签。例 9 - 1 中的简单 Makefile 文件中的 Myprog 是一个可执行文件名，main.o 是一个目标文件名，clean 是一个标签。

dependencies 是依赖文件，即生成目标所需要的文件或目标，如果有多个目标或文件，中间以空格分开。当然，也可以没有此项，如例 9 - 1 中的 clean 目标，它就无依赖文件。

command 是 make 需要执行的命令，可以为任意的 Shell 命令，command 必须以"Tab"键开头。同样，command 也不是必须要有的，可以用后面讲的隐含规则由 make 自动推导出。

上述的基本规则告诉 Make 工具两件事：目标的依赖关系和如何生成目标。当一个目标激发后，Make 会比较目标和依赖文件的时间戳（即修改时间），如果依赖文件的修改时间比目标的修改时间要新，或者目标不存在，command 所描述的命令就会被执行。

以例 9 - 1 所示的 Makefile 文件的第一个规则为例：

```
Myprog：main.o enter_string.o delete_string.o print_string.o
    gcc main.o enter_string.o delete_string.o print_string.o  - o Myprog
```

这两行就构成了一个基本规则，Myprog 是目标名，它实质是一个可执行文件名，其依赖于 main.o、enter_string.o、delete_string.o 和 print_string.o 这四个目标文件，而第二行的命令则给出了 Myprog 的生成方法。上述的基本规则也被称为显式规则，因为这个规则已经显式说明如何生成一个目标，即显式指出要生成的目标、目标的依赖文件以及生成的命令。

以例 9-1 所示的 Makefile 文件的最后一个规则为例：

```
clean：
    rm Myprog ＊.o
```

这两行也构成一个基本规则，但这个规则与其他规则的不同之处在于，clean 仅是一个标签，它不需要 Make 生成一个 clean 文件；此外，clean 后面也没有依赖文件，所以 Make 无法根据依赖关系决定其后的命令是否需要执行。在 Makefile 文件中，这样的目标称为"伪目标"，Make 工具遇到伪目标后一般都会执行其后的命令。为避免伪目标与真实的文件名发生冲突，比如当前 Makefile 文件所在目录下有一个 clean 文件，可以在 Makefile 中使用一个特殊的标记".PHONY"来显式地指明一个目标为伪目标，即不管是否有这个文件，这个目标都是伪目标。上述示例中的 Makefile 文件最后一条规则更合适的书写方式是：

```
.PHONY：clean
clean ：
    rm  -f Myprog ＊.o
```

Makefile 文件中，常用的伪目标名及其功能如表 9-19 所示。

表 9-19　Makefile 中常用伪目标

伪目标	用　　途
all	这个伪目标是所有目标的目标，其功能一般是编译所有的目标
clean	删除所有被 Make 创建的文件
install	安装已编译好的程序，其实就是把目标执行文件拷贝到指定的目标中去
print	输出改变过的源文件
tar	把源程序打包备份，生成一个 tar 文件
dist	创建一个压缩文件，一般是把 tar 文件压成 Z 文件或是 gz 文件
TAGS	更新所有的目标，以备完整地重编译使用
check/test	这两个伪目标一般用来测试 Makefile 的流程

此外，在书写目标的依赖关系或命令时，如果一个目标的依赖文件过多或命令过长，以致一行无法书写下时，可以用"\"进行换行。例如，下面代码与例 9-1 的第一个规则等价。

```
Myprog：main.o enter_string.o \
        delete_string.o print_string.o
    gcc main.o enter_string.o \
        delete_string.o print_string.o  -o Myprog
```

2. 模式规则

Makefile 脚本中另外一种常用的规则是模式规则。模式规则与一般的规则类似，只是在模式规则中的目标模式定义中需要用到"％"字符。"％"字符代表对文件名的匹配，表示任意长度的非空字符串。在依赖目标中同样要使用"％"，但依赖目标中"％"的取值取决于目标。

模式规则的语法如下：

```
<targets...>：<target-pattern>：<dependency-pattern ...>
    <command>
```

targets 定义了一系列的目标，可以有通配符，是目标的集合；target-pattern 指明了目标集合的模式。dependency-pattern 是目标集合的依赖模式，它对 target-pattern 形成的模式再进行一次依赖目标的定义。

上述定义有点难理解，下面进行具体说明。如果<target-pattern>定义成"％.o"，意思是目标集合中的每个目标都以".o"结尾，而如果<dependency-pattern>定义成"％.c"，意思是对<target-pattern>所形成的目标集进行二次定义，其方法是取<target-pattern>模式中的"％"（也就是去掉了".o"这个结尾），并为其加上".c"这个结尾所形成的新集合。所以，在模式规则中，"目标模式"或是"依赖模式"中都应该有"％"这个字符。

以例9-1所示的 Makefile 脚本文件的第2个到第5个规则为例，在采用模式规则后，可以将脚本进一步简化。下面给出的脚本代码与例9-1中第2行到第9行代码等价。

```
1    objects = main.o enter_string.o delete_string.o print_string.o
2    $(objects)：stdio.h
3    $(objects)：%.o：%.c
4        gcc -c $< -o $@
```

上面的例子中，第1行代码定义了一个用户变量 objects，其值为"main.o enter_string.o delete_string.o print_string.o"。第2行代码代表所有 objects 内的每个目标文件都依赖于 stdio.h 这个头文件。第3、4行代码定义了一个模式规则。第3行代码的$(objects)给出目标集合，"％.o：％.c"给出所有以".o"结尾的目标文件依赖对应的以".c"结尾的文件，如 main.o 依赖于 main.c。第4行代码给出生成命令，命令中的"$<"和"$@"是自动化变量，"$<"表示所有的依赖目标集(main.c enter_string.c delete_string.c print_string.c)，"$@"表示目标集(main.o enter_string.o delete_string.o print_string.o)。变量的具体用法请参见下一小节。

3. 隐式规则

在 Makefile 脚本编程过程中，由于 Make 工具具有自动推导功能，因此一些约定俗成的规则不需要显式指定，这些规则就称为隐式规则。采用隐式规则后，可以简化 Makefile 文件。例如，例9-1所示代码与下面的代码等价：

```
objects = main.o enter_string.o delete_string.o print_string.o
Myprog：$(objects)
    gcc $(objects) -o Myprog
$(objects)：stdio.h
clean：
    rm Myprog *.o
```

在上面脚本中，未给出 main.o、enter_string.o、delete_string.o 和 print_string.o 的生

成方法。Make 在执行这个脚本时，若发现 main.o、enter_string.o、delete_ string.o 和 print _string.o 不存在，或者它们比 Myprog 的时间更新，都会查找其支持的隐式规则，并自动推导出依赖关系"*.o：*.c"和编译命令"gcc －c *.c －o *.o"来实现自动化编译。

　　需要指出的是，一方面，Make 的隐式规则很强大，利用好它们可以写出很简化的 Makefile 文件；另一方面，也会带来编译行为难以控制、编译效率低下的问题，甚至会造成编译错误。因此，在实际开发中，不建议使用隐式规则。

9.5.2　Makefile 变量

　　为简化 Makefile 和方便 Makefile 的修改，Make 允许在 Makefile 中创建和使用各种类型的变量，变量的值为文本字符串。在 Makefile 脚本中，可以使用变量代替目标名、依赖文件、命令以及 Makefile 文件中其他部分。

1. 变量的基础

　　变量的命名可以包含字符、数字、下划线（可以是数字开头），但不能含有"："、"♯"、"＝"或者空字符（如空格、回车等）。变量大小写敏感，如"foo"、"FOO"、和"Foo"代表不同的变量。推荐在 Makefile 中使用大小写字母搭配作为变量名，预留大写字母作为控制隐含规则参数或用户重载命令选项参数的变量名。

　　变量在声明时需要给予初值，而在使用时，需要在变量名前加上"＄"符号，但最好用"()"或者是"{}"把变量引起来。如果需要使用真实的"＄"字符，那么需要用"＄＄"来表示。例 9-1 的第一个规则在使用变量后，可以简化为：

```
objects ＝ main.o enter_string.o delete_string.o print_string.o    ♯ 变量声明
Myprog：＄(objects)
      gcc ＄(objects)  －o Myprog
```

　　变量会在使用它的地方精确地展开，就像 C/C++中的宏一样，上述代码展开后就得到例 9-1 的第一个规则。由此可见，Makefile 变量就是一个字符串"替代"原理。另外，给变量加上括号是为了更加安全地使用这个变量，在上面的例子中，如果不给变量加上括号也不影响结果，但还是强烈建议读者给变量加上括号。

2. 变量的赋值

　　最基本的变量赋值方式就是使用"＝"直接给变量赋值，同时，Makefile 还支持变量的嵌套定义。例如：

```
foo＝ ＄(bar)
bar＝ ＄(ugh)
ugh＝Huh?
all：
    echo ＄(foo)
```

　　在这个示例中，foo 的值是＄(bar)，＄(bar)的值是＄(ugh)，＄(ugh)的值是"Huh?"，故执行"make all"后会输出＄(foo)的值"Huh?"。可以看到，在这个示例中，第一次定义 foo 这个变量时，bar 这个变量还未定义，即变量可以使用后面的变量来定义。这种形式的变量定义的优点在于方便，弊端在于可能会造成递归定义，如下面的变量定义：

```
A = $(B)
B = $(A)
```

这会让 Make 陷入无限的变量展开过程中去。当然，Make 有能力检测出这样的定义，并会报错。但是为了避免上面这种问题，Make 定义了"：＝"这种变量赋值方法，例如：

```
x := foo
y := $(x) bar
x := later
```

其等价于：

```
y := foo bar
x := later
```

使用"：＝"赋值符，可以使得前面的变量不能使用后面的变量，只能使用前面已定义好了的变量，如果变量这样定义：

```
y := $(x) bar
x := later
```

那么，y 的值是"bar"，而不是"later bar"（x 值为空，即 $(x) 没有表示任何意思）。

还有一个很有用的变量赋值操作符是"？＝"，先看示例：

```
FOO? = bar
```

其含义是，如果变量 FOO 没有被定义，那么变量 FOO 的值就是"bar"；但是若 FOO 先前被定义过，那么这条语句将什么也不做。

最后一种赋值操作符是"＋＝"，它实质是对变量追加值，如：

```
objects = main.o enter_string.o delete_string.o
objects += print_string.o
```

于是 objects 值变为"main.o enter_string.o delete_string.o print_string.o"。

3. 自动化变量

自动化变量是一类特殊的变量，其值是 Make 工具根据上下文自动推理得到的，一般出现在规则的命令语句中，它属于局部变量，在不同的规则中有不同的取值。常用的自动化变量如表 9-20 所示。

表 9-20　Makefile 中常用的自动化变量

变　量	含　义
$@	表示规则中的目标文件。在模式规则中如果有多个目标，"$@"就是匹配于目标模式定义的集合
$%	仅当目标是库函数文件时，表示规则中的目标的成员名。例如，如果一个目标是"foo.a(bar.o)"，那么，"$%"就是"bar.o"，"$@"就是"foo.a"。如果目标不是函数库文件，那么，"$%"值为空
$<	表示规则中的第一个依赖目标。如果依赖目标是以模式（即"%"）定义的，则"$<"是符合模式的一系列目标文件的集合
$?	所有比目标新的依赖目标的集合，以空格分开

变　量	含　义
$ ˆ	所有依赖目标的集合，以空格分隔。如果依赖目标有多个重复的，则自动去除重复的依赖目标
$ ＋	同"$ ˆ"，只是不清除重复的依赖文件
$ *	目标模式中"％"及其之前的部分

表 9-20 所列出来的 7 个自动化量变量中，$@、$＜、$％和 $ * 这 4 个变量一般只会对应一个文件，而另外 3 个变量的值一般是文件列表。总体上，自动化变量对简化脚本设计帮助很大，但初学者不熟悉，使用中容易出错。

分析下面 Makefile 脚本中的自动化变量的值。

```
main.o：main.c main.h
    gcc $＜ -o $@
enter_string.o：enter_string.c stdio.h
    gcc $＜ -o $@
```

在上面脚本中，自动化变量"$＜"和"$@"在两个规则各出现一次，但值不同。在第一个规则里面，"$＜"和"$@"分别代表 main.c 和 main.o；在第二个规则里面，"$＜"和"$@"分别代表 enter_string.c 和 enter_string.o。

4. 目标依赖变量

上面介绍的用户变量属于全局变量，在整个文件都可以访问这些变量，且值一样。Make 也支持用户定义的局部变量，类似于在 C 语言函数内部声明的变量，这个变量只在目标范围内有效，称为目标依赖变量(Target - specific Variable)。目标依赖变量可以和全局变量同名，因为它的作用范围只在这条规则以及连带规则中，其值也只在作用范围内有效，因而不会影响规则链以外的全局变量的值。

目标依赖变量的语法是：

```
＜target ...＞：＜variable - assignment＞
```

＜target ...＞为目标序列，＜variable - assignment＞是变量赋值表达式，前面讲过的四种赋值形式都可以。

当需要在某些目标里面临时改变某个变量的值时，目标依赖变量特别有效。示例代码如下：

```
Fun ：CFLAGS = -g    ♯定义目标变量 CFLAGS, CFLAGS 是一个默认全局变量
Fun：subfun1.o subfun2.o
    gcc $(CFLAGS) subfun1.o subfun2.o -o Fun
subfun1.o：subfun1.c subfun1.h
    gcc -c subfun1.c -o subfun1.o
subfun2.o：subfun2.c subfun2.h
    gcc -c subfun2.c -o subfun2.o
```

在这个示例中，不管全局的 $(CFLAGS)的值是什么，在 Fun 目标以及其引发的

subfun1.o 和 subfun2.o 规则中，$(CFLAGS)的值都是"- g"。

作为总结，例 9-1 所示的简单 Makefile 脚本文件可以改写成例 9-2 所示的比较通用的 Makefile 脚本文件。

【例 9-2】 比较通用的 Makefile 脚本文件。

```
TempOBJ= main.o enter_string.o delete_string.o print_string.o
FinalOBJ= Myprog
CC= gcc
ComHeader= stdio.h
$(FinalOBJ)：$(TempOBJ)
    $(CC) $^ -o $@
$(objects)：$(ComHeader)
$(objects)：%.o：%.c
    $(CC) -c $< -o $@
.PHONY：clean
clean ：
    rm -f $(FinalOBJ) *.o
```

可以看到，在例 9-2 的脚本文件中，与具体工程相关的参数都是用变量定义的，放在脚本的开头。在后续的规则定义中，基本都是用用户定义变量和自动变量；此外，对同类文件的处理则采用了模式规则。这些处理使得脚本的通用化程度得到提高。在需要将此脚本用于别的工程处理时，一般只需要修改用户变量。当然，例 9-2 的脚本仍然比较简单，更复杂、功能更强的 Makefile 需要用到更多的 Makefile 高级编程知识。

9.5.3 Makefile 高级编程

1. 使用各种关键字

Makefile 中可以使用表 9-21 所示的关键字，使得脚本的功能更强。

表 9-21 **Makefile 中的关键字**

关键字	用 法
@	该关键字用于命令前，使用@可以避免显示出命令本身
override	如果一个变量的值需要在编译选项中指定或由系统传入，那么 Makefile 中可以使用 override 关键字来设置，使这个变量的赋值被忽略
define	使用 define 关键字可以定义多行变量，多行变量的结束有对应关键字 endef
wildcard	让通配符(主要是" * ")在变量或函数中展开，通常用于提取指定目录的某一类型文件
export	将变量导出，以便所有的子 Makefile 都可以使用
include	和 C 语言的 # include 一样，将后面的文件展开到当前位置

2. 灵活使用伪目标

前面说过，伪目标在 Makefile 里面是一类特殊的目标，它不是一个文件，而是一个标签。利用这种特性可以实现许多真正目标无法实现的功能。

【例 9 - 3】　利用伪目标实现同时生成多个真正的可执行文件，脚本如下：

```
.PHONY ：all
all ：MyProg1 MyProg2
MyProg1 ：MyProg1.o fun1.o
    gcc MyProg1.o fun1.o  - o MyProg1
MyProg2 ：MyProg2.o fun2.o
    gcc MyProg2.o fun2.o  - o MyProg2
```

上面脚本中，all 为一个伪目标，其依赖于 MyProg1 和 MyProg2 两个目标。由于伪目标具有总是执行特性，因而其依赖的两个目标的规则肯定会被激发，这也就达到一个目标实际可以生成多个目标的目的。

【例 9 - 4】　利用伪目标实现彻底重新编译，脚本如下：

```
.PHONY ：all clean
all ：clean MyProg
MyProg ：MyProg.o fun.o
    gcc MyProg.o fun.o  - o MyProg
clean：
    rm  * .o MyProg
```

上面脚本中，all 为伪目标，其依赖于伪目标 clean 和真实目标 MyProg。当 all 目标激发后，首先 clean 伪目标定会被激发，从而会删除当前目录下所有的"＊.o"和 MyProg 文件；然后，MyProg 目标会被激发，由于上一步已经删除了所有的"＊.o"和 MyProg 文件，则 MyProg 目标对应的生成命令肯定会被执行。因此，上述脚本就能保证每次执行 all 都会彻底重新生成 MyProg 目标。

总结上面两个例子，要想一个目标完成多件事情，实质就是把完成多件事情的目标作为依赖目标放在伪目标后面，这样当这个伪目标执行时，自然像调用"子程序"一样，使其依赖目标逐个得到激发。

3. 嵌套执行 make

在一些大的工程中，不同模块或是不同功能的源文件放在不同的目录中。此时，可以在每个目录中都编写一个处理该目录程序编译的 Makefile，这样可以使得每个 Makefile 变得更加简洁。如果不这样做，就需要一个大的 Makefile，增加了 Makefile 的维护难度。这种技术对于较大工程的分模块编译或分段编译非常有好处。

【例 9 - 5】　假设有一个子目录 Analyze，这个目录下有个 Makefile 文件，指明了这个目录下文件的编译规则，那么在总控 Makefile 中执行这个目录下的 Makefile 的脚本如下：

```
ModuleAnalyze：
    cd Analyze && $ (MAKE)
```

或为：

```
ModuleAnalyze：
    $ (MAKE) - C Analyze
```

上面脚本中，$ (MAKE)是一个宏变量，用来灵活传参。这两个例子的意思都是先进入 Analyze 目录，然后执行 make 命令。

4. 使用条件判断

使用条件判断，可以让 make 根据运行时的不同情况选择不同的执行分支。语法格式如下：

```
<conditional - directive>        # 条件表达式
<text - if - true>               # 条件为真时执行
endif
```

或为：

```
<conditional - directive>    # 条件表达式
<text - if - true>           # 条件为真时执行
else
<text - if - false>          # 条件为假时执行
endif
```

条件表达式包括 ifeq、ifneq、ifdef 和 ifndef 四种。ifeq 和 ifneq 用来比较变量的值（或变量和常量的值）是否相等，ifdef 和 ifndef 用来判定变量是否被定义。

【例 9 - 6】 判断 Debug 变量是否被定义，如果是的话，编译参数选用"- c - g"，否则选用"- c - o3"。

```
ifdef Debug
cflags = - c - g
else
cflags = - c - o3
endif
```

需要特别注意的是，make 是在读取 Makefile 时就计算条件表达式的值，并根据条件表达式的值来选择语句。因此，不能把自动化变量（如"$@"等）放入条件表达式中，因为自动化变量在运行时才有值。

5. 使用函数

在 Makefile 中可以使用函数来处理变量，从而让命令或者规则更为灵活和具有智能。函数调用后，函数的返回值可以当作变量来使用。函数调用的语法格式如下：

```
$(<function> <arguments>)
```

其中 <function> 是函数名，<arguments> 是函数的参数，参数间以逗号","分隔，而函数名和参数之间以"空格"分隔。从上面的语法中可以看出，函数调用与变量使用很类似，都采用"$( )"的形式，差别在于函数调用会跟上参数。此外，函数可以分为用户自定义函数和内部函数。

为方便读者理解函数最基础的调用，下面举例说明。

【例 9 - 7】 当前目录下有 a.c、b.c 和 c.c 三个 C 程序，用脚本自动转换出其对应的目标文件名 a.o、b.o 和 c.o。

```
Source := a.c b.c c.c
Object := $(subst .c, .o, $(Source))
```

变量 Object 在定义时调用了函数"subst"，这是一个替换函数，这个函数有三个参数，第一个参数是被替换字符串，第二个参数是替换字符串，第三个参数是需要被替换的原始字符串。这个函数执行后会把＄(Source)中的".c"字符串替换成".o"字符串，变量 Object 的值是"a.o b.o c.o"。

9.5.4　Makefile 中的常用内部函数

1. 字符串处理函数

1）subset

语法：

```
$(subst <from>,<to>,<text>)
```

名称：字符串替换函数 subst。

功能：把字串<text>中的<from>字符串替换成<to>字符串。

返回：返回被替换过后的字符串。

2）patsubst

语法：

```
$(patsubst <pattern>,<replacement>,<text>)
```

名称：模式字符串替换函数 patsubst。

功能：查找<text>中的单词是否符合模式<pattern>，如果匹配则以<replacement>替换。这里，<pattern>可以包括通配符"％"，表示任意长度的字符串。如果<replacement>中也包含"％"，那么<replacement>中的这个"％"将是<pattern>中的那个"％"所代表的字符串。（可以用"\"来转义，以"\％"来表示真实含有的"％"字符）

返回：返回被替换过后的字符串。

示例：

```
$(patsubst %.c,%.o,x.c.c bar.c)
```

把字符串"x.c.c bar.c"符合模式"％.c"的单词替换成"％.o"，返回结果是"x.c.o bar.o"。

3）strip

语法：

```
$(strip <string>)
```

名称：去空格函数 strip。

功能：去掉<string>字符串中开头和结尾的空字符。

返回：返回被去掉空格的字符串值。

示例：

```
$(strip a b c  )
```

去掉字符串"a b c "开头和结尾的空格，结果是"a b c"。

4）findstring

语法：

```
$(findstring <find>,<in>)
```

名称：查找字符串函数 findstring。

功能：在字符串<in>中查找<find>字符串。

返回：如果找到，那么返回<find>，否则返回空字符串。

示例：

```
$(findstring a, a b c)
$(findstring a, b c)
```

第一个函数返回"a"字符串，第二个返回""字符串（空字符串）。

5）filter

语法：

```
$(filter <pattern...>, <text>)
```

名称：过滤函数 filter。

功能：以<pattern>模式过滤<text>字符串中的单词，保留符合模式<pattern>的单词。可以有多个模式。

返回：返回符合模式<pattern>的字串。

示例：

```
sources := foo.c bar.c baz.s ugh.h
csource := $(filter %.c, $(sources))
```

$(filter %.c, $(sources))的返回值是"foo.c bar.c"。

6）filter – out

语法：

```
$(filter – out <pattern...>, <text>)
```

名称：反过滤函数 filter – out。

功能：以<pattern>模式过滤<text>字符串中的单词，去除符合模式<pattern>的单词，可以有多个模式。

返回：返回不符合模式<pattern>的字串。

示例：

```
Objects= main1.o foo.o main2.o bar.o
Mains= main1.o main2.o
Other= $(filter – out $(Mains), $(Objects))
```

$(filter – out $(Mains), $(Objects))的返回值是"foo.o bar.o"。

7）sort

语法：

```
$(sort <list>)
```

名称：排序函数 sort。

功能：给字符串<list>中的单词排序（升序）。

返回：返回排序后的字符串。

示例：

```
$(sort foo bar lose)
```

返回"bar foo lose"。

备注：sort 函数会去掉<list>中相同的单词。

8) word

语法：

```
$(word <n>,<text>)
```

名称：取单词函数 word。

功能：取字符串<text>中第<n>个单词（从一开始）。

返回：返回字符串<text>中第<n>个单词。如果<n>比<text>中的单词数要大，那么返回空字符串。

示例：

```
$(word 2, foo bar baz)
```

返回值是"bar"。

9) wordlist

语法：

```
$(wordlist <s>,<e>,<text>)
```

名称：取单词串函数 wordlist。

功能：从字符串<text>中取从<s>开始到<e>的单词串。<s>和<e>是一个数字。

返回：返回字符串<text>中从<s>到<e>的单词字串。如果<s>比<text>中的单词数要大，那么返回空字符串。如果<e>大于<text>的单词数，那么返回从<s>开始，到<text>结束的单词串。

示例：

```
$(wordlist 2, 3, foo bar baz)
```

返回值是"bar baz"。

10) words

语法：

```
$(words <text>)
```

名称：单词个数统计函数 words。

功能：统计<text>中字符串中的单词个数。

返回：返回<text>中的单词数。

示例：

```
$(words, foo bar baz)
```

返回值是"3"。

11) join

语法：

```
$(join <list1>，<list2>)
```

名称：连接函数 join。

功能：把<list2>中的单词对应地加到<list1>的单词后面。如果<list1>的单词个数比<list2>的多，那么，<list1>中多出来的单词将保持原样。如果<list2>的单词个数比<list1>多，那么，<list2>多出来的单词将被复制到<list2>中。

返回：返回连接过后的字符串。

示例：

```
$(join aaa bbb，111 222 333)
```

返回值是"aaa111 bbb222 333"。

2. 目录与文件操作函数

1）dir

语法：

```
$(dir <names...>)
```

名称：取目录函数 dir。

功能：从文件名序列<names>中取出目录部分。目录部分是指最后一个反斜杠（"/"）之前的部分。如果没有反斜杠，那么返回"./"。

返回：返回文件名序列<names>的目录部分。

示例：

```
$(dir /src/foo.c hacks)
```

返回值是"/src/ ./"。

2）notdir

语法：

```
$(notdir <names...>)
```

名称：取文件函数 notdir。

功能：从文件名序列<names>中取出非目录部分。非目录部分是指最后一个反斜杠（"/"）之后的部分。

返回：返回文件名序列<names>的非目录部分。

示例：

```
$(notdir src/foo.c hacks)
```

返回值是"foo.c hacks"。

3）suffix

语法：

```
$(suffix <names...>)
```

名称：取后缀函数 suffix。

功能：从文件名序列<names>中取出各个文件名的后缀。

返回：返回文件名序列<names>的后缀序列，如果文件没有后缀，则返回空字串。

示例:

$(suffix src/foo.c src－1.0/bar.c hacks)

返回值是".c .c"。

4) basename

语法:

$(basename ＜names...＞)

名称: 取前缀函数 basename。

功能: 从文件名序列＜names＞中取出各个文件名的前缀部分。

返回: 返回文件名序列＜names＞的前缀序列, 如果文件没有前缀, 则返回空字串。

示例:

$(basename src/foo.c src－1.0/bar.c hacks)

返回值是"src/foo src－1.0/bar hacks"。

5) addsuffix

语法:

$(addsuffix ＜suffix＞,＜names...＞)

名称: 加后缀函数 addsuffix。

功能: 把后缀＜suffix＞加到＜names＞中的每个单词后面。

返回: 返回加过后缀的文件名序列。

示例:

$(addsuffix .c, foo bar)

返回值是"foo.c bar.c"。

6) addprefix

语法:

$(addprefix ＜prefix＞,＜names...＞)

名称: 加前缀函数 addprefix。

功能: 把前缀＜prefix＞加到＜names＞中的每个单词后面。

返回: 返回加过前缀的文件名序列。

示例:

$(addprefix src/, foo bar)

返回值是"src/foo src/bar"。

习　　题

1. 在 Linux 下从事应用程序设计需要用到哪些工具? 其主要作用是什么?
2. 简要描述 Vi 编辑器的模式与作用。
3. 简要描述 GCC 编译器的编译流程和每步的作用。
4. 请说明 GDB 调试器的主要功能以及优点。

5. 什么是交叉编译？为什么需要交叉编译？

6. 如何进入 GDB 调试程序？在 GCC 编译时需要进行哪些操作？

7. 在已有 GCC 和 GDB 的前提下，为何还要进行 Makefile 的编写？

8. 关于 Makefile 的书写包含哪些规则？请分别简要描述这些规则的内容。

9. 在 Makefile 中什么是伪目标？

10. 如何解决 Makefile 中递归循环赋值问题？

11. 在 Makefile 中隐式规则可以带来哪些便利？

12. 使用 Vi 编辑器编辑下面这段文字并保存为 hello.c，然后退出 Vi。

```
#include<stdio.h>
int main()
{
  printf("Hello! This is our embedded world! \n");
  return 0;
}
```

13. 在下面程序中出现了几处错误，请结合 GDB 调试找出这些错误，并重新编译运行改正后的程序。

```
#include <stdio.h>
int max(int i, int j);
main()
{
    int a, b, c;
    printf("Enter a b:");
    scanf("%d %d", a, b);
    c = max(a,b)
    printf("max = %f\n", c);
}
int max(int i, int j)
{
    if(i>j)
       return i;
    else
       return j;
}
```

14. 若在一个工程中包含了 4 个 C 文件和 1 个头文件，分别是 main.c、fun1.c、fun2.c、fun3.c、my.h，试编写一个 Makefile 文件，能够使用 Make 生成最终的可执行文件 all。

15. 编写一个 Makefile，包含下面几个目标：目标 1，得到当前目录下所有 *.c 文件名的集合，在此基础上得到对应的 *.o 文件名集合（即 a.c 文件对应 a.o 文件），并输出这两个文件名集合；目标 2，编译生成每个 *.c 文件对应的 *.o 文件；目标 3，删除当前目录下所有 *.c 文件对应的 *.o 文件，而其他的.o 文件保留（即当前目录下有 a.o 文件，如果有 a.c 文件，则删除 a.o 文件；如果没有 a.c 文件，则不删除 a.o 文件）。

16. 将下文中的 Makefile 文件用隐式规则进行表示。

```
prog : prog.o foo.o bar.o
    GCC  - g prog.o foo.o bar.o
prog.o : prog.c
    GCC  - g prog.c
foo.o : foo.c
    GCC  - g foo.c
bar.o : bar.c
    GCC  - g bar.c
```

参 考 文 献

[1]　白中英. 计算机组成与系统结构[M]. 5 版. 立体化教材. 北京：科学出版社，2018.

[2]　宋佳兴，王诚. 计算机组成与体系结构基本原理、设计技术与工程实现[M]. 3 版. 北京：清华大学出版社，2017.

[3]　王志英. 计算机体系结构[M]. 北京：清华大学出版社，2015.

[4]　王海瑞，袁梅宇. 计算机原理与体系结构[M]. 北京：清华大学出版社，2015.

[5]　白中英，戴志涛. 计算机组成原理[M]. 5 版. 立体化教材. 北京：科学出版社，2013.

[6]　封超. 计算机组成原理与系统结构[M]. 北京：清华大学出版社，2012.

[7]　刘凯，刘博. 存储技术基础[M]. 西安：西安电子科技大学出版社，2011.

[8]　（美）斯托林斯. 计算机组成与体系结构性能设计[M]. 彭蔓蔓，等译. 原书 8 版. 北京：机械工业出版社，2011.

[9]　章坚武，李杰，姚英彪. 嵌入式系统设计与开发[M]. 西安：西安电子科技大学出版社，2009.

[10]　张繁. Linux C 编程从初学到精通[M]. 北京：电子工业出版社，2011.

[11]　北京亚嵌教育研究中心. Linux C 编程一站式学习[M]. 北京：电子工业出版社，2009.

[12]　程国钢，张玉兰. Linux C 编程从基础到实践[M]. 北京：清华大学出版社，2015.

[13]　杨水清，张剑，施云飞，等. ARM 嵌入式 Linux 系统开发技术详解[M]. 北京：电子工业出版社，2008.

[14]　杜春雷. ARM 体系结构与编程[M]. 北京：清华大学出版社，2015.

[15]　邱铁. ARM 嵌入式系统结构与编程[M]. 北京：清华大学出版社，2013.

[16]　陈赜，汪成义，钟小磊. ARM 嵌入式技术原理与应用[M]. 北京：北京航空航天大学出版社，2011.

[17]　侯冬晴. ARM 技术原理与应用[M]. 北京：清华大学出版社，2014.

[18]　潘念，李立功，葛广一. ARM9 嵌入式系统设计直通车[M]. 北京：电子工业出版社，2014.

[19]　范山岗，王奇，刘启发，等. ARM 嵌入式系统原理与应用[M]. 北京：人民邮电出版社，2018.

[20]　薛宏熙，胡秀珠，郑玉彤. 计算机组成与设计[M]. 北京：清华大学出版社，2012.

[21]　李继灿. 计算机硬件技术基础[M]. 北京：清华大学出版社，2015.

[22]　胡伟武. 计算机体系结构基础[M]. 北京：机械工业出版社，2018.

[23]　于京，龚永坚，鲁晓成. Linux 操作系统[M]. 浙江：浙江科学技术出版社，2010.

[24]　汤荷美，董渊，李莉，等. Linux 基础教程(1)操作系统基础[M]. 北京：清华大学出

版社，2001.

[25] 张春晓. Shell 从入门到精通[M]. 北京：清华大学出版社，2014.

[26] 方元. Linux 操作系统基础[M]. 北京：人民邮电出版社，2019.

[27] （美）马克·G·索贝尔，马修·赫姆基. Linux 命令行与 shell 编程实战 [M]. 4 版. 北京：清华大学出版社，2018.

[28] （美）RODRIGUEZ C S，FISCHER G，SMOLSKI S. Linux 内核编程[M]. 北京：人民邮电出版社，2011.

[29] 陈莉君，康华. Linux 操作系统原理与应用[M]. 2 版. 北京：清华大学出版社，2012.

[30] 赵国生，王健. Linux 操作系统原理与应用[M]. 北京：机械工业出版社，2016.

[31] 李芳，刘晓春，李东海. 操作系统原理及 Linux 内核分析[M]. 2 版. 北京：清华大学出版社，2018.

[32] ARM处理器介绍[EB/OL]. (2018-11-23). https://blog.csdn.net/ZCShouCSDN/article/details/84393473.

[33] Linux 命令大全[EB/OL]. https://www.runoob.com/linux/linux-command-manual.html.

[34] Shell 脚本教程[EB/OL]. https://www.runoob.com/linux/linux-shell.html.